토질역학의 원리

연습문제 풀이와 해설

이인모 저

이 책은 『토질역학의 원리』의 기본 개념과 응용 사례에 대한 이해를 확인하고 복습하기 위한 연습문제와 풀이로 구성된 별책이다. 『토질역학의 원리』 제3판에 수록되어 있는 문제들을 이 책에서 수정하고 보완하였으며 이론서에 수록하지 않았던 풀이 과정을 상세하게 기술하고 있다.

씨아이알

머리말

저자의 첫 번째 저서인 『토질역학의 원리』를 출간한 지 20년이 훌쩍 지났으나 아직도 여러 학교에서 교재로 사용하고 있을 뿐만 아니라, 특히 업계에 종사하는 분들도 실무를 해오면서 토질역학의 기본 원리를 다시 정리하고자 이 책을 다시 공부하는 등 그동안 『토질역학의 원리』가 많은 분들로부터 사랑을 받아 왔다. 이에, 저자로서 보람과 함께 고마운 마음을 갖고 있다.

기존의 『토질역학의 원리』에서는 각 장 뒤에 첨부한 연습문제에 대한 풀이가 이 책을 공부하는 학생들의 몫이라는 생각에 따로 준비를 하지 않았다. 그러나 업계에 종사하면서 틈틈이 책을 정독해 나가는 분들을 중심으로 연습문제의 풀이를 보면 기본 개념 이해에 도움이 되겠다는 의견을 끊임없이 받았다. 이에 연습문제와 풀이로 구성한 별책을 따로 발간하게 되었다.

이 연습문제 풀이와 해설 책은 저자가 정년 퇴임을 한 이후에 원고 작업을 시작하였으며, 누구의 도움 없이 저자가 직접 『토질역학의 원리』 제3판에 수록되어 있는 연습문제를 풀이한 것이다. 직접 계산을 한 연유로 계산결과에 수치적 오류가 있을 수도 있을 것이다. 독자들의 많은 이해를 부탁드린다. 다만, 풀이의 기본을 이해하는 데 역점을 두어 살펴보면 토질역학의 원리를 실제로 이해하는 데 도움이 될 것으로 생각한다. 제3판에서는 제1판, 제2판에 게재되었던 연습문제 중 삭제하거나 새롭게 추가한 문제들도 많이 수록되어 있다. 저자가 문제를 직접 푸는 중에 필요에 따라 제3판에 수록되어 있는 문제들을 조금씩 수정 또는 보완하였으며, 이번 풀이집에서는 문제를 먼저 수록하고 풀이를 진행하였다. 풀이에 활용된 식은 『토질역학의 원리』에 수록된 것을 참고하였으며, 식의 번호 또한 이 책의 번호를 따르고 있으니 참고하기를 바란다. 후에는 『토질역학의 원리』 각 장 뒤에 수록되어 있는 문제들도 이 연습문제 풀이집에 맞추어 수정할 계획이다.

대자연의 모체인 토질역학을 연구할 수 있도록 학문의 길로 인도해 주시고『토질역학의 원리』를 집필하도록 인도해 주시며, 이번『토질역학의 원리 연습문제 풀이와 해설』 출간으로 마무리를 할 수 있도록 인도해 주신 하나님께 감사드린다. 아울러 집필에 전념할 수 있도록 늘 배려해준 아내와 힘의 원동력이 되어 주는 아들, 자부, 손녀에게도 다시 한번 고마운 마음을 전한다. 또한 이 풀이집 출간을 헌신적으로 도와주신 이민주 팀장님을 비롯한 씨아이알 출판사 직원들께도 감사드린다. 이 책은『토질역학의 원리』 제3판과 마찬가지로 제기동에 있는 동명기술공단 사무실에서 원고 작업이 이루어졌다. 퇴직을 하고도 계속 연구하고 집필을 할 수 있도록 사무실을 내어주었을 뿐만 아니라 모든 지원을 아끼지 않는 제자, 동명기술공단의 신희정 대표에게 마음 깊이 고마움을 느낀다.

제기동에서
저자 씀

목차

제1장

토질역학의 기본

제1장
토질역학의 기본

문제 1 분석 결과가 다음과 같을 때, 다음 물음에 답하라.

체 번호(#)	각 체에 남은 흙 무게(g)
4	0
10	40
20	60
40	89
60	140
80	122
100	210
200	56
Pan	12

1. 각 체에서의 통과백분율을 구하고, 입도분포곡선을 그려라.
2. D_{10}, D_{30}, D_{60}을 구하라.
3. C_u를 구하라.
4. C_c를 구하라.

풀이

1. 각 체에 남아 있는 흙무게로부터, 각 체에 남아 있는 흙무게비(%), 누가백분율(%), 통과백분율(%)을 표로 나타내면 다음과 같다.

풀이 표 1.1.1 체분석 결과

체 번호	직경(mm)	각 체에 남아 있는 흙무게(g)(1)	각 체에 남아 있는 흙무게비(%)(2)	누가백분율(%)	통과백분율(%)
4	4.75	0	0	0	100
10	2	40	5.49	5.49	94.51
20	0.85	60	8.23	13.72	86.28
40	0.425	89	12.21	25.93	74.07
60	0.25	140	19.20	45.13	54.87
80	0.18	122	16.74	61.87	38.13
100	0.15	210	28.81	90.68	9.32
200	0.075	56	7.68	98.36	1.64
pan		12	1.65	100	0
		총중량 $\sum$ =729g, 단, (2)=(1)/총중량×100%			

위의 체분석 결과표로부터 입도분포곡선을 그리면 다음과 같다.

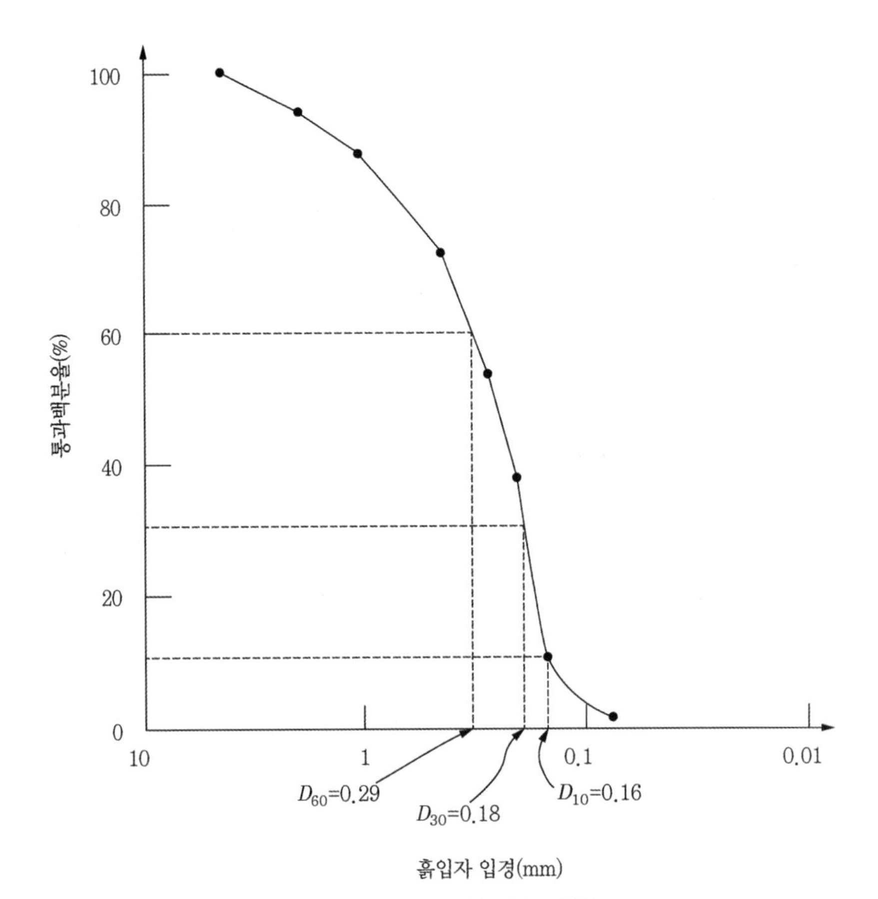

풀이 그림 1.1.1 입도분포곡선

2 위의 입도분포곡선으로부터, D_{10}=0.16mm, D_{30}=0.18mm, D_{60}=0.29mm를 구한다.

3 균등계수 C_u

$$C_u = \frac{D_{60}}{D_{10}} = \frac{0.29}{0.16} = 1.81$$

4 곡률계수 C_c

$$C_c = \frac{D_{30}^2}{D_{10} \times D_{60}} = \frac{(0.18)^2}{0.16 \times 0.29} = 0.70$$

제2장

흙의 기본적 성질

제2장
흙의 기본적 성질

문제 1 습윤상태에 있는 흙의 부피는 5,400cm³, 무게는 102.5N이었다. 이 흙의 함수비가 11%, 비중이 2.70이라 할 때 다음을 구하라.

1 γ 2 γ_d 3 e 4 n 5 S

풀이

삼상관계의 풀이는 공식을 외우는 것보다 다음의 삼상관계 다이아그램을 이용할 것을 추천한다.

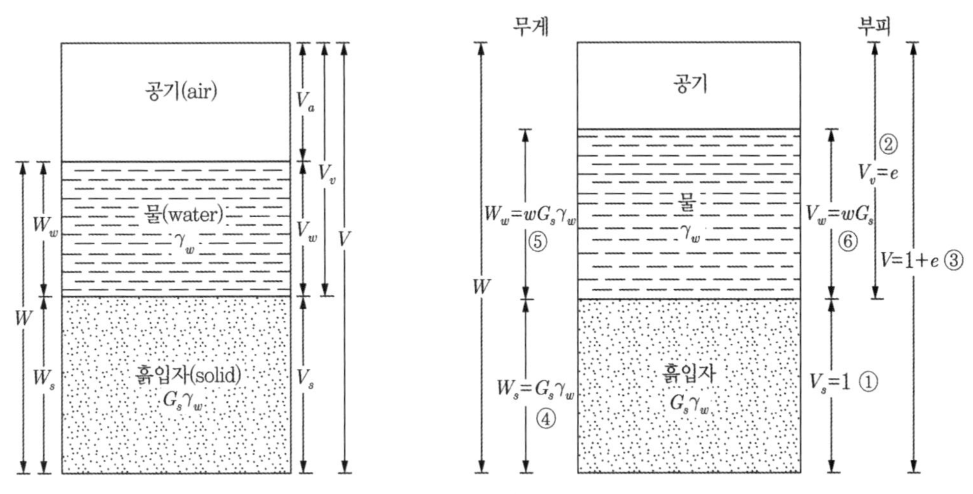

풀이 그림 2.1.1 흙의 삼상관계

1 γ(습윤단위중량)

$$\gamma = \frac{W}{V} = \frac{102.5}{5400} = 0.0190\text{N/cm}^3 = 19.0\text{kN/m}^3$$

2 γ_d(건조단위중량)

$$\gamma_d = \frac{W_s}{V} = \frac{\gamma}{1+w} = \frac{19.0}{1+0.11} = 17.12\text{kN/m}^3$$

3 e(간극비)

$$\gamma_d = \frac{G_s \cdot \gamma_w}{1+e} \text{ 로부터 } e = \frac{G_s \cdot \gamma_w}{\gamma_d} - 1$$

$$e = \frac{G_s \cdot \gamma_w}{\gamma_d} - 1 = \frac{2.7 \times 9.81}{17.12} - 1 = 0.55$$

4 n(간극률)

$$n = \frac{e}{1+e} = \frac{0.55}{1+0.55} = 0.35$$

5 S(포화도)

$$S = \frac{w \cdot G_s}{e} = \frac{0.11 \times 2.7}{0.55} = 0.54 = 54\%$$

문제 2 다음 관계식을 증명하라.

1 $\gamma_d = \dfrac{eS\gamma_w}{(1+e)w}$

2 $\gamma_{sat} = \gamma_d + n\gamma_w$

3 $\gamma_{sat} = [(1-n)G_s + n]\gamma_w$

4 $w = \dfrac{n}{(1-n)G_s}$ (단, 포화된 경우)

풀이

1 $\gamma_d = \dfrac{G_s}{1+e}\gamma_w$ 에서 출발

$Se = wG_s$ 관계식으로부터 $G_s = \dfrac{Se}{w}$

그러면, $\gamma_d = \dfrac{G_s}{1+e}\gamma_w = \dfrac{Se}{w} \cdot \dfrac{\gamma_w}{(1+e)}$

$$= \frac{eS\gamma_w}{(1+e)w}$$

2 $\gamma_{sat} = \dfrac{G_s+e}{1+e}\gamma_w$ 에서 출발

$$\gamma_{sat} = \frac{G_s+e}{1+e}\gamma_w = \frac{G_s}{1+e}\gamma_w + \frac{e}{1+e}\gamma_w$$

$$= \gamma_d + n\gamma_w$$

3 역시, $\gamma_{sat} = \dfrac{G_s+e}{1+e}\gamma_w$ 에서 출발

$$\gamma_{sat} = \frac{G_s+e}{1+e}\gamma_w = \frac{G_s}{1+e}\gamma_w + \frac{e}{1+e}\gamma_w$$

$$= \left(1-\frac{e}{1+e}\right)G_s \cdot \gamma_w + \frac{e}{1+e}\gamma_w$$

$$= (1-n)G_s \cdot \gamma_w + n\gamma_w$$

$$= [(1-n)G_s + n]\gamma_w$$

4 $Se = w \cdot G_s$에서 출발

$$w = \frac{Se}{G_s} = \frac{1}{G_s}e = \frac{n}{(1-n)G_s}$$

문제 3 포화된 흙의 무게는 0.627N이었으며, 이 흙을 오븐에 건조시켰을 때 0.498N이었다. 이 흙의 비중 G_s=2.80이라 할 때 다음을 구하라.

1 e 2 w

풀이

W=0.627N, W_s=0.498N, G_s=2.8, S=100%이다.

이로부터, $W_w = W - W_s$=0.627−0.498=0.129N.

가능하다면 삼상관계 다이아그램을 이용하여 풀면 좋다.

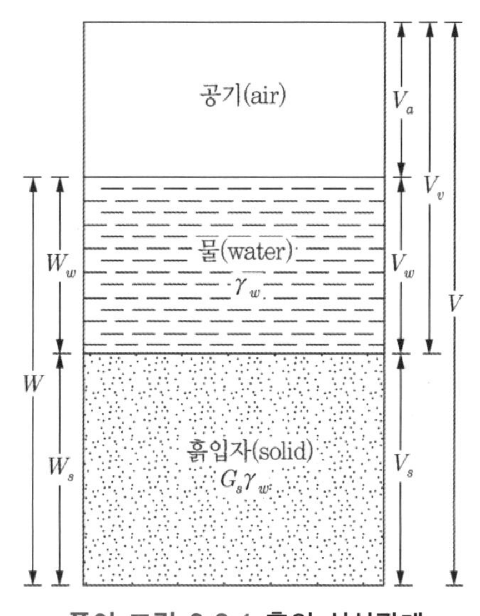

풀이 그림 2.3.1 흙의 삼상관계

위의, 삼상관계 그림에서 W, W_s, W_w는 이미 구했으므로 이제 부피들을 구한다.

S=100%이므로 V_a=0이다.

$$V_v = V_w = W_w/\gamma_w = \frac{0.129}{9.81\times10^{-3}} = 13.15\text{cm}^3$$

$$V_s = W_s/(G_s \cdot \gamma_w) = \frac{0.498}{2.8\times9.81\times10^{-3}} = 18.13\text{cm}^3$$

1 $e = \dfrac{V_v}{V_s} = \dfrac{V_w}{V_s} = \dfrac{13.15}{18.13} = 0.73$

2 $w = \dfrac{W_w}{W_s} = \dfrac{0.129}{0.498} = 0.26 = 26\%$

문제 4 습윤상태에 있는 흙의 G_s=2.67, γ=17.66kN/m^3, w=11%였을 때 다음에 답하라.

1 ① γ_d, ② e, ③ S를 구하라.

2 이 흙의 포화단위중량 γ_{sat}를 구하라.

3 체적함수비 $\theta = \dfrac{V_w}{V}$로 정의된다. 체적함수비를 구하라.

4 이 흙을 완전히 포화시키기 위하여 주어진 흙 1m^{3}당 가해야 할 물의 양을 구하라.

풀이

문제로 주어진 토질계수가 모두 비(ratio)로 이루어져 있으므로 다음의 $V_s = 1$인 경우의 삼상관계를 이용한다.

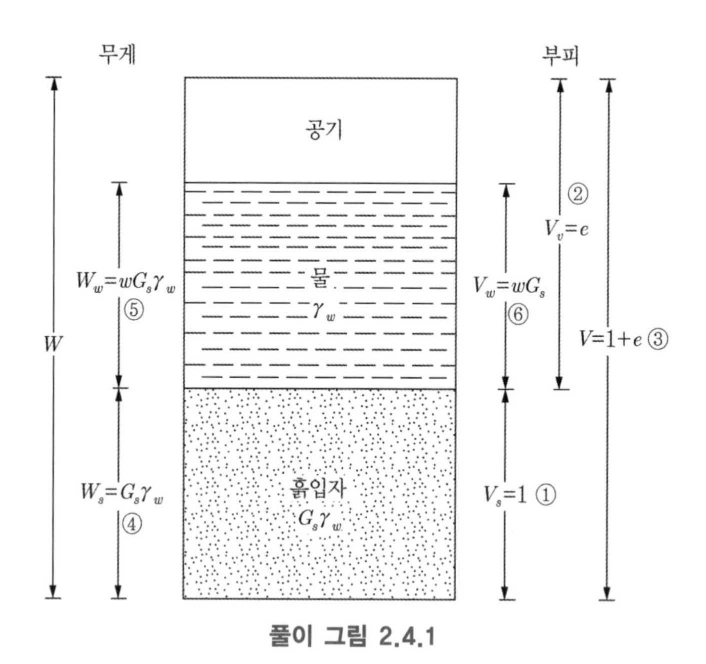

풀이 그림 2.4.1

그림에서, $V_s = 1\text{m}^3$

$$W_s = G_s\gamma_\omega = 2.67 \times 9.81 = 26.19\text{kN}$$

$$W_w = wG_s\gamma_w = 0.11 \times 2.67 \times 9.81 = 2.88\text{kN}$$

$$W = W_s + W_w = 26.19 + 2.88 = 29.07\text{kN}$$

$$V_w = wG_s = 0.11 \times 2.67 = 0.29\text{m}^3$$

1 ① γ_d, ② e, ③ S 구하기

① $\gamma_d = \dfrac{\gamma}{1+w} = \dfrac{17.66}{1+0.11} = 15.91\text{kN/m}^3$

② e는 $\gamma = \dfrac{W}{V}$로부터 구한다.

$\gamma = \dfrac{W}{V} = \dfrac{29.07}{1+e} = 17.66\text{kN/m}^3$로부터 e값을 구하면, $e = 0.65$

∴ 그림에서 $V_v = e = 0.65\text{m}^3$, $V = 1 + e = 1.65\text{m}^3$

③ S

$$S = \frac{V_w}{V_v} = \frac{wG_s}{e} = \frac{0.29}{0.65} = 0.45$$

2 $\gamma_{sat} = \dfrac{G_s + e}{1+e}\gamma_w = \dfrac{(2.67+0.65)}{(1+0.65)} \times 9.81$

$= 19.74\text{kN/m}^3$

3 θ(체적함수비)

$$\theta = \frac{V_w}{V} = \frac{0.29}{1.65} = 0.18 = 18\%$$

즉, 전체 부피의 18%만이 물로 채워져 있다.

4 그림에서

$V_v = e = 0.65\text{m}^3$, $V_w = 0.29\text{m}^3$이다.

$V_a = V_v - V_w = 0.65 - 0.29 = 0.36\text{m}^3$

공기를 물로 채워야 포화되므로 $V = 1.65\text{m}^3$당 0.36m^3을 채워야 한다.

또는 $V = 1\text{m}^3$당 $\dfrac{0.36}{1.65} = 0.22\text{m}^3$의 물을 채워주어야 한다.

문제 5 흙을 다지기 위해 시료를 채취하여 함수비를 측정한 결과 w=11.2%였다. 이 흙은 함수비가 19.8%가 되어야 최대건조단위중량으로 다질 수 있다. 이 흙의 함수비를 11.2%에서 19.8%로 증가시키기 위하여 흙 1kN당 수량을 얼마를 가해야 하나?

풀이

초기의 함수비 $w_i = 11.2\%$, 최대건조중량 시의 함수비 $w_f = 19.8\%$ 이다.

초기 흙에 대하여(먼저 $W = 1\text{kN}$ 으로 가정하고),

$w_i = \dfrac{W_{wi}}{W_s} = 0.112$ 로부터 초기의 물의 무게 $W_{wi} = 0.112\,W_s$

즉, $W = W_s + W_{wi} = W_s + 0.112\,W_s = 1.112\,W_s = 1\text{kN}$,

$W_s = \dfrac{1}{1.112} = 0.899\text{kN}$, $W_{wi} = 0.101\text{kN}$

함수비를 $w_f = 19.8\%$ 로 만들기 위해서는 $w_f = \dfrac{W_{wf}}{W_s} = 0.198$ 이 되어야 하므로

필요한 물의 양은 $W_{wf} = 0.198 \times 0.899 = 0.178\text{kN}$ 이다.

따라서 추가로 가해야 할 물의 양은 $W_{wf} - W_{wi} = 0.178 - 0.101 = 0.077\text{kN}$ 이다.
즉, 흙 1kN당 0.077kN의 물을 추가해야 한다.

문제 6　G_s=2.65인 흙을 현장에서 w=12%, γ=21.10kN/m^{3}로 다졌다.

1 ① γ_d, ② e, ③ S를 구하라.

2 이 흙을 $\omega = 13.5\%$에서 $\gamma = 19.62\text{kN/m}^3$으로 다지는 것이 가능한지 판단하라.

풀이

문제에 주어진 계수가 비(ratio)이므로 $V_s = 1$ 상관관계를 이용하여 푼다.

1 ① γ_d(건조단위중량)

$$\gamma_d = \frac{\gamma}{1+w} = \frac{21.10}{1+0.12} = 18.84\text{kN/m}^3$$

② e(간극비)

$$\gamma_d = \frac{G_s \cdot \gamma_\omega}{1+e} \text{ 로부터, } e = \frac{G_s \cdot \gamma_\omega}{\gamma_d} - 1 = \frac{2.65 \times 9.81}{18.84} - 1 = 0.38$$

③ S(포화도)

$$S = \frac{\omega \cdot G_s}{e} = \frac{0.12 \times 2.65}{0.38} = 0.84 = 84\%$$

2 $\omega = 13.5\%$에서 $\gamma = 19.62\text{kN/m}^3$으로 다지는 것이 가능한지 여부를 판단하는 문제이다.

– 이것은 정량적인 분석보다는 정성적인 답변을 요하는 질문이다.

습윤단위중량 γ는

$$\gamma = \frac{(1+\omega)G_s\gamma_\omega}{1+e} = \frac{G_s + Se}{1+e}\gamma_\omega$$ 이므로 함수비가 증가하면, 당연히 단위중량은 증가한다.

그러나 함수비를 증가시키면 포화도도 84% 이상으로 증가하여서 포화토에 가깝게 증가할 수 있다. 이 경우, 다져지는 기능은 저하될 가능성도 있다(즉, e의 증가 예견). 그러나 일반적인 경우 함수비 증가가 습윤단위증가를 가져오는 사실에 비추어 $\gamma = 21.10\text{kN/m}^3$보다도 작은 $\gamma = 19.62\text{kN/m}^3$로의 다짐은 가능할 것으로 추론된다.

문제 7 삼상관계를 V_s=1이 아닌, V=1 또는 W_s=1의 가정으로 삼상관계도를 구하는 문제이다.

1 다음 그림과 같이 $V=1$ 다이아그램으로 삼상관계를 풀고자 한다. ( ) 속을 n, G_s, γ_w, w 등의 수식으로 채워라.

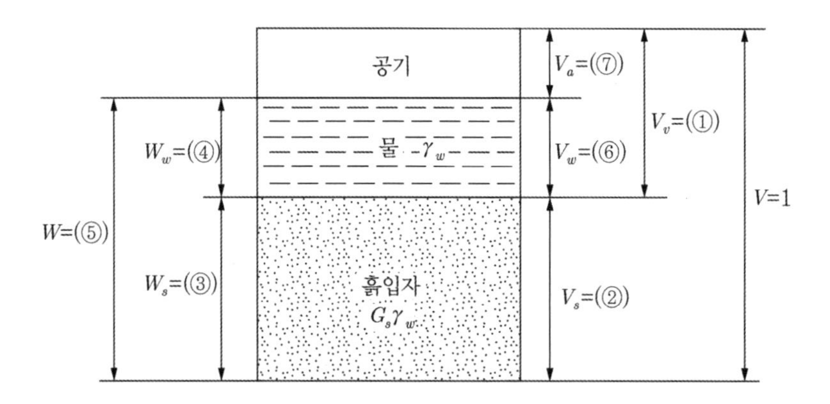

2 다음 그림과 같이 $W_s=1$ 다이아그램으로 삼상관계를 풀고자 한다. ( ) 속을 e, G_s, γ_w, w의 수식으로 나타내라.

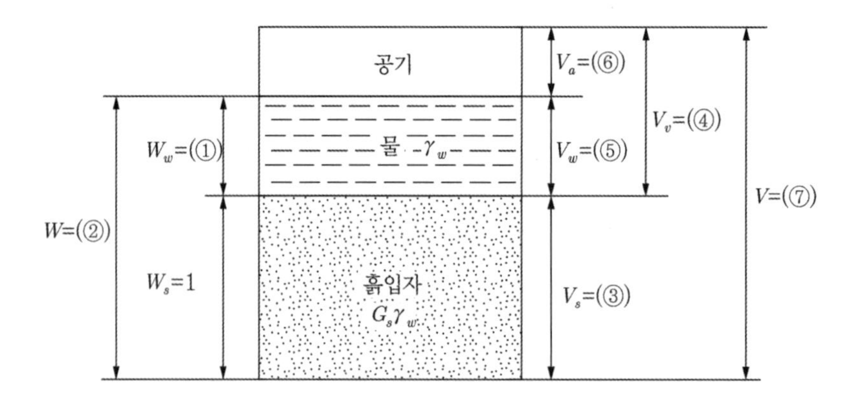

풀이

1 구하는 순서는 다이아그램에서 제시된 번호순으로 하면 된다.

① V_v

$n=\dfrac{V_v}{V}$ 로부터 $V_v=n\cdot V=n$

② V_s

$V_s=V-V_v=1-n$

③ W_s

$W_s=G_s\cdot\gamma_w\ \ V_s=G_s\cdot\gamma_w(1-n)$

④ W_w

$W_w=w\cdot W_s=wG_s\gamma_w\cdot(1-n)$

⑤ W

$W=W_s+W_w=(1+w)\cdot G_s\gamma_w\cdot(1-n)$

⑥ V_w

$V_w=W_w/\gamma_w=w\cdot G_s\gamma_w(1-n)/\gamma_w=w\cdot G_s(1-n)$

⑦ V_a

$V_a=V_v-V_w=n-wG_s(1-n)$

2 앞의 문제와 마찬가지로 다이아그램에서 제시된 번호순으로 푼다.

① W_w

$W_w=w\cdot W_s=w$

② W

$W=W_s+W_w=1+w$

③ V_s

$V_s=W_s/(G_s\cdot\gamma_w)=1/(G_s\cdot\gamma_w)$

④ V_v

$$V_v = e \cdot V_s = e/(G_s \cdot \gamma_w)$$

⑤ V_w

$$V_w = W_w/\gamma_w = w/\gamma_w$$

⑥ V_a

$$V_a = V_v - V_w = e/(G_s \cdot \gamma_w) - w/\gamma_w$$

⑦ V

$$V = V_s + V_v = 1/(G_s \cdot \gamma_w) + e/(G_s \cdot \gamma_w) = \frac{(1+e)}{G_s \cdot \gamma_w}$$

문제 8 사해(dead sea)에서는 염분으로 인하여 바닷물의 단위중량 $\gamma_{w(sea)}$=11.47kN/m^{3}이다. 사해 바닥에 있는 흙의 비중=2.65, 간극비=0.60이라고 할 때, 바닷속(바닥부)에 있는 흙의 포화단위중량(γ_{sat})을 구하라.

풀이

문제로 주어진 계수가 모두 비(ratio)로 이루어져 있으므로 $V_s = 1$의 삼상관계를 이용한다. 단, 바닷속이므로 포화되어 있어 $V_a = 0$이다. 간극수가 물인 경우와의 유일한 차이는 물인 경우 $\gamma_w = 9.81\text{kN/m}^3$이나, 바닷물인 경우 $\gamma_{w(sea)} = 11.47\text{kN/m}^3$로 증가한다는 점이다.

삼상관계로부터,

$$\gamma_{sat} = \frac{G_s + e}{1+e}\gamma_w$$

$$= \frac{2.65 + 0.6}{1+0.6} \times 11.47 = 23.30\text{kN/m}^3$$

즉, 포화단위중량은 증가한다.

문제 9 초기간극률 n_o=40%인 모래가 등방압축되어 간극비 e_f=0.3, 부피 V_f=75cm^{3}이 되었다. 이 모래의 처음 부피 V_o를 구하라.

풀이

먼저, $V_s = 1$의 상관관계식을 이용하여 초기부피(V_o)와 나중부피(V_f)의 비를 구한다.

$V_s = 1.0$ 상관관계로부터,

초기부피 $V_o = V_s + V_{vo} = 1 + e_o = 1 + \dfrac{n_o}{1-n_o} = 1 + \dfrac{0.4}{1-0.4} = 1.67$

나중부피 $V_f = V_s + V_{vf} = 1 + e_f = 1 + 0.3 = 1.3$

$\therefore \dfrac{V_o}{V_f} = \dfrac{1.67}{1.3} = 1.28$배

초기부피는 $V_o = \dfrac{V_o}{V_f} \cdot V_f = 1.28 \times 75 = 96\text{cm}^3$

문제 10 **어느 점토에 대하여 액성한계실험을 실시한 결과가 다음과 같을 때, 유동곡선을 그리고 액성한계를 구하라.**

낙하 횟수(N)	함수비(w)
15	42
20	40.8
28	39.1

풀이

먼저 유동곡선을 그리면 다음과 같다.

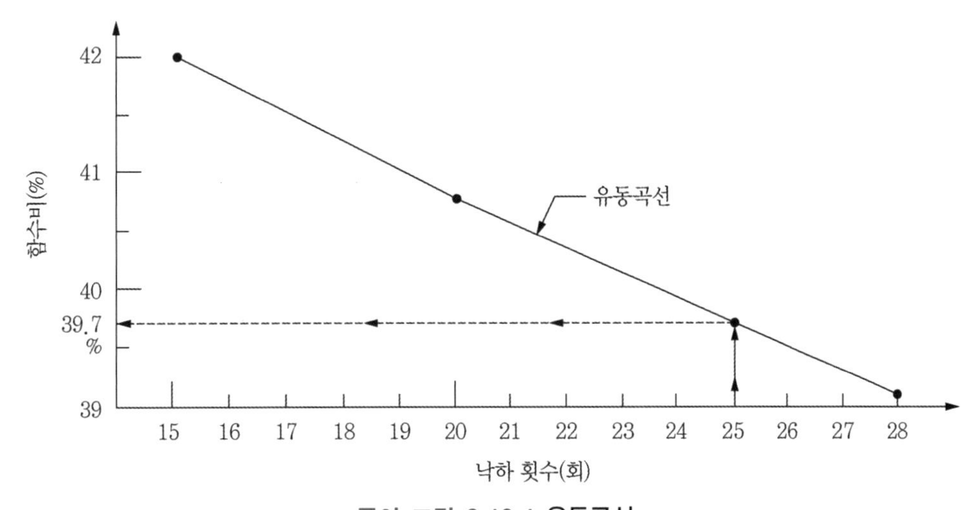

풀이 그림 2.10.1 유동곡선

유동곡선으로부터 $N=25$회일 때의 함수비는 $w=39.7\%$이다.

즉, 액성한계 $\mathrm{L.L}=39.7\%$이다.

문제 11 포화된 점토에 대하여 수축한계를 구하기 위해 실험을 실시한 결과 다음의 결과를 얻었을 때, 수축한계를 구하라.

흙의 초기 부피 $=19.65\text{cm}^3$, 초기 무게 $=0.35\text{N}$

건조 후의 부피 $=13.5\text{cm}^3$, 건조 후의 무게 $=0.25\text{N}$

풀이

초기 함수비 w_i를 구하면,

$$w_i = \frac{W - W_s}{W_s} = \frac{W_i - W_s}{W_f}$$

여기서, W_i =초기 흙의 무게, $W_s = W_f$ =건조 후의 흙 무게

$$w_i = \frac{W_i - W_f}{W_f} = \frac{0.35 - 0.25}{0.25} = 0.4 = 40\%$$

초기함수비와 수축한계의 차이값 Δw를 구하면,

$$\Delta w = \frac{(V_i - V_f)\gamma_w}{W_s}$$

$$= \frac{(V_i - V_f)\gamma_w}{W_f} = \frac{(19.65 - 13.5)}{0.25} \times 9.81 \times 10^{-3}$$

$$= 0.241 = 24.1\%$$

수축한계 SL은

$$SL = w_i - \Delta w$$

$$= 40 - 24.1 = 15.9\%$$

제3장

흙의 분류

제3장
흙의 분류

문제 1 다음 흙들에 대하여 반대수지상에 입도분포곡선을 그리고, 통일분류법으로 분류하라.

시료	통과 백분율(%)							LL	PL
	No.4	No.10	No.20	No.40	No.60	No.100	No.200		
I	94	63	21	10	7	5	3		NP*
II	98	80	65	55	40	35	30	28	18
III	98	86	50	28	18	14	2.0		NP
IV	100	49	40	38	26	18	10		NP
V	80	60	48	31	25	18	8		NP
VI	100	100	98	93	88	83	77	63	48

* NP : non plastic(소성상태가 없음)

풀이

각 시료의 통과 백분율을 이용하여 각 시료에 대한 입도분포곡선을 그리면 다음과 같다.

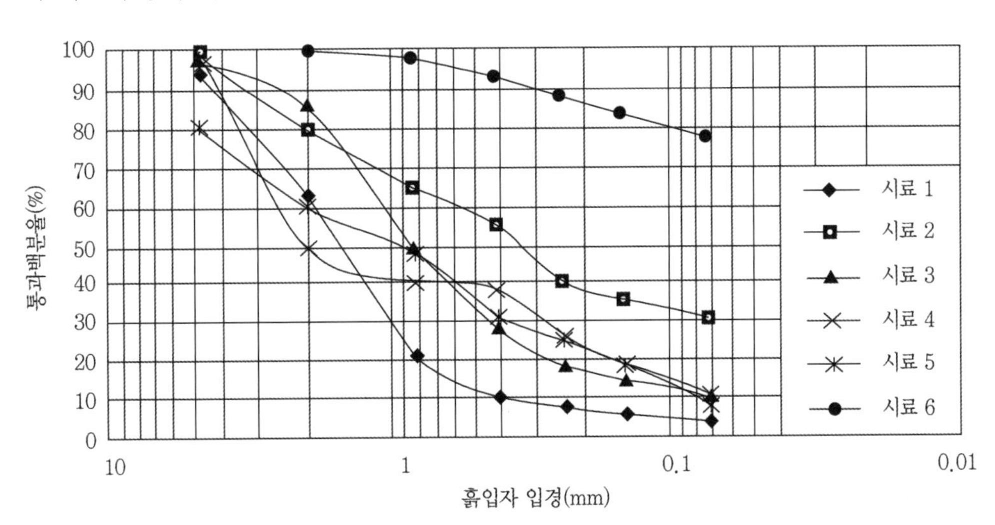

풀이 그림 3.1.1 입도분포곡선

입도분포곡선을 이용하고, 액성한계 및 소성한계를 이용하여 각 시료에 대하여 다음을 구한다.

① F : #200 통과량

② K : $K = \dfrac{100-F}{2}$

③ $F1$: #4 통과량

④ C_u : 균등계수, $C_u = \dfrac{D_{60}}{D_{10}}$

⑤ C_c : 곡률계수, $C_c = \dfrac{(D_{30})^2}{D_{10} \times D_{60}}$

⑥ PI : 소성지수, $PI = LL - PL$

각 시료에 대하여 위에서 제시한 값들을 구하고 통일분류법을 이용한 흙의 분류를 한 결과는 다음 표와 같다.

풀이 표 3.1.1 통일분류법 분류기준표

시료	F	K	$F1$	D_{10}	D_{30}	D_{60}	C_u	C_c	구분 기준	분류
1	3	48.5	94	0.43	1.1	1.9	4.42	1.48	$F<50$, $F1>K$, $F<5$, $C_u<6$, $1<C_c<3$	SP
2	30	35	98	–	–	–	–	–	$F<50$, $F1>K$, $F>12$, $PI=10>7$	SC
3	10	45	98	0.075	0.46	1.1	14.67	2.56	$F<50$, $F1>K$, $5<F<12$, $C_u>6$, $1<C_c<3$, $PI<4$	SW-SM
4	10	45	100	0.075	0.3	2.6	34.67	0.46	$F<50$, $F1>K$, $5<F<12$, $C_u>6$, $C_c<1$, $PI<4$	SP-SM
5	8	46	80	0.09	0.4	2	22.22	0.89	$F<50$, $F1>K$, $5<F<12$, $C_u>6$, $C_c<1$, $PI<4$	SP-SM
6	77	11.5	100	–	–	–	–	–	$F>50$, $PI=15$, $LL=63$, (풀이 그림 3.1.2)에서 판단	MH 또는 OH

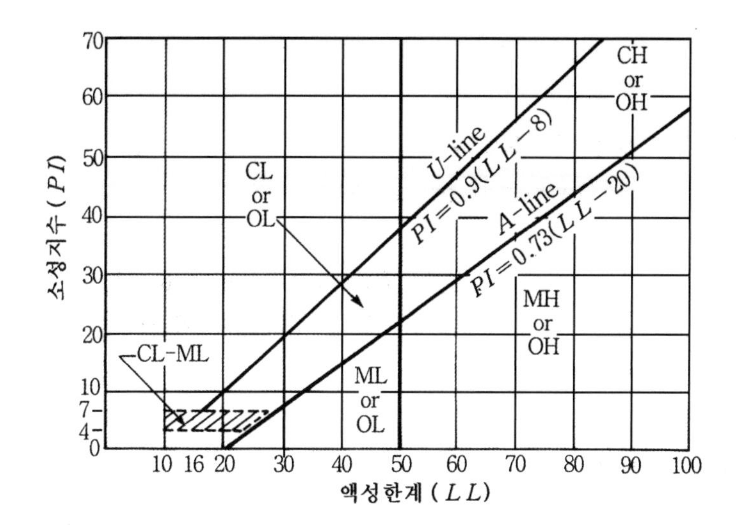

풀이 그림 3.1.2 소성도표(통일분류법에서 사용)

제4장

흙의 다짐

제4장 흙의 다짐

문제 1 표준다짐시험의 결과가 다음과 같다(몰드의 체적=944cm³).

함수비(%)	습윤중량(N)
8.41	14.51
12	18.46
14	20.78
16	17.88
18	14.59

1 다짐곡선을 그리고 최대건조단위중량, 최적함수비를 구하라.

2 95% 다짐시방에 맞는 함수비의 범위를 구하라.

풀이

1 $\gamma = \dfrac{W}{V}$, $\gamma_d = \dfrac{\gamma}{1+w}$의 식을 이용하여 각 함수비마다 γ 및 γ_d를 구하여 표로 나타내면 다음과 같다.

풀이 표 4.1.1 건조단위중량계산표

함수비 w(%)	습윤중량 W(kN)	습윤단위중량 γ(kN/m³)	건조단위중량 γ_d(kN/m³)
8.41	14.51×10^{-3}	15.37	14.18
12	18.46×10^{-3}	19.56	17.46
14	20.78×10^{-3}	22.01	19.31
16	17.88×10^{-3}	18.94	16.33
18	14.59×10^{-3}	15.46	13.10

* $V = 944\text{cm}^3 = 944 \times 10^{-6}\text{m}^3$

위의 표를 이용하여 다짐곡선을 그리면 다음과 같다.

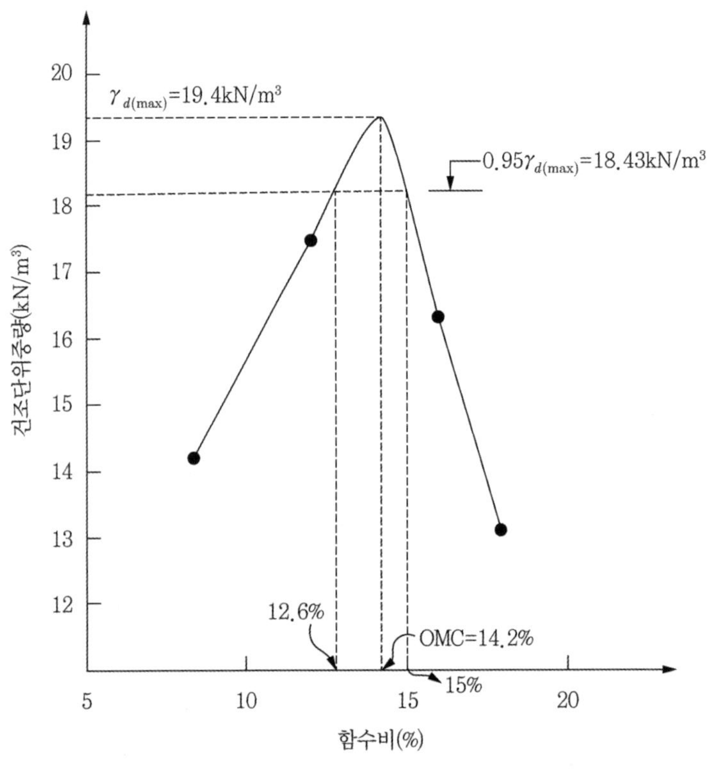

풀이 그림 4.1.1 다짐곡선

위의 다짐곡선으로부터 최대건조단위중량 $\gamma_{d(\max)} = 19.4\text{kN/m}^3$, 그때의 최적함수비 OMC=14.2%를 얻을 수 있다.

2 다짐곡선결과로부터, 95% 다짐시방에 맞는 함수비는 12.6%≤w≤15%이며, 이때의 건조단위중량은 $0.95\gamma_{d(\max)} = 18.43\text{kN/m}^3$ 이상으로 알 수 있다.

문제 2 주어진 흙의 포화도가 S인 경우의 건조단위중량 γ_d를 다음의 함수인 식으로 표시하라. 즉, γ_w, G_s, S, w.

풀이

주어진 계수가 비(ratio)이므로 $V_s = 1$ 상관관계식을 이용한다(풀이 그림 4.2.1 참조).

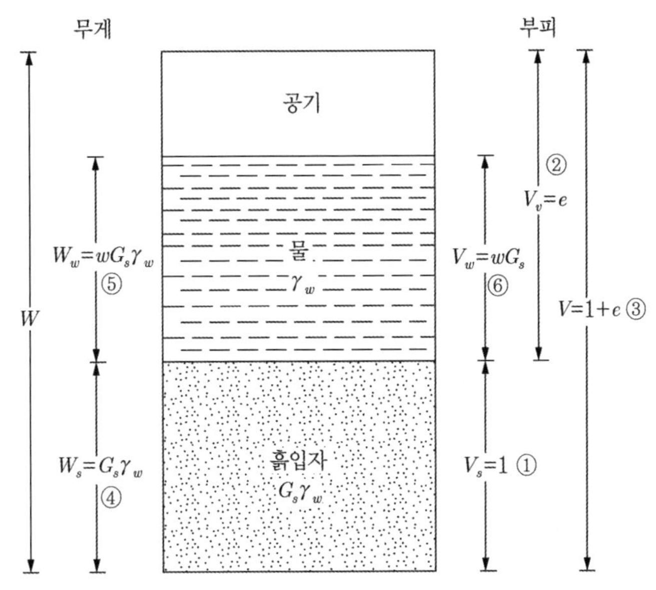

풀이 그림 4.2.1 $V_s = 1$인 경우의 삼상관계

그림으로부터

$$\gamma_d = \frac{W_s}{V} = \frac{G_s \cdot \gamma_w}{1+e}$$

$Se = w \cdot G_s$ 관계로부터 $e = \dfrac{wG_s}{S}$,

$$\gamma_d = \frac{G_s \cdot \gamma_w}{1+\dfrac{w \cdot G_s}{S}} = \frac{S \cdot G_s \cdot \gamma_w}{S + wG_s}$$ 이다.

문제 3 어느 사질토의 G_s=2.7이다. 포화도 80%, 90%, 100%일 때의 γ_d(건조단위중량) - w(함수비) 관계 곡선을 각각 그려라(단, 함수비는 8%부터 20% 사이인 경우에 대한 곡선을 그려라).

풀이

앞의 문제 2번 풀이에서와 같이

$$\gamma_d = \frac{S \cdot G_s \cdot \gamma_w}{S + w G_s}$$ 이다.

이를 이용하여 건조단위중량을 구한 결과는 다음 표와 같다.

풀이 표 4.3.1 포화도에 따른 건조단위중량

함수비(%)	건조단위중량(kN/m³)		
	S=80%	S=90%	S=100%
8	20.86	21.36	21.78
10	19.80	20.37	20.86
12	18.85	19.48	20.01
14	17.99	18.65	19.22
16	17.20	17.90	18.50
20	15.81	16.67	17.20

위의 표를 이용하여 각 포화도에 따른 건조단위중량-함수비 관계 곡선을 그리면 다음과 같다.

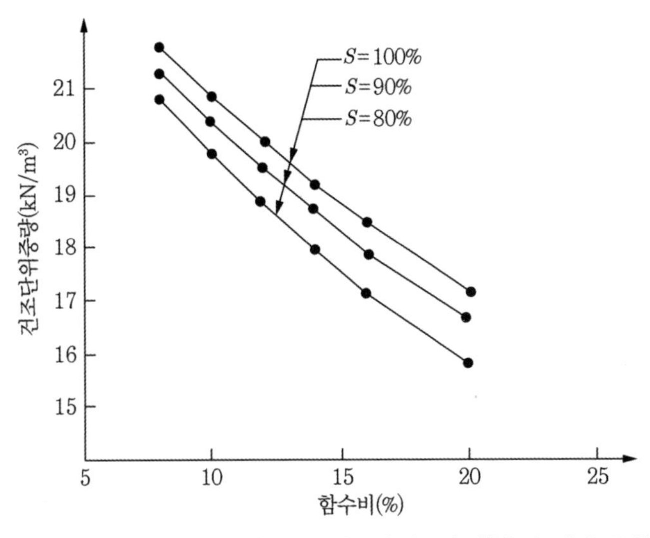

풀이 그림 4.3.1 포화도에 따른 건조단위중량-함수비 관계 곡선

문제 4 비중이 2.65인 흙시료에 대하여 다짐에너지를 달리하여 다짐시험을 실시한 결과는 다음과 같다.

A(낮은 에너지로 다짐)		B(표준 다짐)		C(수정 다짐)	
w(%)	γ_d(kN/m^3)	w(%)	γ_d(kN/m^3)	w(%)	γ_d(kN/m^3)
10.9	15.96	9.3	16.30	9.3	17.75
12.3	16.25	11.8	16.82	12.8	18.74
16.3	17.07	14.3	17.22	15.5	17.69
20.1	16.80	17.6	17.20	18.7	16.15
24.0	15.70	20.8	16.45	21.1	15.50
25.4	15.25	23.0	15.90		

1 다짐곡선을 그려라.

2 각 다짐시험에 대하여 최대건조단위중량과 최적함수비를 구하라.

3 최적함수비에서의 포화도를 각각 구하라.

4 영공기곡선을 그려라.

5 S가 각각 70%, 80%, 90%일 때의 포화곡선을 그려라.

풀이

1 다짐 시험결과를 이용하여 다짐곡선을 그리면 다음 그림과 같다.

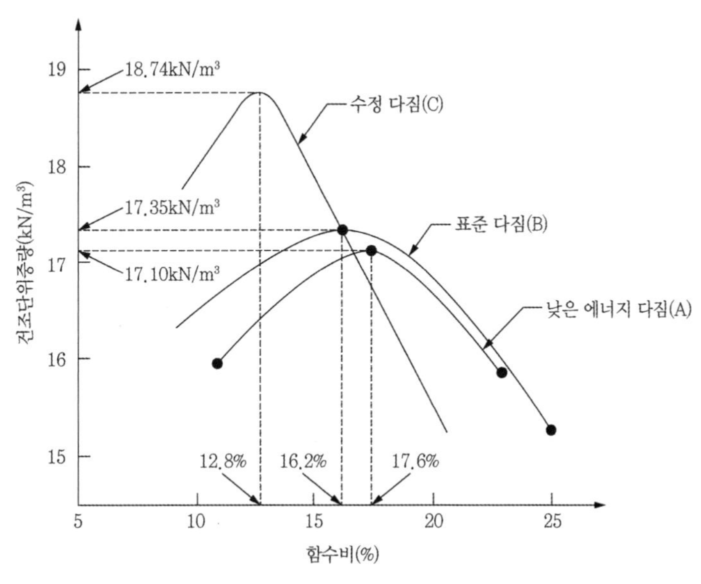

풀이 그림 4.4.1 각 다짐 시험에 대한 다짐곡선

2 각 다짐곡선으로부터 최대건조단위중량과 최적함수비를 각각 구하면 다음과 같다.

- A(낮은 에너지 다짐) : $\gamma_{d(\max)} = 17.10\text{kN/m}^3$, OMC=17.6%
- B(표준 다짐) : $\gamma_{d(\max)} = 17.35\text{kN/m}^3$, OMC=16.2%
- C(수정 다짐) : $\gamma_{d(\max)} = 18.74\text{kN/m}^3$, OMC=12.8%

다짐에너지가 클수록 최대건조단위중량은 증가하고, 최적함수비는 감소함을 알 수 있다.

3 최적함수비에서의 포화도

$$\gamma_d = \frac{G_s \cdot \gamma_w}{1+e}$$

$Se = wG_s$로부터 $e = \dfrac{wG_s}{S}$

$$\therefore\ \gamma_d = \frac{G_s \cdot \gamma_w}{1+\dfrac{wG_s}{S}}$$

따라서 포화도 S는 $S = \dfrac{\gamma_d \cdot w \cdot G}{G_s \cdot \gamma_w - \gamma_d}$

- A(낮은 에너지 다짐)

$$S = \frac{17.10 \times 0.176 \times 2.65}{(2.65 \times 9.81 - 17.10)} = 0.90 = 90\%$$

- B(표준 다짐)

$$S = \frac{17.35 \times 0.162 \times 2.65}{(2.65 \times 9.81 - 17.35)} = 0.86 = 86\%$$

- C(수정 다짐)

$$S = \frac{18.74 \times 0.128 \times 2.65}{(2.65 \times 9.81 - 18.74)} = 0.87 = 87\%$$

4 영공기곡선은 다음 수식을 이용하여 구할 수 있다.

$$\gamma_{zav} = \frac{\gamma_w}{w + \dfrac{1}{G_s}}$$

여기에서는, 예로써 표준다짐시험(B)에 대한 영공기곡선을 구하고, 다짐시험결과와 같이 다음 표에 나타내었다.

풀이 표 4.4.1 건조단위중량과 영공기 단위중량(B시료)

함수비(%)	건조단위중량(kN/m³)	영공기 단위중량(kN/m³)
9.3	16.30	20.86
11.8	16.82	19.80
14.3	17.22	18.85
17.6	17.20	17.73
20.8	15.88	16.76
23.0	15.10	16.15

위의 표를 이용하여 영공기곡선과 다짐곡선을 그려보면 다음과 같다.

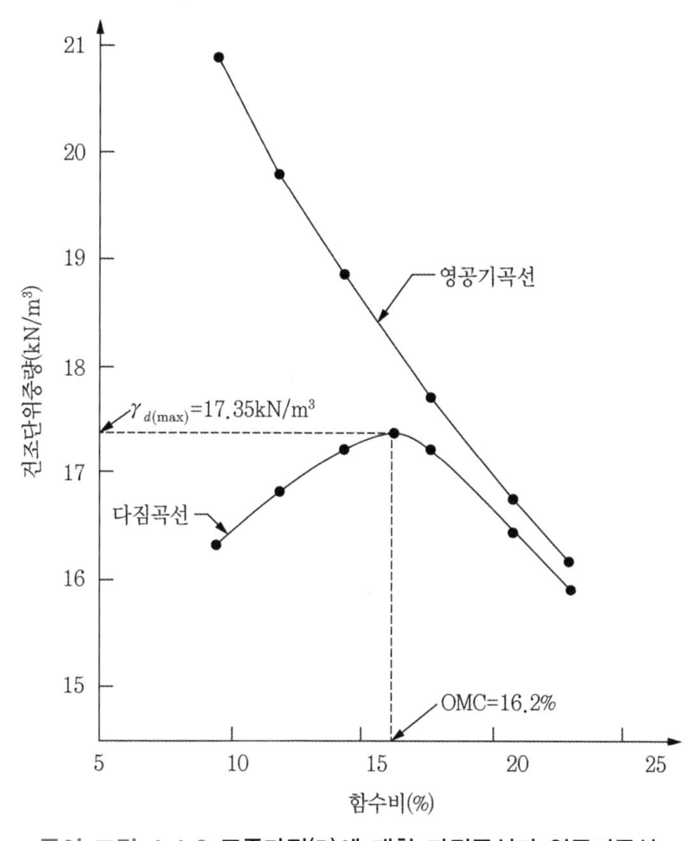

풀이 그림 4.4.2 표준다짐(B)에 대한 다짐곡선과 영공기곡선

5 포화도에 따른 건조단위중량은 앞의 문제 **2**번 풀이에서와 같이

$\gamma_d = \dfrac{S \cdot G_s \cdot \gamma_w}{S + w G_s}$ 이다.

표준다짐시험(B)의 경우에 포화도 S=70%, 80%, 90%에 대한 건조단위중량을 구하여 다음 표에 나타내었다.

풀이 표 4.4.2 포화도에 따른 건조단위중량(B시료)

함수비(%)	건조단위중량(kN/m³)		
	S=70%	S=80%	S=90%
9.3	19.23	19.87	20.41
11.8	17.97	18.69	19.29
14.3	16.87	17.64	18.29
17.6	15.60	16.42	17.12
20.8	14.54	15.39	16.12
23.0	13.90	14.76	15.50

위의 표를 이용하여 표준다짐시험시료(B)에 대하여 포화도에 따른 건조단위중량을 다음 그림에 나타내었다.

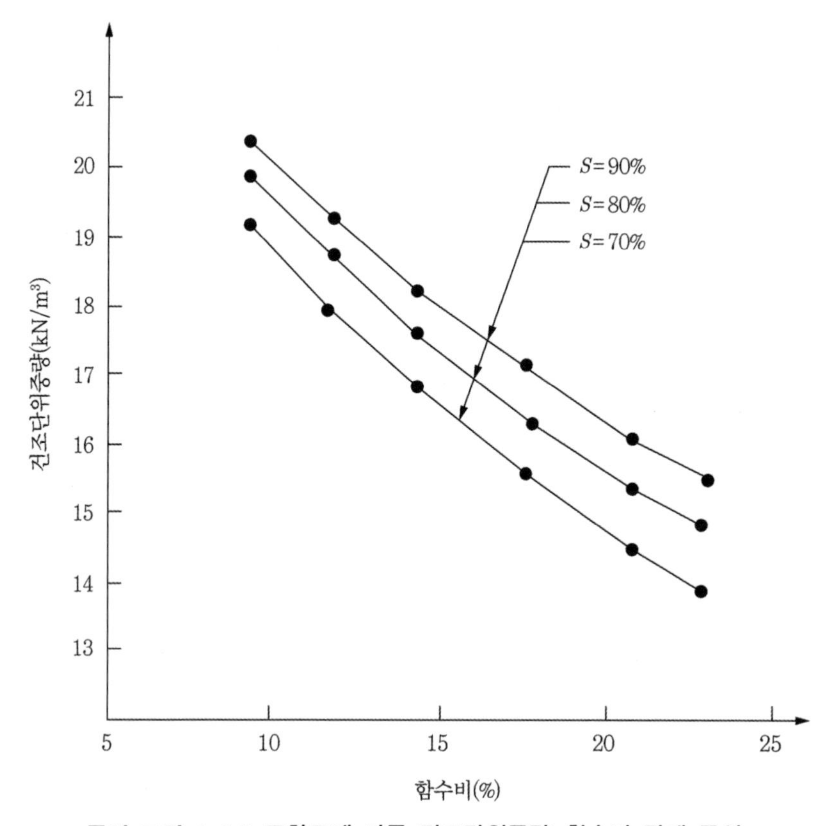

풀이 그림 4.4.3 포화도에 따른 건조단위중량-함수비 관계 곡선

문제 5 공기함유량의 정의는 다음과 같다.

$$A=\frac{V_a}{V}$$

1 $A=\dfrac{e-wG_s}{1+e}$ 임을 증명하라.

2 $A=n(1-S)$임을 증명하라.

3 어느 흙을 함수비 w로 다졌을 때, 공기함유량이 A이었다.

이 다진 흙의 건조단위중량 γ_d는 $\gamma_d=\dfrac{G_s(1-A)}{1+w\cdot G_s}\cdot\gamma_w$ 임을 증명하라.

풀이

1 $A=\dfrac{e-wG_s}{1+e}$ 임을 증명

$V_s=1.0$ 상관관계를 이용한다(풀이 그림 4.2.1 참조).

$$A=\frac{V_a}{V}=\frac{V-(V_s+V_w)}{V}=\frac{(1+e)-(1+wG_s)}{1+e}$$

$$=\frac{e-wG_s}{1+e}$$

2 $A=n(1-S)$임을 증명

$$A=\frac{e-w\cdot G_s}{1+e}=\frac{e-Se}{1+e}=\frac{e(1-S)}{1+e}=n(1-S)$$

3 다진 흙의 건조단위중량 $\gamma_d=\dfrac{G_s\cdot(1-A)}{1+wG_s}\gamma_w$ 임을 증명

$A=\dfrac{e-wG_s}{1+e}$ 로부터 $e=\dfrac{A+wG_s}{1-A}$

$$\gamma_d=\frac{G_s\gamma_w}{1+e}=\frac{G_s\cdot\gamma_w}{1+\dfrac{A+wG_s}{1-A}}=\frac{(1-A)\cdot G_s\cdot\gamma_w}{(1-A)+A+wG_s}$$

$$=\frac{(1-A)G_s}{1+wG_s}\gamma_w$$

제5장

지중응력 분포

제5장
지중응력 분포

문제 1 다음과 같은 지층에서 지표면하 깊이 3m, 5m, 15m 깊이에서 전 연직응력, 유효 연직응력, 수압, 전 수평응력, 유효수평응력을 각각 구하라.

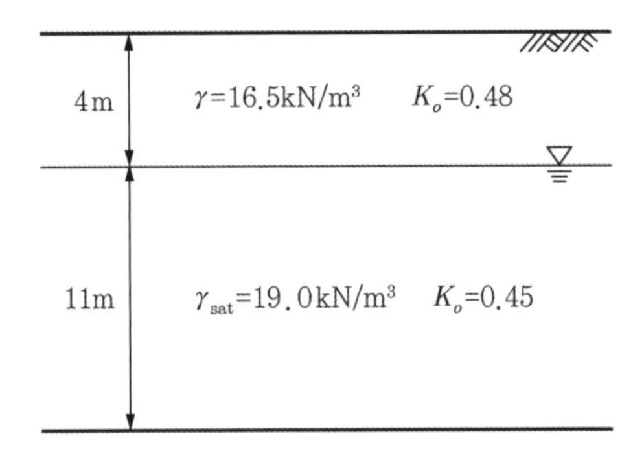

풀이

이 문제는 In-situ Mechanics의 시작점인 초기응력을 구하는 문제이다.
(풀이 그림 5.1.1)을 참조하여서 A, B 및 C점에서 각 응력을 구한다.

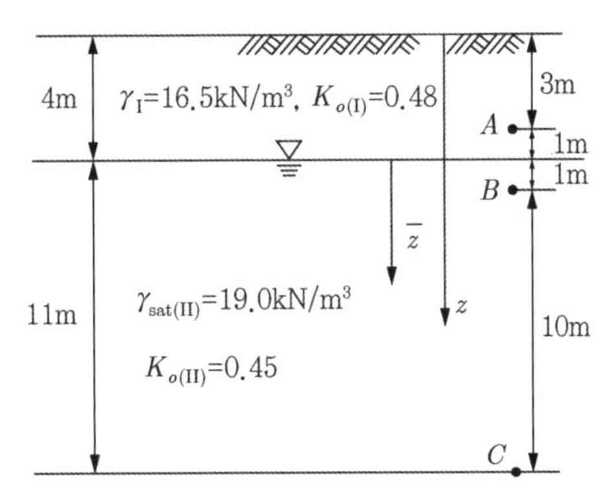

풀이 그림 5.1.1

① $z = 3\text{m}$ 에서(A점)

$\sigma_v = \gamma_I z = 16.5 \times 3 = 49.5\text{kN/m}^2$

$u = 0$

$\sigma_v' = \sigma_v = 49.5\text{kN/m}^2$

$\sigma_h' = K_{o(I)}\sigma_v' = 0.48 \times 49.5 = 23.76\text{kN/m}^2$

$\sigma_h = \sigma_h' = K_{o(I)}\sigma_v = 23.76\text{kN/m}^2$

② $z = 5\text{m}$ 에서(B점)

$\sigma_v = 16.5 \times 4 + 19.0 \times 1 = 85\text{kN/m}^2$

$u = \gamma_w \bar{z} = 9.81 \times 1 = 9.81\text{kN/m}^2$(단, $\bar{z}$는 지하수하의 깊이)

$\sigma_v' = \sigma_v - u = 85 - 9.81 = 75.19\text{kN/m}^2$

또는

σ_v'는 $z = 0 \sim 4\text{m}$ 사이에서는 $\gamma_I = 16.5\text{kN/m}^3$를,

$z = 4 \sim 5\text{m}$ 사이에서는 $\gamma'_{II} = \gamma_{sat(II)} - \gamma_w = (19.0 - 9.81) = 9.19\text{kN/m}^3$을 이용하여 구할 수도 있다.

즉,

$\sigma_v' = 16.5 \times 4 + (19.0 - 9.81) \times 1 = 75.19\text{kN/m}^2$

$\sigma_h' = K_{o(II)}\sigma_v' = 0.45 \times 75.19 = 33.84\text{kN/m}^2$

$\sigma_h = \sigma_h' + u = 33.84 + 9.81 = 43.65\text{kN/m}^2$

③ $z = 15\text{m}$에서(C점)

$\sigma_v = 16.5 \times 4 + 19.0 \times 11 = 275\text{kN/m}^2$

$u = \gamma_w \bar{z} = 9.81 \times 11 = 107.91\text{kN/m}^2$

$\sigma_v' = \sigma_v - u = 275 - 107.91 = 167.09\text{kN/m}^2$

또는

$\sigma_v' = \gamma_I \times 4 + \gamma'_{II} \times 11$

$= 16.5 \times 4 + (19.0 - 9.81) \times 11 = 167.091\text{kN/m}^2$

$\sigma_h' = K_{o(II)}\sigma_v' = 0.45 \times 167.09 = 75.19\text{kN/m}^2$

$\sigma_h = \sigma_h' + u = 75.19 + 107.91 = 183.10\text{kN/m}^2$

문제 2 지중의 흙 입자가 다음과 같은 응력을 받고 있다.

1. 주응력의 크기와 방향을 구하라.
2. EF면에 작용되는 응력을 구하라.

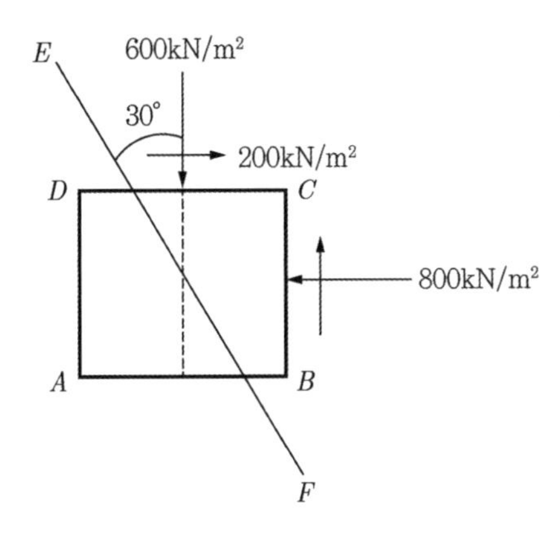

풀이

먼저 입자에 작용되는 응력을 Mohr 원 상에 나타내면 다음 그림과 같다.

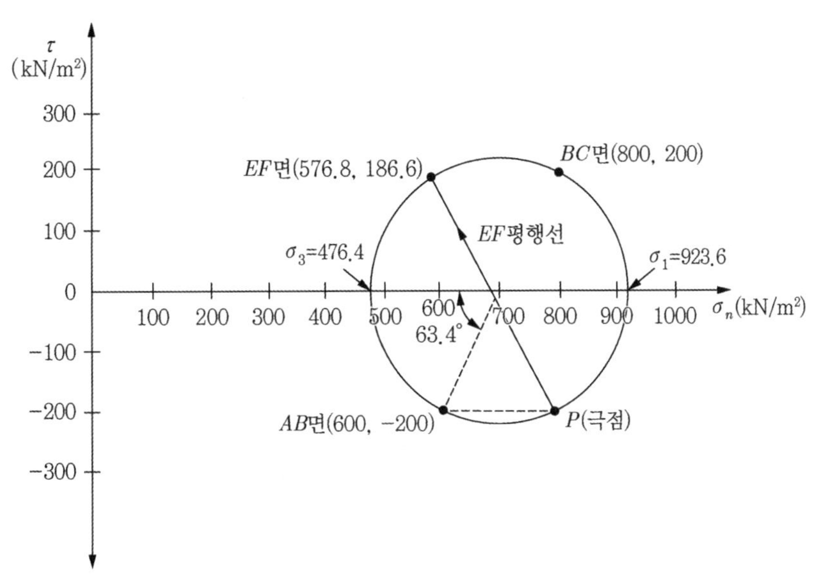

풀이 그림 5.2.1 Mohr 원

1 최대주응력은

$$\sigma_1 = \frac{\sigma_v + \sigma_h}{2} + \sqrt{\left(\frac{\sigma_v - \sigma_h}{2}\right)^2 + \tau_{hv}^2}$$

$$= \frac{600 + 800}{2} + \sqrt{\left(\frac{600 - 800}{2}\right)^2 + 200^2}$$

$$= 700 + 223.6 = 923.6\mathrm{kN/m^2}$$

$$\sigma_3 = \frac{\sigma_v + \sigma_h}{2} - \sqrt{\left(\frac{\sigma_v - \sigma_h}{2}\right)^2 + \tau_{hv}^2} = \frac{600 + 800}{2} - \sqrt{(\frac{600 - 800}{2})^2 + 200^2}$$

$$= 700 - 223.6 = 476.4\mathrm{kN/m^2}$$

$$\tan 2\theta = \frac{2\tau_{hv}}{\sigma_v - \sigma_h} = \frac{2 \times 200}{600 - 800} = -2$$

$\therefore\ \theta = -31.7°$

즉, 연직응력이 작용되는 면과(AB면) 시계방향으로 31.7°되는 면에 최소주응력이 작용한다.

2 EF면은 연직응력이 작용되는 면과(즉, AB면) 시계방향으로 60°되는 면에 위치한다. 즉, $\theta = -60°$이다.

$$\sigma_n = \frac{\sigma_v + \sigma_h}{2} + \frac{\sigma_v - \sigma_h}{2}\cos 2\theta + \tau_{hv}\sin 2\theta$$

$$= \frac{600 + 800}{2} + \frac{600 - 800}{2}\cos(-120°) + 200\sin(-120°)$$

$$= 700 + 50 - 173.2 = 576.8\mathrm{kN/m^2}$$

$$\tau_n = \frac{\sigma_v - \sigma_h}{2}\sin 2\theta - \tau_{hv}\cos 2\theta$$

$$= \frac{600 - 800}{2}\sin(-120°) - 200\cos(-120°)$$

$$= 86.6 + 100 = 186.6\mathrm{kN/m^2}$$

Note

EF면은 또한 극점을 먼저 구하고 극점으로부터 EF면과 평행선을 그어서 Mohr 원에서 만나는 점으로 구할 수도 있다.

문제 3 다음 그림과 같이, 지표면에 0부터 q/단위면적까지 증가하는 응력이 대상(strip loading)으로 작용되고 있다. A입자에 작용되는 응력의 증가량을 구하는 공식을 유도하라(힌트 : x방향으로 r만큼 거리에서 dr에 작용되는 선하중 p는 $\frac{q}{2b}rdr$이 된다).

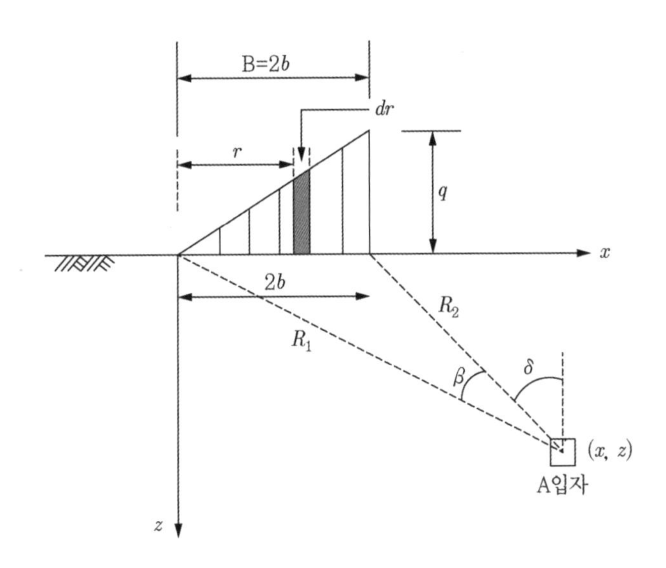

풀이

기본원리 : (dr)에 작용하는 선하중에 대한 응력의 증가량을 0~$2b$까지 적분하여 구한다. 자세한 적분과정은 생략한다.

$$\begin{aligned}\Delta\sigma_z &= \int d(\Delta\sigma_z) \\ &= \left(\frac{1}{2b}\right)\left(\frac{2q}{\pi}\right)\int_{r=0}^{r=2b}\frac{z^3 r dr}{[(x-r)^2+z^2]^2} \\ &= \frac{q}{2\pi}\left(\frac{2x}{B}\beta - \sin 2\delta\right)\end{aligned}$$

$$\begin{aligned}\Delta\sigma_x &= \int d(\Delta\sigma_x) = \left(\frac{1}{2b}\right)\left(\frac{2q}{\pi}\right)\int_{r=0}^{r=2b}\frac{(x-r)^2 z r dr}{[(x-r)^2+z^2]^2} \\ &= \frac{q}{2\pi}\left(\frac{2x}{B}\beta - 4.606\frac{z}{B}\log\frac{R_1^2}{R_2^2} + \sin 2\delta\right)\end{aligned}$$

$$\Delta\tau_{xz} = \int d(\Delta\tau_{xz}) = \left(\frac{1}{2b}\right)\left(\frac{2q}{\pi}\right)\int_{r=0}^{r=2b} \frac{(x-r)z^2 r dr}{[(x-r)^2 + z^2]^2}$$

$$= \frac{q}{2\pi}\left(1 + \cos 2\delta - \frac{2z}{B}\beta\right)$$

문제 4 다음 그림과 같이 점증대상하중이 작용할 때, A 및 B에서의 응력증가량을 구하라.

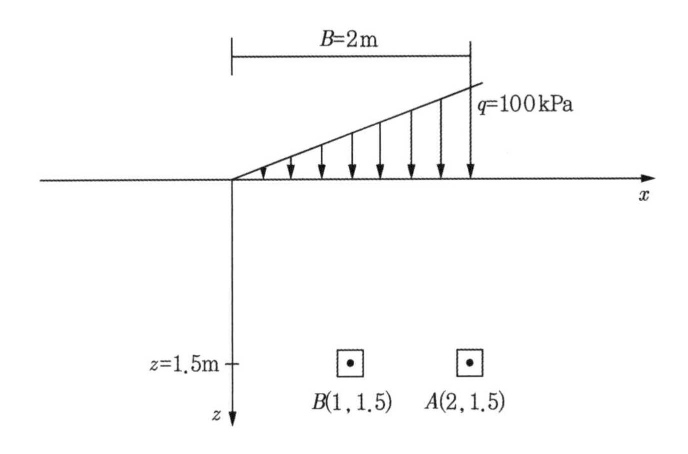

풀이

① A입자 $\beta = 53.1°$, $\delta = 0°$, $R_1 = 2.5$m, $R_2 = 1.5$m(다음 그림 참조).

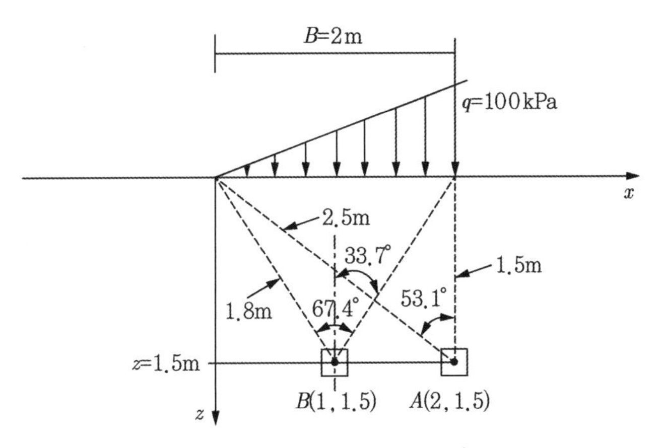

풀이 그림 5.4.1 β, δ, R_1 및 R_2

$$\Delta\sigma_z = \frac{q}{2\pi}\left(\frac{2x}{B}\beta - \sin 2\delta\right)$$

$$= \frac{100}{2\pi}\left(\frac{2 \cdot 2}{2} \cdot \frac{\pi}{180} \cdot 53.1° - \sin 2(0)\right)$$

$$= 29.50\text{kN/m}^2$$

$$\Delta\sigma_x = \frac{q}{2\pi}\left(\frac{2x}{B}\cdot\beta - 4.606\cdot\frac{z}{B}\log\frac{R_1^2}{R_2^2} + \sin 2\delta\right)$$

$$= \frac{100}{2\pi}\left(\frac{2\cdot 2}{2}\cdot\frac{\pi}{180}\cdot 53.1° - 4.606\cdot\frac{1.5}{2}\log\frac{2.5^2}{1.5^2} + \sin 2(0)\right)$$

$$= 5.09\text{kN/m}^2$$

$$\Delta\tau_{xz} = \frac{q}{2\pi}\left(1 + \cos 2\delta - \frac{2\cdot z}{B}\cdot\beta\right)$$

$$= \frac{100}{2\pi}\left(1 + \cos(2\cdot 0) - \frac{2\cdot 1.5}{2}\cdot\frac{\pi}{180}\cdot 53.1°\right)$$

$$= 9.72\text{kN/m}^2$$

② B입자 $\beta = 67.4°$, $\delta = -33.7°$, $R_1 = R_2 = 1.8\text{m}$

$$\Delta\sigma_z = \frac{100}{2\pi}\left(\frac{2\cdot 1}{2}\cdot\frac{\pi}{180}\cdot 67.4° - \sin(2\cdot(-33.7°)\right)$$

$$= 33.42\text{kN/m}^2$$

$$\Delta\sigma_x = \frac{100}{2\pi}\left(\frac{2\cdot 1}{2}\cdot\frac{\pi}{180}\cdot 67.4° - 4.606\frac{1.5}{2}\log\frac{1.8^2}{1.8^2} + \sin(2\cdot(-33.7°))\right)$$

$$= 4.02\text{kN/m}^2$$

$$\Delta\tau_{xz} = \frac{100}{2\pi}\left(1 + \cos(2(-33.7°)) - \frac{2\cdot 1.5}{2}\cdot\frac{\pi}{180}\cdot 67.4°\right)$$

$$= -6.04\text{kN/m}^2$$

문제 5 6m×12m의 직사각형 단면상에 q=100kN/m^{2}의 등분포하중이 작용하고 있다.

1. 재하면적의 한 모서리 아래 깊이 3m에서의 연직응력의 증가량을 구하라.
2. 재하면적의 중심 아래 깊이 3m에서의 연직응력의 증가량을 구하라.
3. 재하면적의 한 모서리에서 횡방향 및 종방향으로 각각 2m 떨어진 점 아래 3m 깊이에서의 연직응력의 증가량을 구하라.

풀이

직사각형 단면과 응력을 구해야 할 지점은 다음 그림과 같다.

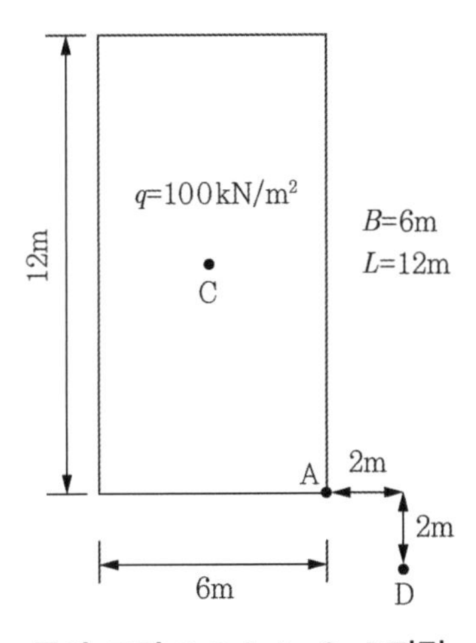

풀이 그림 5.5.1 A, C, D지점

1 모서리 아래 3m(A지점)에서의 응력

$\Delta\sigma_z = qI_3$

$I_3 = f(m,\ n)$이며 $m = \dfrac{L}{z},\ n = \dfrac{B}{z}$

$B = 6\text{m},\ L = 12\text{m}$ 이므로 $m = \dfrac{12}{3} = 4,\ n = \dfrac{6}{3} = 2$

(풀이 그림 5.5.4)로부터, $m = 4,\ n = 2$일 때의 $I_3 \approx 0.24$

$\therefore\ \Delta\sigma_Z = 100 \times 0.24 = 24\text{kN/m}^2$

2 중심 아래 3m(C지점)에서의 응력

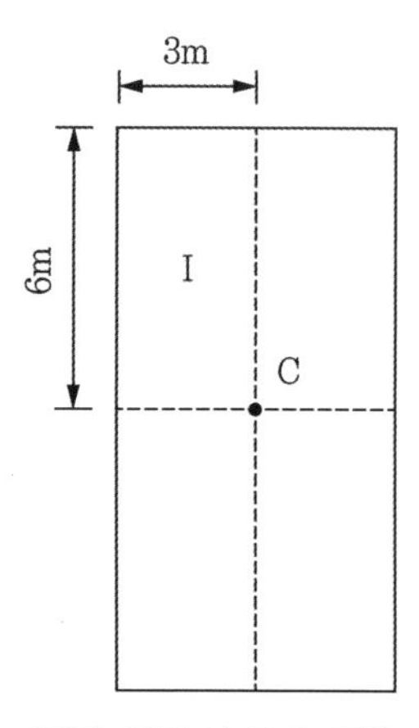

풀이 그림 5.5.2 C점

(풀이 그림 5.5.2)와 같이 $L \times B = 6\text{m} \times 3\text{m}$의 모서리에서 응력을 구하고, 이를 4배 하여서 C점 아래 3m에서의 연직응력증가량을 구한다.

$m = \dfrac{6}{3} = 2,\ n = \dfrac{3}{3} = 1$

(풀이 그림 5.5.4)로부터 $I_3 = 0.2$

$\Delta\sigma_z = 4 \cdot qI_3 = 4 \times 100 \times 0.2 = 80\text{kN/m}^2$

3 D점(모서리에서 2m 떨어진 지점)에서의 응력

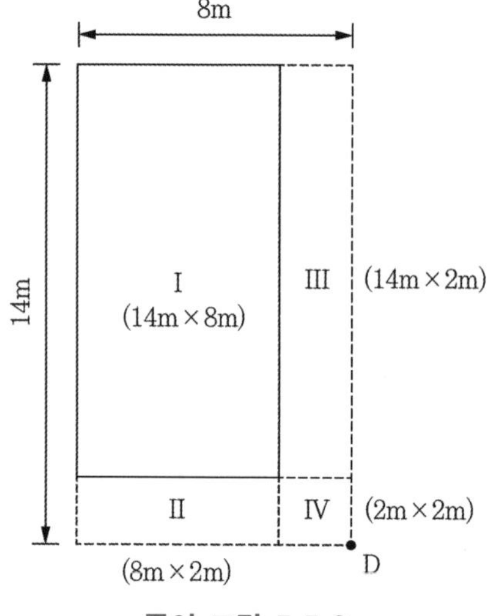

풀이 그림 5.5.3

(풀이 그림 5.5.3)과 같이,

'I(14m×8m)+II(8m×2m)+III(14m×2m)−IV(2m×2m)'로 구한다.

I : $m = \dfrac{14}{3} = 4.67$, $n = \dfrac{8}{3} = 2.67$, $I_{3\mathrm{I}} = 0.24$

II : $m = \dfrac{8}{3} = 2.67$, $n = \dfrac{2}{3} = 0.67$, $I_{3\mathrm{II}} = 0.162$

III : $m = \dfrac{14}{3} = 4.67$, $n = \dfrac{2}{3} = 0.67$, $I_{3\mathrm{III}} = 0.165$

IV : $m = \dfrac{2}{3} = 0.67$, $n = \dfrac{2}{3} = 0.67$, $I_{4\mathrm{IV}} = 0.125$

$q = \mathrm{I} - \mathrm{II} - \mathrm{III} + \mathrm{IV}$

$= 100 \times (0.24 - 0.162 - 0.165 + 0.125)$

$= 3.8\mathrm{kN/m^2}$

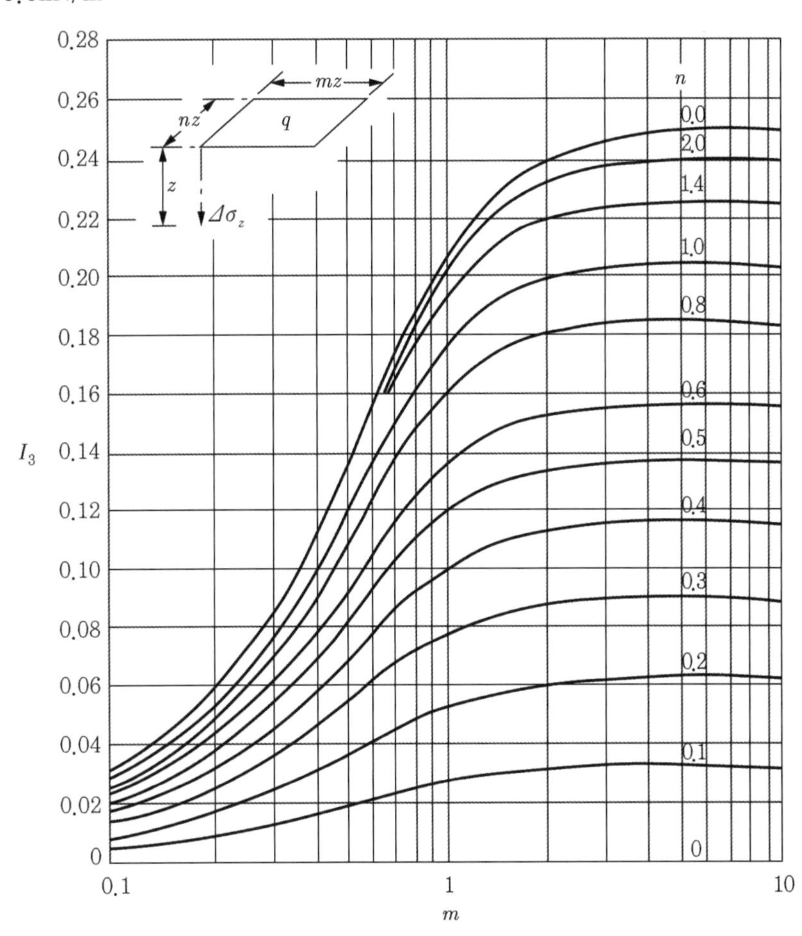

풀이 그림 5.5.4 $I_3(m,n)$

문제 6 초기응력으로부터 외부하중으로 인한 응력의 증가가 다음과 같을 때, 응력경로를 $p-q$ 다이아그램상에 그려라.

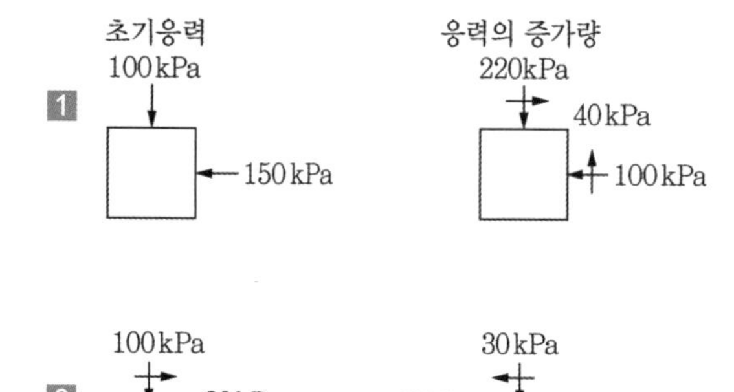

풀이

1 초기응력과 최종응력은 다음 그림과 같다.

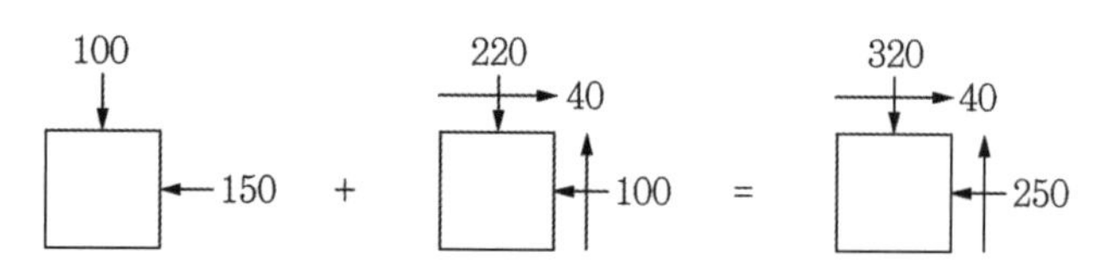

풀이 그림 5.6.1 초기응력과 최종응력

① 초기응력

$$p_o = \frac{100+150}{2} = 125\text{kN/m}^2$$

$$q_o = \frac{100-150}{2} = -25\text{kN/m}^2$$

$R_o(125,\ -25)$

② 응력 증가 후 최대, 최소주응력

$$\sigma_1 = \frac{\sigma_v + \sigma_h}{2} + \sqrt{\left(\frac{\sigma_v - \sigma_h}{2}\right)^2 + \tau_{hv}^2}$$

$$= \frac{320+250}{2} + \sqrt{\left(\frac{320-250}{2}\right)^2 + 40^2} = 338.2\text{kN/m}^2$$

$$\sigma_3 = \frac{\sigma_v + \sigma_h}{2} - \sqrt{\left(\frac{\sigma_v - \sigma_h}{2}\right)^2 + \tau_{hv}^2}$$

$$= \frac{320+250}{2} - \sqrt{\left(\frac{320-250}{2^2}\right)^2 + 40^2} = 231.9\text{kN/m}^2$$

$$\tan(2\theta) = \frac{2\tau_{hv}}{\sigma_v - \sigma_h} = \frac{2\times 40}{320-250} = 1.143$$

$$\theta = 24.4°$$

σ_1이 연직방향으로부터 24.4°, 즉 ±45° 내에 있으므로 $q = +\frac{\sigma_1 - \sigma_3}{2}$이다.

$$p = \frac{338.2+231.9}{2} = 285.1\text{kN/m}^2,\ q = +\frac{338.2-231.9}{2} = 53.2\text{kN/m}^2$$

$R_f(285.1,\ 53.2)$

초기응력으로부터 응력증가에 따른 최종응력으로 가는 응력경로를 그리면 다음과 같다.

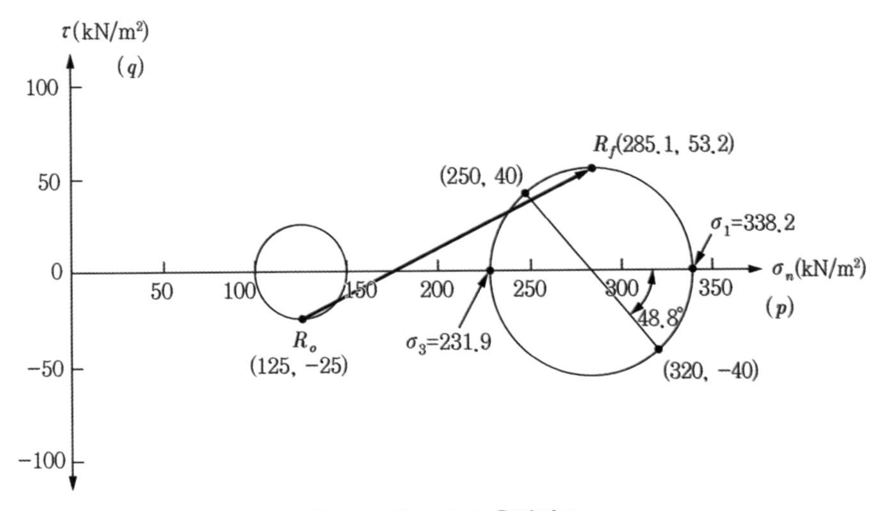

풀이 그림 5.6.2 응력경로

2 초기응력과 최종응력은 다음과 같다.

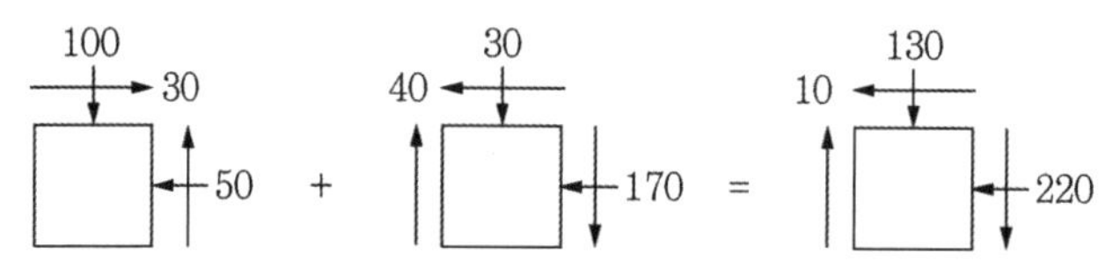

풀이 그림 5.6.3 초기응력과 최종응력

① 초기응력

$$\sigma_1 = \frac{100+50}{2} + \sqrt{\left(\frac{100-50}{2}\right)^2 + 30^2} = 114.1\text{kN/m}^2$$

$$\sigma_3 = \frac{100+50}{2} - \sqrt{\left(\frac{100-50}{2}\right)^2 + 30^2} = 35.9\text{kN/m}^2$$

$$\tan(2\theta) = \frac{2\times 30}{100-50} = 1.2$$

$\theta = 25.1°$(연직방향과 σ_1 방향이 이루는 각도), $q = +\dfrac{\sigma_1 - \sigma_3}{2}$ 사용

$$p_o = \frac{114.1+35.9}{2} = 75\text{kN/m}^2$$

$$q_o = +\frac{114.1-35.9}{2} = 39.1\text{kN/m}^2$$

$R_o(75,\ 39.1)$

② 최종응력

$$\sigma_1 = \frac{130+220}{2} + \sqrt{\left(\frac{130-220}{2}\right)^2 + (-10)^2} = 221.1\text{kN/m}^2$$

$$\sigma_3 = \frac{130+220}{2} - \sqrt{\left(\frac{130-220}{2}\right)^2 + (-10)^2} = 128.9\text{kN/m}^2$$

$$\tan(2\theta) = \frac{-2\times 10}{130-220} = 0.2222$$

$\theta = 6.3°$(수평방향과 σ_1 방향 사이의 각도), $q = -\dfrac{\sigma_1 - \sigma_3}{2}$ 사용

$$p = \frac{221.1+128.9}{2} = 175\text{kN/m}^2$$

$$q = -\frac{221.1-128.9}{2} = -46.1\text{kN/m}^2$$

$R_f(175,\ -46.1)$

초기응력으로부터 응력증가에 따른 최종응력으로 가는 응력경로를 그리면 다음과 같다.

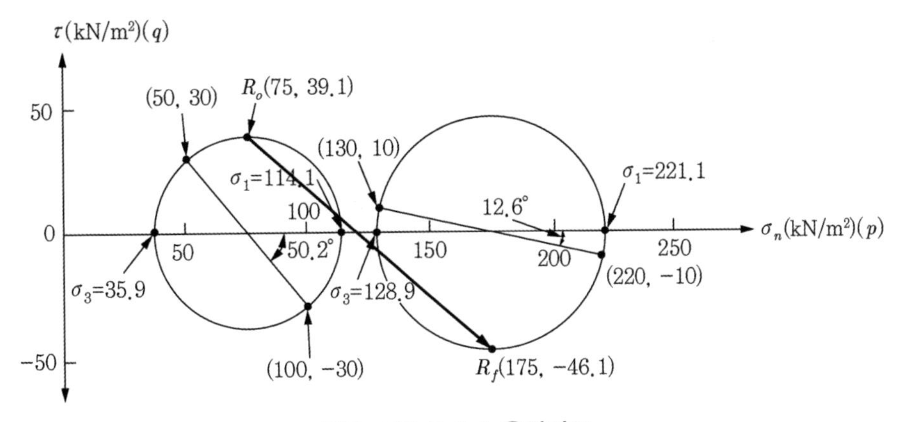

풀이 그림 5.6.4 응력경로

문제 7 다음 그림과 같이 지표면에 선하중 $p=1{,}500\text{kN/m}$이 작용하고 있다.

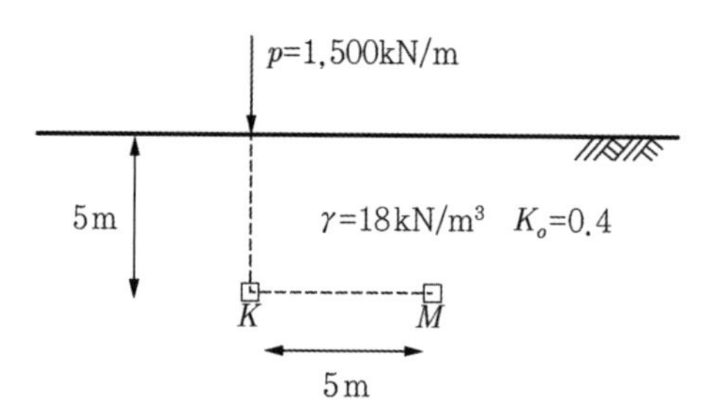

1 K점 및 M점에서 응력의 증가량을 구하라.

2 하중재하 전과 후의 응력경로를 그려라.

풀이

1 응력의 증가량

① K입자 : $x=0,\ z=5\text{m}$

$$\Delta\sigma_z = \frac{2pz^3}{\pi(x^2+z^2)^2}$$

$$= \frac{2\times 1500\times 5^3}{\pi(0^2+5^2)^2} = 191.1\text{kN/m}^2$$

$$\Delta\sigma_x = \frac{2px^2z}{\pi(x^2+z^2)^2}$$

$$= \frac{2\times 1500\times 0^2\times 5}{\pi(0^2+5^2)^2} = 0$$

$$\Delta\tau_{xz} = \frac{2pxz^2}{\pi(x^2+z^2)^2}$$

$$= \frac{2\times 1500\times 0\times 5^2}{\pi(0^2+5^2)^2} = 0$$

하중이 작용된 지점의 직하에 K입자가 존재하므로 좌우대칭으로 전단응력 증가가 없다.

② M입자 : $x=5\text{m}$, $z=5\text{m}$

$$\Delta\sigma_z = \frac{2\times1500\times5^3}{\pi(5^2+5^2)^2} = 47.8\text{kN/m}^2$$

$$\Delta\sigma_x = \frac{2\times1500\times5^2\times5}{\pi(5^2+5^2)^2} = 47.8\text{kN/m}^2$$

$$\Delta\tau_{xz} = \frac{2\times1500\times5\times5^2}{\pi(5^2+5^2)^2} = 47.8\text{kN/m}^2$$

2 하중재하 전후의 응력경로

① K입자

– 초기응력

$\sigma_{vo} = \gamma z = 18\times5 = 90\text{kN/m}^2$

$\sigma_{ho} = K_o\sigma_{vo} = 0.4\times90 = 36\text{kN/m}^2$

– 하중재하 전후의 응력상태는 다음과 같다.

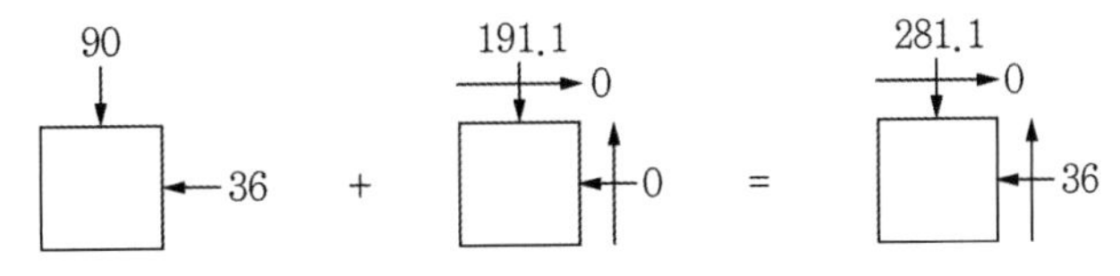

풀이 그림 5.7.1 초기응력과 최종응력

– 초기응력

$$p_o = \frac{90+36}{2} = 63\text{kN/m}^2$$

$$q_o = \frac{90-36}{2} = 27\text{kN/m}^2$$

$R_o(63,\ 27)$

– 최종응력

$$p = \frac{281.1+36}{2} = 158.6\text{kN/m}^2$$

$$q = \frac{281.1-36}{2} = 122.6\text{kN/m}^2$$

$R_f(158.6,\ 122.6)$

– 응력경로는 다음 그림과 같다.

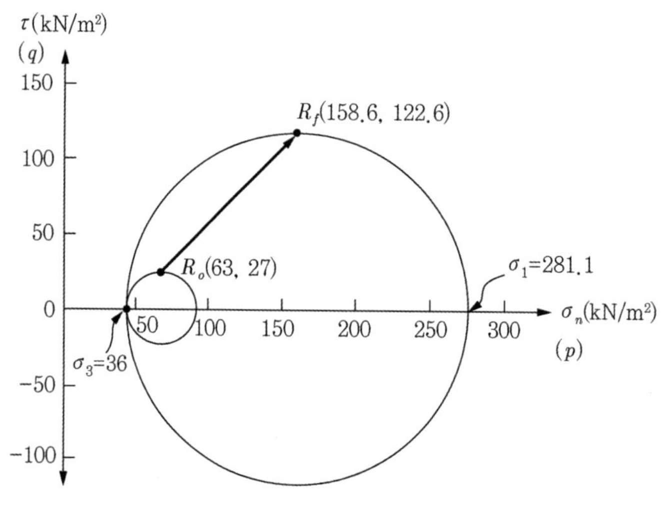

풀이 그림 5.7.2 응력경로

② M입자

– 초기응력은 K입자와 같다.

$\sigma_{vo}=90\text{kN/m}^2,\ \sigma_{ho}=36\text{kN/m}^2$

– 하중재하 전후의 응력상태는 다음과 같다.

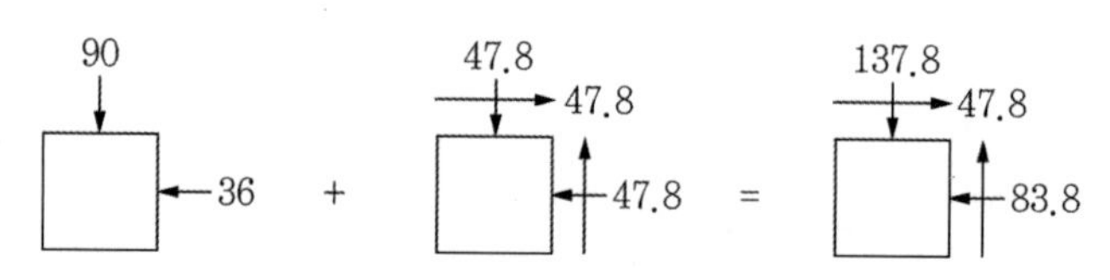

풀이 그림 5.7.3 초기응력과 최종응력

– 초기응력 $R_o(63,\ 27)$

– 최종응력

$$\sigma_1=\frac{\sigma_v+\sigma_h}{2}+\sqrt{\left(\frac{\sigma_v-\sigma_h}{2}\right)^2+\tau_{hv}^2}$$

$$=\frac{137.8+83.8}{2}+\sqrt{\left(\frac{137.8-83.8}{2}\right)^2+47.8^2}$$

$=165.7\text{kN/m}^2$

$$\sigma_3 = \frac{\sigma_v + \sigma_h}{2} - \sqrt{\left(\frac{\sigma_v - \sigma_h}{2}\right)^2 + \tau_{hv}^2}$$

$$= \frac{137.8 + 83.8}{2} - \sqrt{\left(\frac{137.8 - 83.8}{2}\right)^2 + 47.8^2}$$

$=55.9\text{kN/m}^2$

$$\tan(2\theta) = \frac{2\tau_{hv}}{\sigma_v - \sigma_h} = \frac{2 \times 47.8}{137.8 - 83.8} = 1.77$$

$\theta = 30.3°$

σ_1이 연직방향과 30.3°의 각도를 이룬다(즉, ±45° 이내).

$q = +\dfrac{\sigma_1 - \sigma_3}{2}$ 사용

$$p = \frac{\sigma_1 + \sigma_3}{2} = \frac{165.7 + 55.9}{2} = 110.8\text{kN/m}^2$$

$$q = +\frac{\sigma_1 - \sigma_3}{2} = +\frac{165.7 - 55.9}{2} = 54.9\text{kN/m}^2$$

$R_f(110.8,\ 54.9)$

응력경로는 다음 그림과 같다.

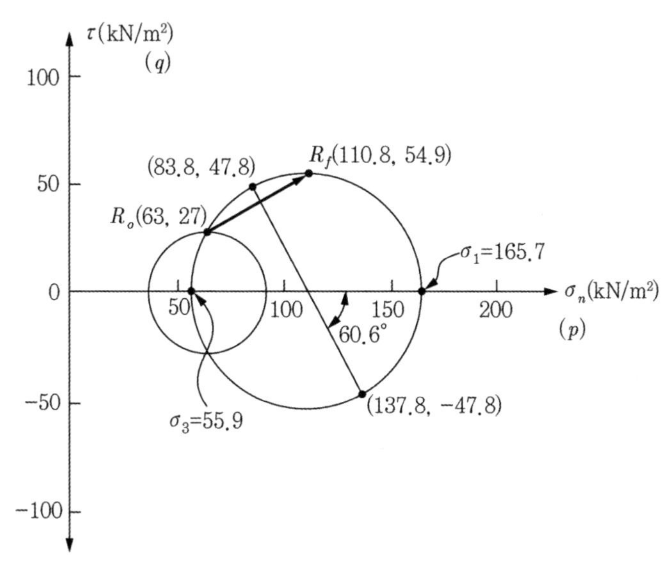

풀이 그림 5.7.4 응력경로

문제 8 다음 그림과 같이 지표면에 두 개의 선하중이 작용되었다.

1 하중재하 전후의 응력경로를 그려라.

2 영국 케임브리지 대학에서는 p, q를 다음과 같이 정의하였다(단, σ_1 =최대 주응력, σ_2 =중간 주응력, σ_3 =최소 주응력).

$$p=\frac{\sigma_1+\sigma_2+\sigma_3}{3},\ q=\pm(\sigma_1-\sigma_3)$$

이 정의에 입각하여 하중재하 전후의 응력경로를 그려라.

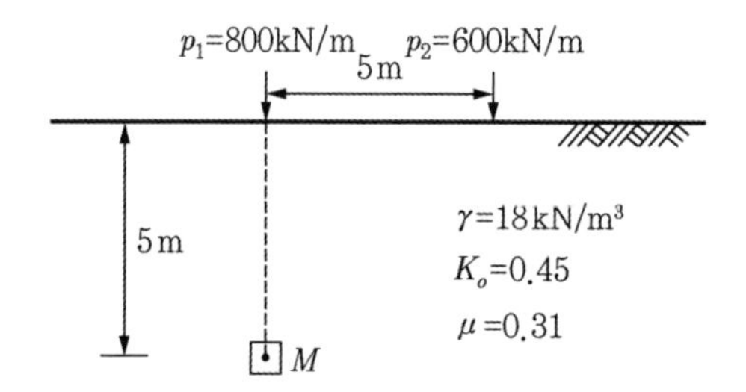

풀이

1 하중 전후의 응력경로

① 응력의 증가량

응력의 증가량은 두 선하중에 대하여 중첩의 원리를 이용하여 구한다.

$x_1=0,\ x_2=-5\text{m},\ z_1=z_2=z=5\text{m}$

$$\Delta\sigma_z=\frac{2p_1z^3}{\pi(x_1^2+z^2)^2}+\frac{2p_2z^3}{\pi(x_2^2+z^2)^2}$$

$$=\frac{2\times800\times5^3}{\pi(0+5^2)^2}+\frac{2\times600\times5^3}{\pi[(-5)^2+5^2]^2}=121.0\text{kN/m}^2$$

$$\Delta\sigma_x=\frac{2p_1x_1^2z}{\pi(x_1^2+z^2)^2}+\frac{2p_2x_2^2z}{\pi(x_2^2+z^2)^2}$$

$$=\frac{2\times800\times0^2\times5}{\pi(0+5^2)^2}+\frac{2\times600\times(-5)^2\times5}{\pi[(-5)^2+5^2]^2}=19.1\text{kN/m}^2$$

$$\Delta\tau_{xz} = \frac{2p_1 x_1 z^2}{\pi(x_1^2+z^2)^2} + \frac{2p_2 x_2 z^2}{\pi(x_2^2+z^2)^2}$$

$$= \frac{2\times 800\times 0\times 5^2}{\pi(0+5^2)^2} + \frac{2\times 600\times(-5)\times 5^2}{\pi[(-5)^2+5^2]^2} = -19.1\text{kN/m}^2$$

② 하중재하 전후의 응력경로

- 초기응력

$\sigma_{vo} = \gamma z = 18\times 5 = 90\text{kN/m}^2$

$\sigma_{ho} = K_o \sigma_{vo} = 0.45\times 90 = 40.5\text{kN/m}^2$

- 하중재하 전후의 응력상태는 다음과 같다.

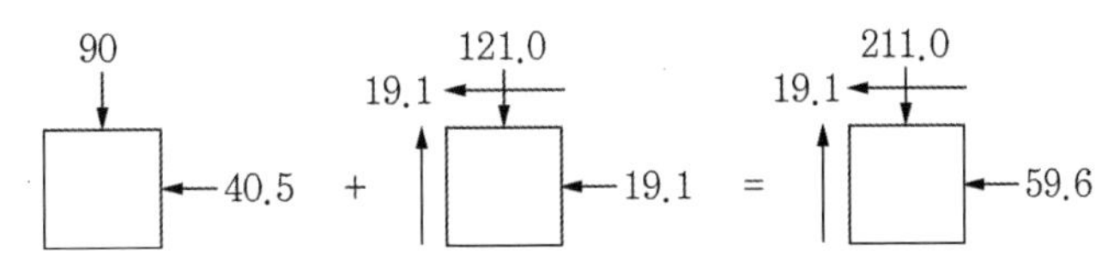

풀이 그림 5.8.1 초기응력과 최종응력

- 초기응력

$$p_o = \frac{90+40.5}{2} = 65.3\text{kN/m}^2$$

$$q_o = \frac{90-40.5}{2} = 24.8\text{kN/m}^2$$

$R_o(65.3,\ 24.8)$

- 최종응력

$$\sigma_1 = \frac{\sigma_v+\sigma_h}{2} + \sqrt{\left(\frac{\sigma_v-\sigma_h}{2}\right)^2 + \tau_{hv}^2}$$

$$= \frac{211.0+59.6}{2} + \sqrt{\left(\frac{211.0-59.6}{2}\right)^2 + (-19.1)^2}$$

$$= 213.4\text{kN/m}^2$$

$$\sigma_3 = \frac{\sigma_v+\sigma_h}{2} - \sqrt{\left(\frac{\sigma_v-\sigma_h}{2}\right)^2 + \tau_{hv}^2}$$

$$= \frac{211.0+59.6}{2} - \sqrt{\left(\frac{211.0-59.6}{2}\right)^2 + (-19.1)^2}$$

$=57.2\text{kN/m}^2$

$$\tan(2\theta)=\frac{2\tau_{hv}}{\sigma_v-\sigma_h}=\frac{2\times(-19.1)}{211.0-59.6}=-0.2523$$

$\theta=-7.1°$

σ_1이 연직방향과 $-7.1°$의 각도를 이룬다(즉, ±45° 이내).

$q=+\dfrac{\sigma_1-\sigma_2}{2}$ 사용

$$p=\frac{\sigma_1+\sigma_3}{2}=\frac{213.4+57.2}{2}=135.3\text{kN/m}^2$$

$$q=+\frac{\sigma_1-\sigma_3}{2}=+\frac{213.4-57.2}{2}=78.1\text{kN/m}^2$$

$R_f(135.3,\ 78.1)$

응력경로는 다음 그림과 같다.

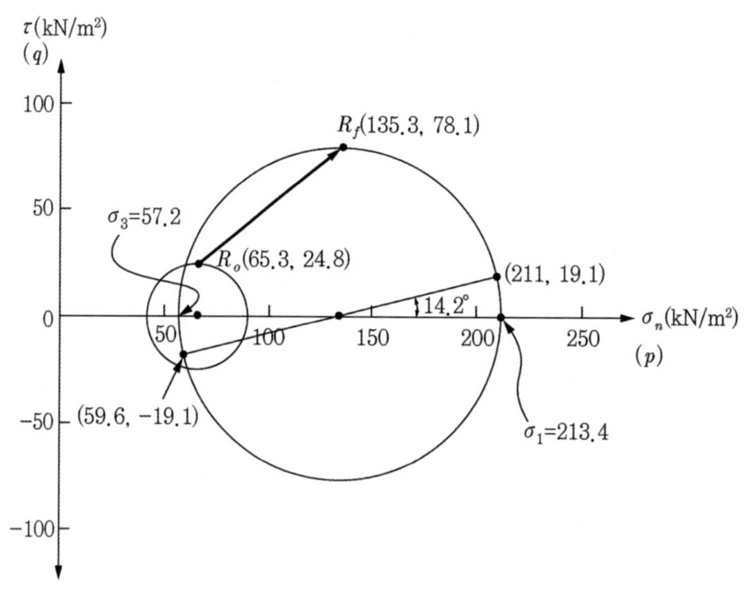

풀이 그림 5.8.2 응력경로

2 케임브리지 대학에서 정의한 응력경로에는 최대/최소주응력뿐만 아니라, 중간 주응력도 포함되는 특징이 있다. 최종응력에 대한 중간 주응력은 다음과 같다.

$\sigma_2 = \mu(\sigma_1 + \sigma_3)$

$= 0.31 \times (213.4 + 57.2) = 83.9\text{kN/m}^2$

① 초기응력

$$p_o = \frac{\sigma_{vo} + 2\sigma_{ho}}{3} = \frac{90 + 2 \times 40.5}{3} = 57.0\text{kN/m}^2$$

$q_o = \sigma_{vo} - \sigma_{ho}$

$= 90 - 40.5 = 49.5\text{kN/m}^2$

$R_o(57,\ 49.5)$

② 최종응력

$\sigma_1 = 213.4\text{kN/m}^2$, $\sigma_2 = 83.9\text{kN/m}^2$, $\sigma_3 = 57.2\text{kN/m}^2$

$$p = \frac{\sigma_1 + \sigma_2 + \sigma_3}{3} = \frac{213.4 + 83.9 + 57.2}{3} = 118.2\text{kN/m}^2$$

$q = +(\sigma_1 - \sigma_3) = 213.4 - 5.72 = 156.2\text{kN/m}^2$

$R_f(118.2,\ 156.2)$

응력경로는 다음 그림과 같다.

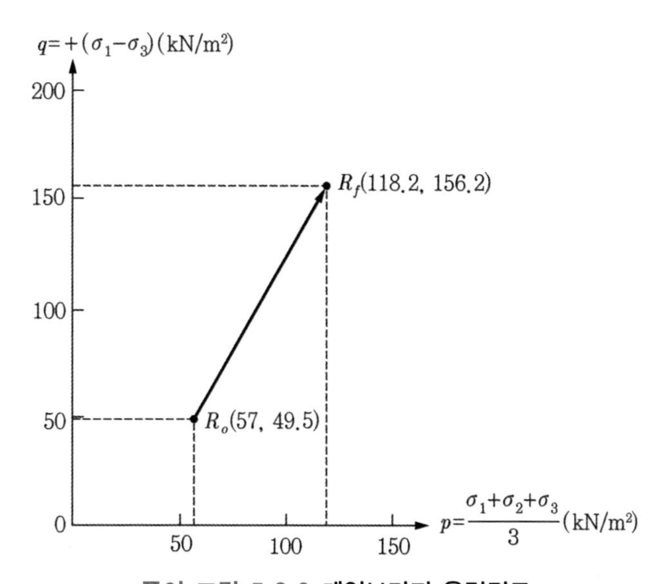

풀이 그림 5.8.3 케임브리지 응력경로

문제 9 다음 그림과 같이 연직응력 $\sigma_{vo}=\gamma z$, 수평응력 $\sigma_{ho}=K_o\gamma z$를 받고 있는 지반에 원형 tunnel을 뚫었을 때 A 및 B입자에 작용되는 접선응력은 다음과 같다.

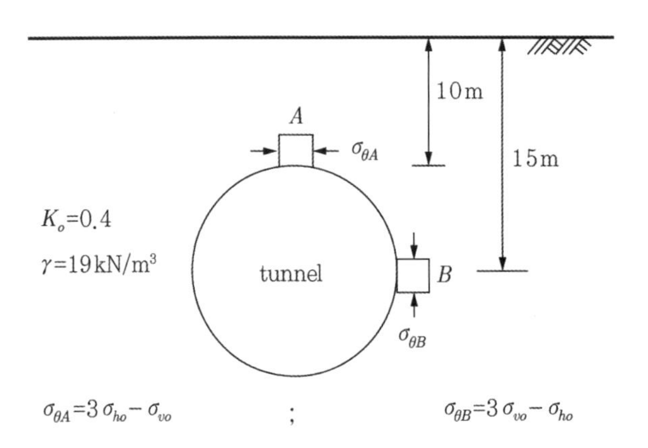

터널시공 직전 및 직후에 A 및 B입자에 작용되는 응력의 경로를 그려라.

풀이

① A입자

– 시공 전(초기응력)

$\sigma_{vo}=\gamma z=19\times 10=190\text{kN/m}^2$

$\sigma_{ho}=K_o\sigma_{vo}=0.4\times 190=76\text{kN/m}^2$

– 시공 후

$\sigma_v=0$(공기압밖에 없다).

$\sigma_h=\sigma_{\theta A}=3\sigma_{ho}-\sigma_{vo}=3\times 76-190$

$=38\text{kN/m}^2$

– 시공 전후의 응력상태는 다음과 같다.

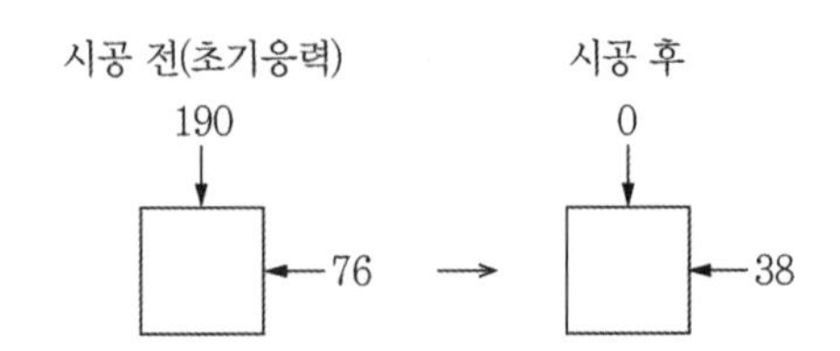

풀이 그림 5.9.1 시공 전후 A입자의 응력상태

– 초기응력(시공 전 응력)

$$p_o = \frac{\sigma_{vo} + \sigma_{ho}}{2} = \frac{190 + 76}{2} = 133\text{kN/m}^2$$

$$q_o = \frac{\sigma_{vo} - \sigma_{ho}}{2} = \frac{190 - 76}{2} = 57\text{kN/m}^2$$

$R_o(133,\ 57)$

– 시공 후 응력

$$p = \frac{\sigma_v + \sigma_h}{2} = \frac{0 + 38}{2} = 19\text{kN/m}^2$$

$$q = \frac{\sigma_v - \sigma_h}{2} = \frac{0 - 38}{2} = -19\text{kN/m}^2$$

$R_f(19,\ -19)$

– 응력경로는 다음 그림과 같다.

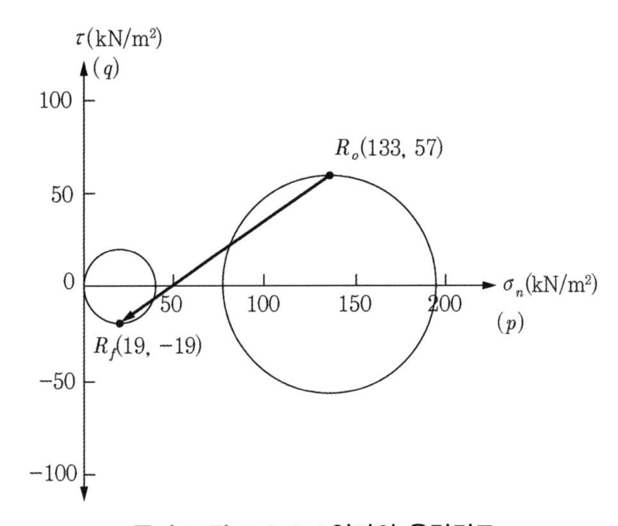

풀이 그림 5.9.2 A입자의 응력경로

② B입자

– 시공 전(초기응력)

$\sigma_{vo} = \gamma z = 19 \times 15 = 285\text{kN/m}^2$

$\sigma_{ho} = K_o \sigma_{vo} = 0.4 \times 285 = 114\text{kN/m}^2$

- 시공 후

$\sigma_v = \sigma_{\theta B} = 3\sigma_{vo} - \sigma_{ho}$

$= 3 \times 285 - 114 = 741\text{kN/m}^2$

$\sigma_h = 0$(공기압)

- 시공 전후의 응력상태는 다음과 같다.

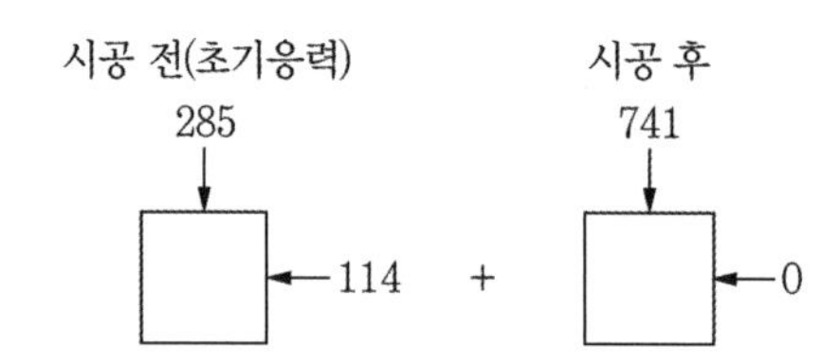

풀이 그림 5.9.3 시공 전후의 B입자의 응력상태

- 초기응력(시공 전 응력)

$$p_o = \frac{\sigma_{vo} + \sigma_{ho}}{2} = \frac{285 + 114}{2} = 199.5\text{kN/m}^2$$

$$q_o = \frac{\sigma_{vo} - \sigma_{ho}}{2} = \frac{285 - 114}{2} = 85.5\text{kN/m}^2$$

$R_o(199.5,\ 95.5)$

- 시공 후 응력

$$p = \frac{\sigma_v + \sigma_h}{2} = \frac{741 + 0}{2} = 370.5\text{kN/m}^2$$

$$q = \frac{\sigma_v - \sigma_h}{2} = \frac{741 - 0}{2} = 370.5\text{kN/m}^2$$

$R_f(370.5,\ 370.5)$

- 시공 전후의 응력경로를 그리면 다음과 같다.

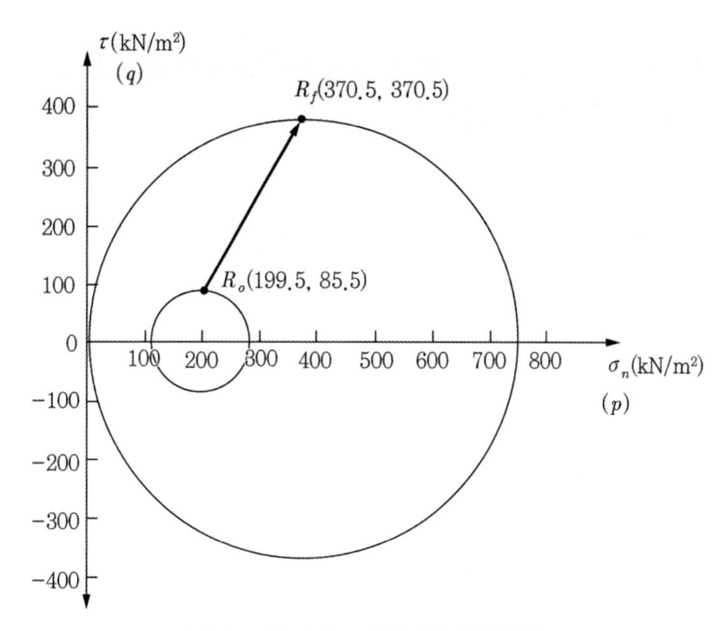

풀이 그림 5.9.4 B입자의 응력경로

문제 10 지중의 한 입자가 초기응력 σ_{vo}=σ_{ho}=200kN/m^{2}를 받고 있다. 다음의 각 경우에 대하여 응력경로를 그려라.

1 수평응력의 변화는 없이 연직응력이 600kN/m^{2}로 증가

2 연직응력의 변화는 없이 수평응력이 600kN/m^{2}로 증가

3 수평응력의 증가량이 연직응력 증가량의 $\frac{1}{3}$인 경우(즉, $\Delta\sigma_h = \frac{\Delta\sigma_v}{3}$), 단 연직응력 증가량=600kN/m^2

4 연직응력의 변화는 없고 수평응력이 0으로 감소

5 수평응력의 변화는 없고 연직응력이 0으로 감소

풀이

– 초기응력 : 초기응력은 동일하다.

$$p_o = \frac{\sigma_{vo} + \sigma_{ho}}{2} = \frac{200 + 200}{2} = 200\text{kN/m}^2$$

$$q_o = \frac{\sigma_{vo} - \sigma_{ho}}{2} = \frac{200 - 200}{2} = 0$$

$R_o(200,\ 0)$

1 하중재하 전후의 응력상태는 다음과 같다.

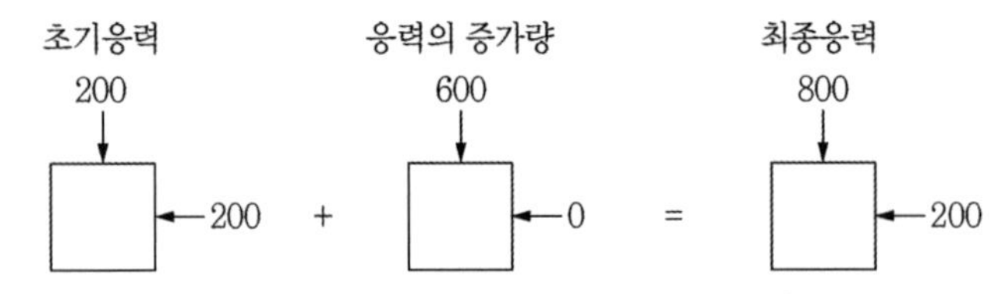

풀이 그림 5.10.1 초기응력과 최종응력

– 최종응력

$$p = \frac{\sigma_v + \sigma_h}{2} = \frac{800 + 200}{2} = 500\text{kN/m}^2$$

$$q = \frac{\sigma_v - \sigma_h}{2} = \frac{800 - 200}{2} = 300\text{kN/m}^2$$

$R_{f1}(500,\ 300)$

2 하중재하 전후의 응력 상태는 다음과 같다.

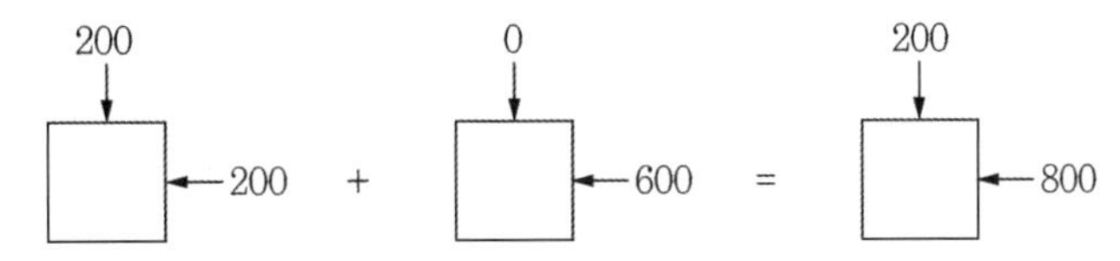

풀이 그림 5.10.2 초기응력과 최종응력

– 최종응력

$$p = \frac{\sigma_v + \sigma_h}{2} = \frac{200 + 800}{2} = 500\text{kN/m}^2$$

$$q = \frac{\sigma_v - \sigma_h}{2} = \frac{200 - 800}{2} = -300\text{kN/m}^2$$

$R_{f2}(500,\ -300)$

3 하중재하 전후의 응력 상태는 다음과 같다.

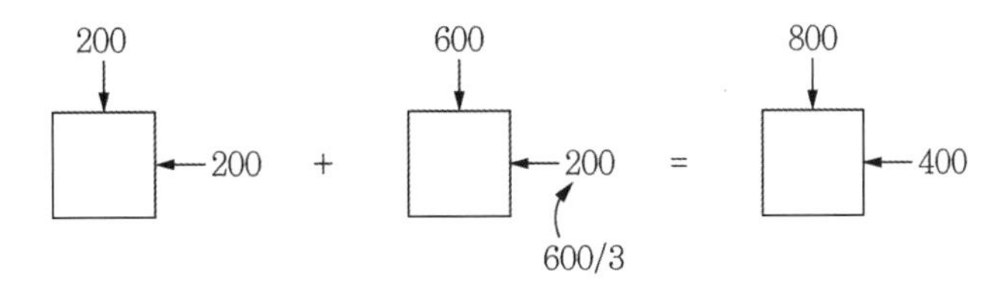

풀이 그림 5.10.3 초기응력과 최종응력

– 최종응력

$$p = \frac{\sigma_v + \sigma_h}{2} = \frac{800 + 400}{2} = 600\text{kN/m}^2$$

$$q = \frac{\sigma_v - \sigma_h}{2} = \frac{800 - 400}{2} = 200\text{kN/m}^2$$

$R_{f3}(600,\ 200)$

(참조) $\dfrac{\Delta q}{\Delta p} = \dfrac{\dfrac{\Delta\sigma_v - \Delta\sigma_h}{2}}{\dfrac{\Delta\sigma_v + \Delta\sigma_h}{2}} = \dfrac{\Delta\sigma_v - \dfrac{\Delta\sigma_v}{3}}{\Delta\sigma_v + \dfrac{\Delta\sigma_v}{3}}$

$= \dfrac{2\Delta\sigma_v}{4\Delta\sigma_v} = \dfrac{1}{2}$, 즉, 응력경로의 기울기는 1/2이다.

4 하중재하 전후의 응력 상태는 다음과 같다.

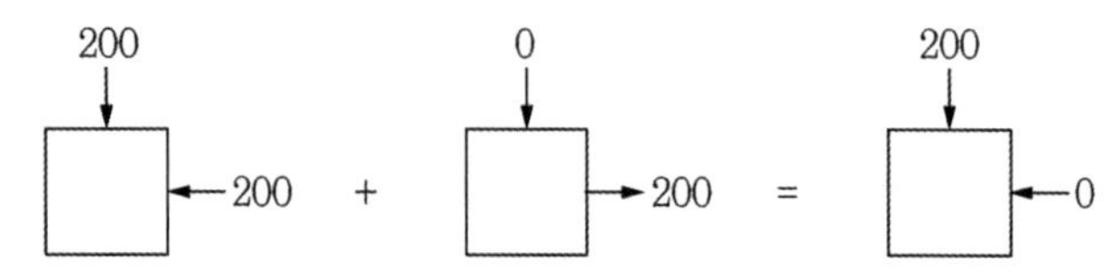

풀이 그림 5.10.4 초기응력과 최종응력

– 최종응력

$p = \dfrac{\sigma_v + \sigma_h}{2} = \dfrac{200+0}{2} = 100\text{kN/m}^2$

$q = \dfrac{\sigma_v - \sigma_h}{2} = \dfrac{200-0}{2} = 100\text{kN/m}^2$

$R_{f4}(100,\ 100)$

5 하중재하 전후의 상태는 다음과 같다.

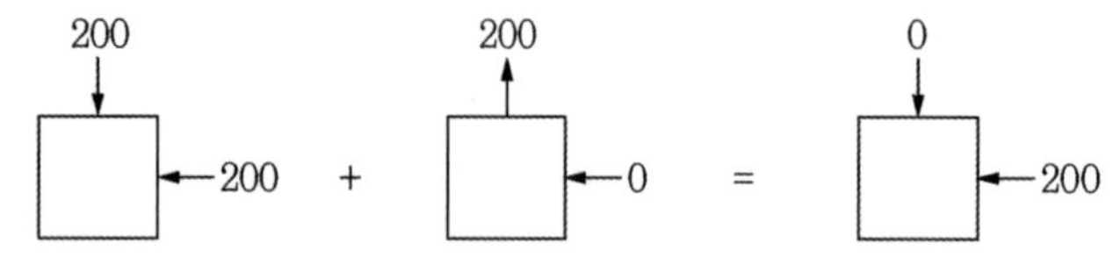

풀이 그림 5.10.5 초기응력과 최종응력

– 최종응력

$p = \dfrac{\sigma_v + \sigma_h}{2} = \dfrac{0+200}{2} = 100\text{kN/m}^2$

$q = \dfrac{\sigma_v - \sigma_h}{2} = \dfrac{0-200}{2} = -100\text{kN/m}^2$

$R_{f5}(100,\ -100)$

- 위의 5가지 응력경로를 한 그래프로 나타내면 다음과 같다.

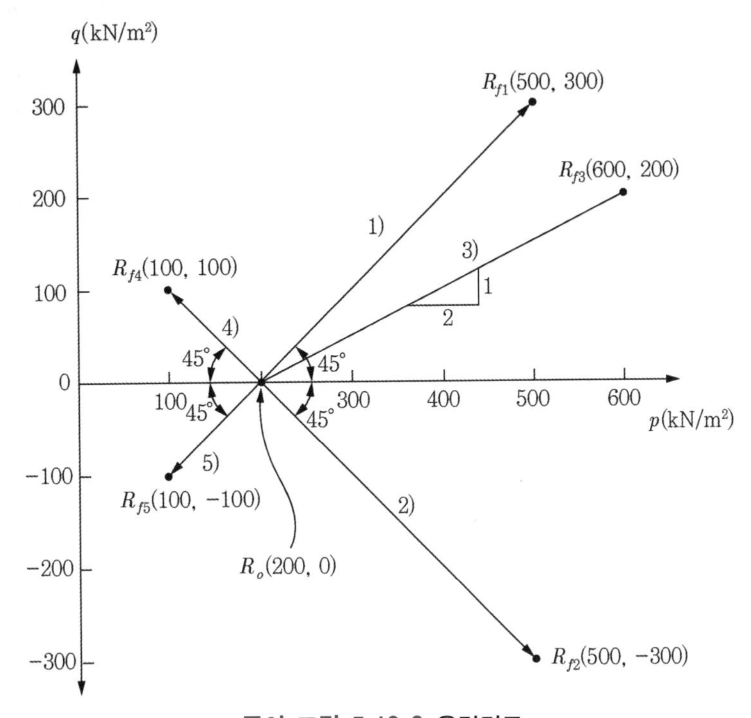

풀이 그림 5.10.6 응력경로

제6장

투수
(흙 속의 물의 흐름)

제6장 투수(흙 속의 물의 흐름)

문제 1 다음 그림과 같이 불투수층 사이로 투수가 일어나고 있다.

1. 동수경사를 구하라.
2. 단위시간당 흐르는 유량을 구하라($K=3\times10^{-5}$cm/sec).

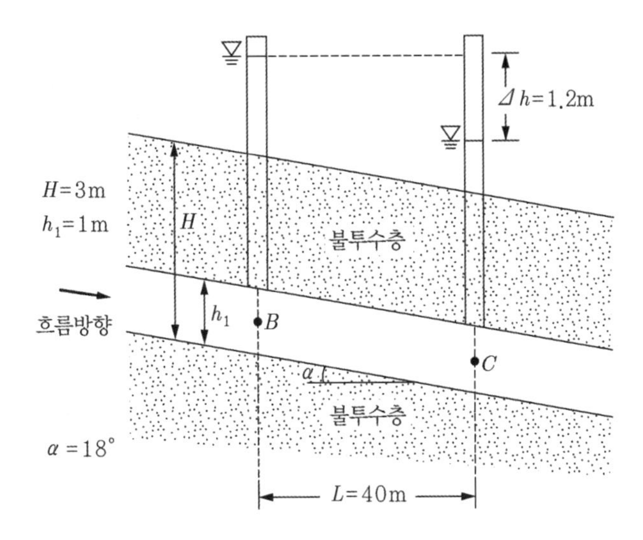

풀이

1 동수경사

B점과 C점에 대하여,

$$i=\frac{\text{전수두차}}{\text{물이 간 거리}}=\frac{\Delta h}{L/\cos\alpha}=\frac{1.2}{40/\cos 18°}=0.0285$$

2 유량

$q=KiA=(3\times10^{-5}\text{cm/sec})\times(0.0285)\times(100\cdot\cos18°\text{cm})\times(1\text{cm})/\text{cm}$당

$=8.13\times10^{-5}\text{cm}^3/\text{sec}/\text{cm}$당

$=8.13\times10^{-3}\text{cm}^3/\text{sec}/\text{m}$당

=단위폭 1m당 유량

문제 2　다음 그림의 (a), (b) 각각에 대하여 다음을 구하라.

1. 전수두, 위치수두, 압력수두 다이아그램
2. 단위시간당 흐르는 유량(단위폭당)
3. 등가투수계수, K_{eq}

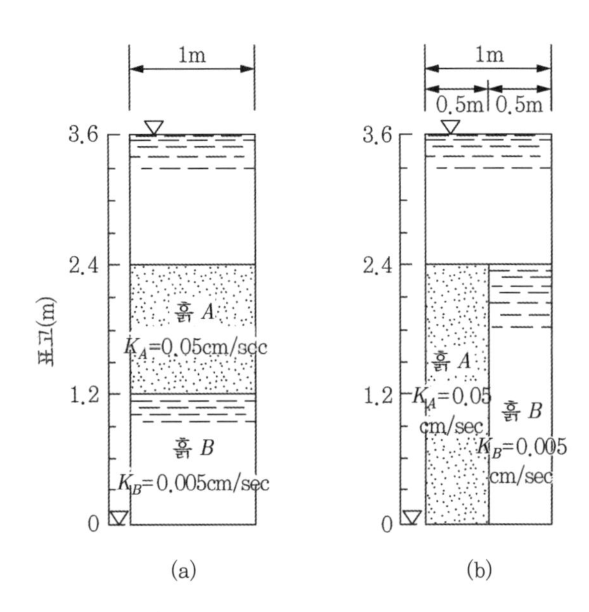

풀이

1 (a) 다음의 (풀이 그림 6.2.1)의 '0'점에서의 전수두는 $h_o = 3.6\text{m}$, '4'점에서의 전수두는 $h_4 = 0\text{m}$이다. '2'점에서의 전수두 h_2는 연속성의 법칙을 이용한다. 즉, $q_A = q_B$를 이용한다.

$$q_A = K_A i_A A = K_B i_B A = q_B$$

$$0.05 \times \frac{3.6 - h_2}{1.2} = 0.005 \times \frac{h_2 - o}{1.2}$$

$$\therefore\ h_2 = 3.27\text{m}$$

전수두 다이아그램과 위치수두 다이아그램을 그리고, 압력수두는 전수두에서 위치수두를 빼서 다이아그램을 그리면 다음과 같다.

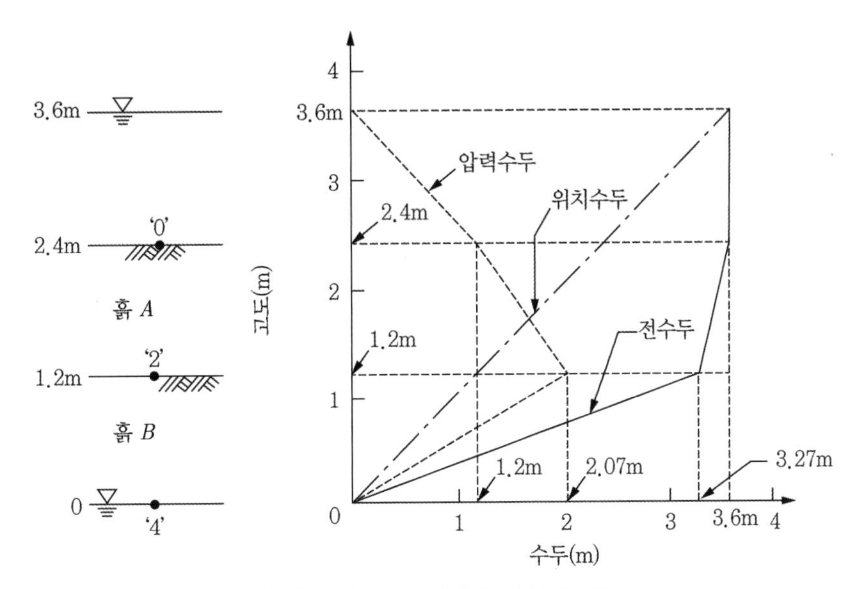

풀이 그림 6.2.1 (a)의 다이아그램

각 고도에서의 위치수두, 전수두, 압력수두는 다음 표와 같다.

풀이 표 6.2.1 (a)의 수두요약

고도(m)	위치수두(m)	전수두(m)	압력수두(m)
0('4'점)	0	0	0
1.2('2'점)	1.2	3.27	2.07
2.4('0'점)	2.4	3.6	1.2
3.6	3.6	3.6	0

(b) (b)의 경우는 흙 A에서의 투수량이 흙 B에서의 투수량보다 많기는 하나, 연직방향의 흐름이 발생되므로 전수두 손실은 두 흙에서 동일하다. 세 수두의 다이아그램은 다음 그림과 같다.

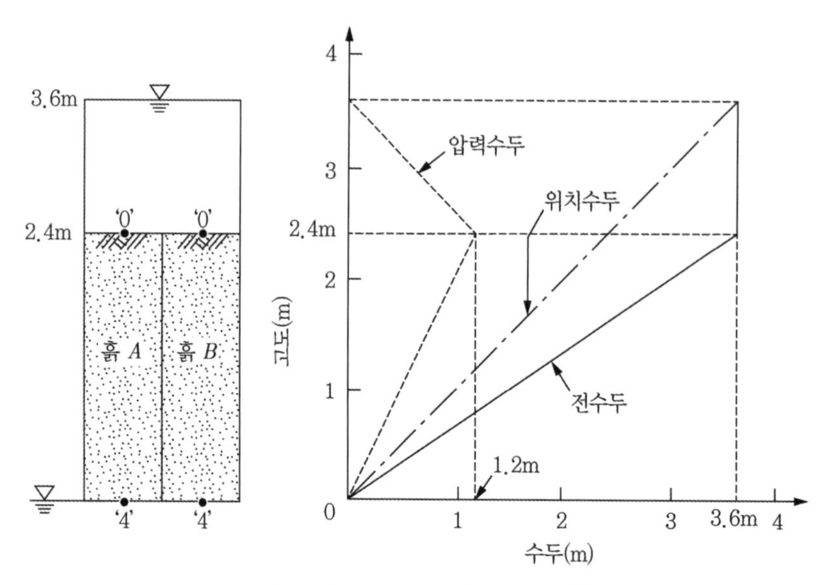

풀이 그림 6.2.2 (b)의 다이아그램

또한, 각 고도에서의 수두는 다음 표와 같다.

풀이 표 6.2.2 (b)의 수두요약

고도(m)	위치수두(m)	전수두(m)	압력수두(m)
0('4'점)	0	0	0
1.2	1.2	1.8	0.6
2.4('0'점)	2.4	3.6	1.2
3.6	3.6	3.6	0

2 단위시간당 흐르는 유량(단위폭 1m당)

(a) $q = KiA$

$$=(0.05\text{cm/sec})\times\frac{3.6-3.27}{1.2}\times 100\text{cm/m}당$$

$$=1.36\text{cm}^3\text{/sec/m}당$$

또는

$$q=(0.005\text{cm/sec})\times\frac{3.27-0}{1.2}\times 100\text{cm/m}당$$

$$=1.36\text{cm}^3\text{/sec/m}당$$

(b) q=흙 A로 흐르는 유량+흙 B로 흐르는 유량

$$=(0.05\text{cm/sec})\times\frac{3.6}{2.4}\times(50\text{cm})/\text{m당}$$

$$+(0.005\text{cm/sec})\times\frac{3.6}{2.4}\times(50\text{cm})/\text{m당}$$

$$=4.13\text{cm}^3/\text{sec/m당}$$

3 등가투수계수

(a) $K_{eq}=\dfrac{H}{\left(\dfrac{H_A}{K_A}+\dfrac{H_B}{K_B}\right)}=\dfrac{2.4\times100}{\left(\dfrac{1.2\times100}{0.05}+\dfrac{1.2\times100}{0.005}\right)}$

$$=0.0091\text{cm/sec}=9.1\times10^{-3}\text{cm/sec}$$

또는 2번 풀이에서 유량 $q=1.36\text{cm}^3/\text{sec/m}$이므로

$$K_{eq}=\frac{q}{i_{eq}\cdot A}=\frac{1.36}{\dfrac{3.6}{2.4}\times100}=0.0091\text{cm/sec}$$

$$=9.1\times10^{-3}\text{cm/sec}$$

(b) $K_{eq}=\dfrac{1}{H}(K_AH_A+K_BH_B)$

$$=\frac{1}{100}(0.05\times50+0.005\times50)$$

$$=0.0275\text{cm/sec}=2.75\times10^{-2}\text{cm/sec}$$

또는 2번 풀이에서 $q=4.13\text{cm}^3/\text{sec/m}$이므로

$$K_{eq}=\frac{q}{i_{eg}\cdot A}=\frac{4.13}{\dfrac{3.6}{2.4}\times100}=0.0275\text{cm/sec}$$

$$=2.75\times10^{-2}\text{cm/sec}$$

문제 3 다음 그림을 보고 물음에 답하라.

1 평균투수계수를 구하라.

2 시간당 흐르는 유량을 구하라(단, 통면적$=100\text{cm}^2$).

3 점 I, J, K, L, M 각각에서의 전수두와 압력수두를 구하라.

4 흙시료 B에서의 동수경사를 구하라.

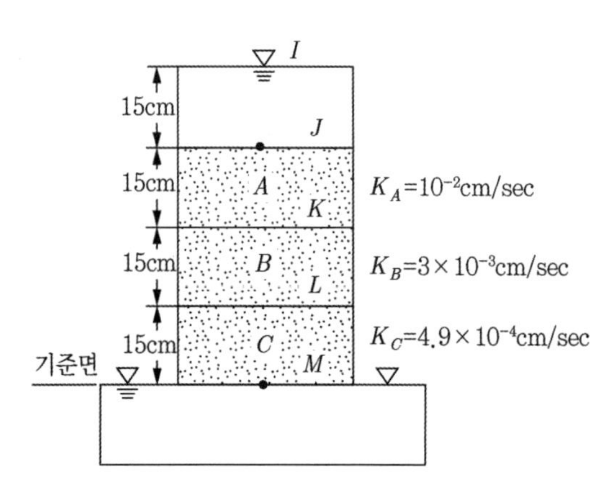

풀이

1 $K_{eq}=\dfrac{H}{\left(\dfrac{H_A}{K_A}+\dfrac{H_B}{K_B}+\dfrac{H_C}{K_C}\right)}=\dfrac{45}{\left(\dfrac{15}{10^{-2}}+\dfrac{15}{3\times10^{-3}}+\dfrac{15}{4.9\times10^{-4}}\right)}$

$=0.001213\text{cm/sec}$

$=1.213\times10^{-3}\text{cm/sec}$

2 $q=K_{eq}i_{eq}A$

$=1.213\times10^{-3}\times\dfrac{60}{45}\times100=0.1617\text{cm}^3/\text{sec}$

3 ① I점 : h_I(전수두)$=60\text{cm}$, h_{eI}(위치수두)$=60\text{cm}$, h_{pI}(압력수두)$=0$

② J점 : $h_J=60\text{cm}$, $h_{eJ}=45\text{cm}$, $h_{pJ}=15\text{cm}$

③ M점 : $h_M=0$, $h_{eM}=0$, $h_{pM}=0$

④ K점, L점

K점 및 L점에서의 전수두 h_K 및 h_L을 연속성의 법칙을 이용하여 구한다.

$q = q_A = q_B = q_C$로부터

$$K_A \cdot \frac{60 - h_K}{\Delta \ell_A} \cdot A = K_B \frac{h_K - h_L}{\Delta \ell_B} \cdot A = \frac{h_L - 0}{\Delta \ell_C} A = 0.1617\text{cm}^3/\text{sec}$$

$$10^{-2} \times \frac{60 - h_K}{15} \times 100 = 3 \times 10^{-3} \times \frac{h_K - h_L}{15} \times 100$$

$$= 4.9 \times 10^{-4} \times \frac{h_L - 0}{15} \times 100 = 0.1617\text{cm}^3/\text{sec}$$를 풀면,

$h_L = 49.5\text{cm}$, $h_K = 57.6\text{cm}$

K점 : $h_K = 57.6\text{cm}$, $h_{eK} = 30\text{cm}$, $h_{pK} = 27.6\text{cm}$

L점 : $h_L = 49.5\text{cm}$, $h_{eL} = 15\text{cm}$, $h_{pL} = 34.5\text{cm}$

4 $i_B = \dfrac{h_K - h_L}{\Delta \ell_B} = \dfrac{57.6 - 49.5}{15} = 0.54$

문제 4 다음과 같이 두 층으로 이루어진 지반에 연직방향 흐름이 발생하고 있다. 전수두, 위치수두, 압력수두 다이아그램을 그리고, 각 층에서의 유속을 구하라.

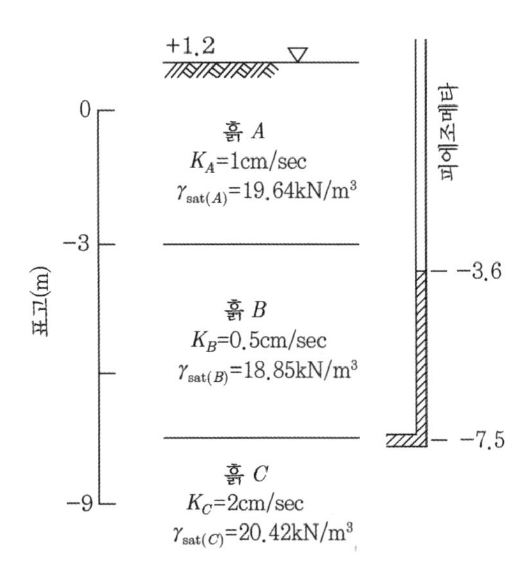

풀이

(풀이 그림 6.4.1)을 참조하여 풀고자 한다.

I점에서 $h_I=1.2\text{m}$, $h_{eI}=1.2\text{m}$, $h_{pI}=0$

L점에서, $h_{eL}=-7.5\text{m}$, $h_{pL}=3.9\text{m}$(피에조메타 상승높이)

$\therefore\ h_L=h_{eL}+h_{pL}=-7.5+3.9=-3.6\text{m}$

J점에서의 전수두를 h_J라고 하면, 연속성의 법칙으로부터

$K_A i_A = K_B i_B$

$$1\times\frac{1.2-h_J}{4.2}=0.5\times\frac{h_J-(-3.6)}{4.5}$$

$\therefore\ h_J=-0.327\text{m}$

J점 : $h_J=-0.327\text{m}$, $h_{eJ}=-3\text{m}$, $h_{pJ}=h_J-h_{eJ}=-0.327-(-3)=2.673\text{m}$

세 수두 다이아그램은 다음 그림과 같다.

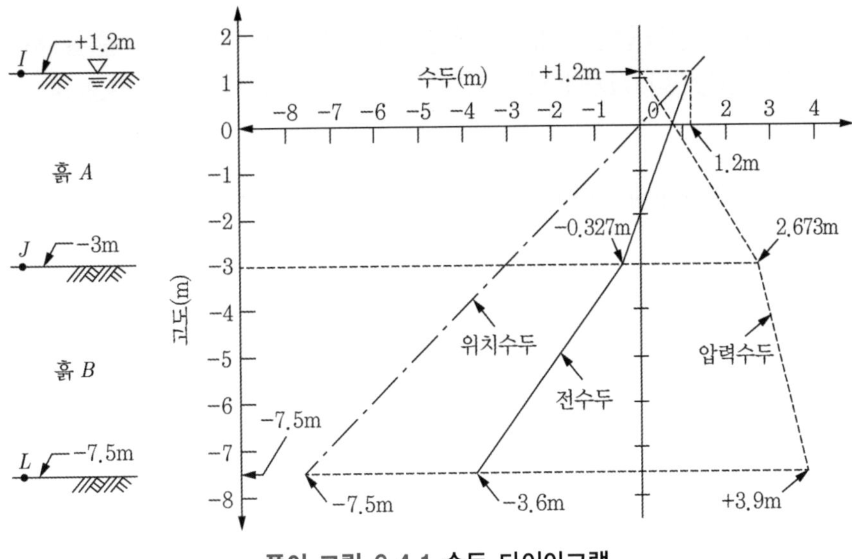

풀이 그림 6.4.1 수두 다이아그램

또한, 각 고도에서의 수두는 다음 표와 같다.

풀이 표 6.4.1 수두 요약

지점	고도(m)	위치수두(m)	압력수두(m)	전수두(m)
I	1.2	1.2	0	1.2
J	-3.0	-3.0	2.673	-0.327
L	-7.5	-7.5	3.9	-3.6

연직방향 흐름이므로 각 층에서의 유속은 동일하다.

$$v_A = K_A i_A = 1 \times \frac{1.2-(-0.327)}{4.2} = 0.364\text{cm/sec}$$

또는

$$v_B = K_B i_B = 0.5 \times \frac{-0.327-(-3.6)}{4.5} = 0.364\text{cm/sec}$$

문제 5 다음 그림과 같은 수조에서(폭은 100cm) 흙시료 A, B, C를 통과하여 투수가 발생한다. 물음에 답하라. 단, 물의 흐름방향은 수평으로 가정하라.

1. 'L' 및 'M' 점에서의 전수두를 구하라.
2. 단위시간(1hr)당 침투유량을 구하라.
3. A, B, C 흙시료 각각에서의 동수경사 및 유속을 구하라.

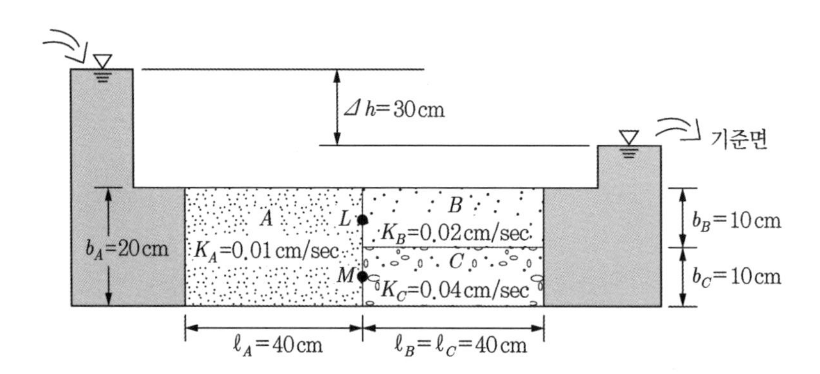

풀이

수평방향 흐름이므로 A부분 흙도 두 층으로 나누어 풀면 편하다. 사실상 두 층으로 이루어진 것과 같다.

1 전수두

'L'점 : $K_A i_A = K_B i_B$로부터

$$(0.01)\times\frac{30-h_L}{40}=(0.02)\times\frac{h_L-0}{40}$$

h_L=10cm

'M'점 : $K_A i_A = K_C i_C$

$$(0.01)\times\frac{30-h_M}{40}=(0.04)\times\frac{h_M-0}{40}$$

h_M=6cm

2 유량 : 위층과 아래층 유량의 합으로 구한다.

$$q = q_{\mathrm{I}} + q_{\mathrm{II}}$$

$$q_{\mathrm{I}} = K_A i_A A = K_B i_B A$$

$$= (0.01) \times \frac{30-10}{40} \times 10 = (0.02) \times \frac{10-0}{40} \times 10$$

$$= 0.05\mathrm{cm}^3/\mathrm{sec/cm} = 5\mathrm{cm}^3/\mathrm{sec/m}$$

$$q_{\mathrm{II}} = K_A i_A A = K_C i_C A$$

$$= (0.01) \times \frac{30-6}{40} \times 10 = (0.04) \times \frac{6-0}{40} \times 10$$

$$= 0.06\mathrm{cm}^3/\mathrm{sec/cm} = 6\mathrm{cm}^3/\mathrm{sec/m}$$

$$q = q_{\mathrm{I}} + q_{\mathrm{II}} = 5 + 6 = 11\mathrm{cm}^3/\mathrm{sec/m} = 39,600\mathrm{cm}^3/\mathrm{hr/m} = 3.96 \times 10^{-2}\mathrm{m}^3/\mathrm{hr/m}$$

3 동수경사 및 유속

① 위층(I층)

$$A : i_A = \frac{30-10}{40} = 0.5$$

$$v_A = K_A i_A = (0.01) \times 0.5 = 0.005\mathrm{cm/sec}$$

$$B : i_B = \frac{10-0}{40} = 0.25$$

$$v_B = K_B i_B = (0.02) \times 0.25 = 0.005\mathrm{cm/sec}$$

② 아래층(II층)

$$A : i_A = \frac{30-6}{40} = 0.6$$

$$v_A = K_A i_A = (0.01) \times 0.6 = 0.006\mathrm{cm/sec}$$

$$C : i_C = \frac{6-0}{40} = 0.15$$

$$v_C = K_C i_C = (0.04) \times 0.15 = 0.006\mathrm{cm/sec}$$

Note

이 문제는 흐름이 수평이라는 가정하에서 이루어진 것이다. A 시료의 중간에 수평으로 얇은 널빤지 같은 것이 끼워져 있다는 가정하에서의 흐름이다.

만일 수평흐름의 가정이 없다면 투수계수가 큰 C 흙으로의 흐름이 더 쉽게 생긴다. 유선망을 그려보면(풀이 그림 6.5.1), 확연히 알 수 있다.

유선이 C 흙 쪽으로 쏠림을 볼 수 있다.

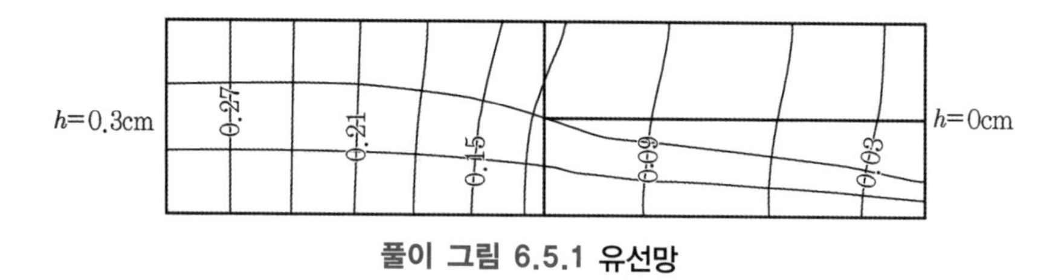

풀이 그림 6.5.1 유선망

문제 6 옹벽 배면 뒤채움에 지하수 흐름이 있는 다음 두 경우에 대하여 물음에 답하라.

1 다음 그림과 같이 옹벽 배면 바닥에 배수 Blanket을 깔아서 하방향 침투가 발생한다 (수위분포는 지표면이다).

① B점과 C점 사이의 수압분포를 그려라.

② B점과 C점 사이의 동수경사를 구하라.

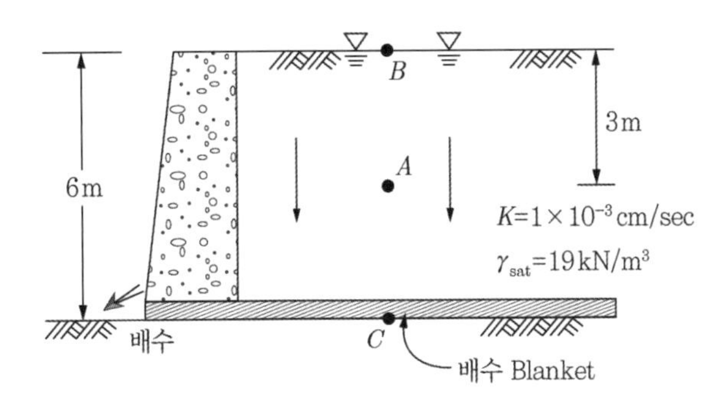

2 위의 문제와 동일하나 아래 그림과 같이 수위가 지표면 위 1.5m에 위치한다.

① B점과 C점 사이의 수압분포를 그려라.

② B점과 C점 사이의 동수경사를 구하라.

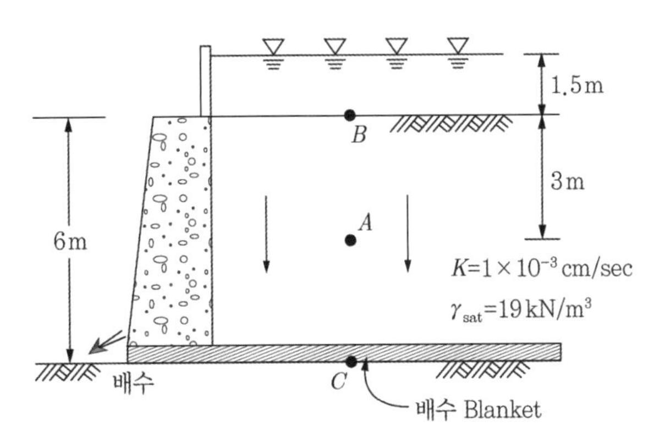

풀이

1 배수 Blanket은 물이 자유로이 빠져나가므로 C점에서의 수압은 0이다. 또한 지표면(B점)에서의 수압 또한 0이다.

즉, B점에서의 전수두는 위치수두와 같고 $h_B = h_{eB}$=6m이다.

한편, C점에서의 전수두는 위치수두와 같고 $h_C = h_{eC}$=0m이다.

즉, 전수두 6m로부터 0m까지 줄어든다.

지반 내 어느 점(예를 들어 A점)에서도 전수두=위치수두이며, 따라서 수압은 0이다.

하방향 흐름은 근본적으로 수압이 정수압보다 크게 감소한다.

수두 다이아그램은 다음 그림과 같다.

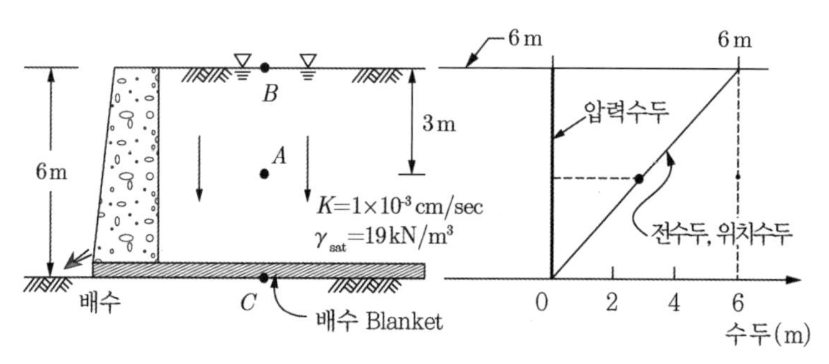

풀이 그림 6.6.1 수두 다이아그램

① 수압분포 – 전 구간에서 수압은 0kN/m^{2}이다.

② 동수경사

$$i = \frac{h_B - h_C}{\Delta \ell} = \frac{6-0}{6} = 1$$, 즉 하방향 동수경사는 "1"이다.

2 지하수위가 지표면 상단 1.5m에 존재하므로 B점에서의 압력수두는 h_{pB}=1.5m이다.

또한, 위치수두는 h_{eB}=6m이다.

따라서, 전수두는 $h_B = h_{eB} + h_{pB} = 6 + 1.5 = 7.5$m이다.

수압은 $u_B = \gamma_w h_{pB} = 9.81 \times 1.5 = 14.72$kN/m^{2}이다.

C점에서는 앞의 경우와 마찬가지로, $h_C = h_{eC} = h_{pC} = 0$이다.

① 수두 다이아그램과 수압분포는 다음 그림과 같다.

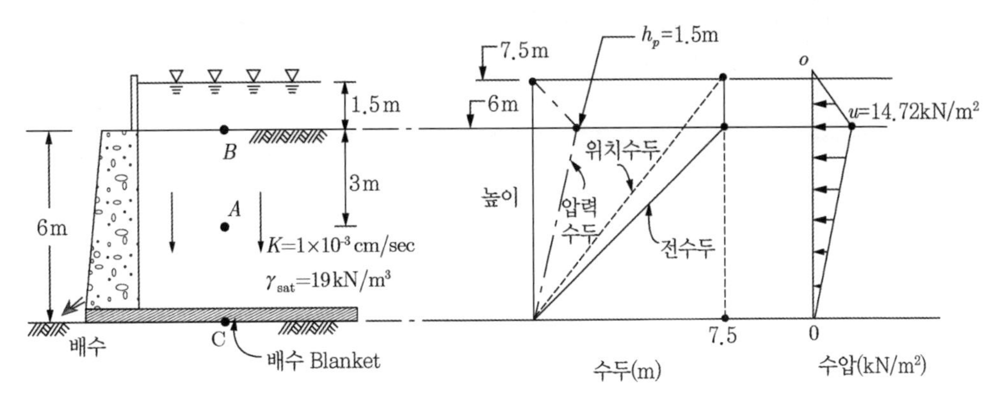

풀이 그림 6.6.2 수두 다이아그램과 수압분포

② 동수경사

$$i=\frac{h_B-h_C}{\Delta\ell}=\frac{7.5-0}{6}=1.25$$

즉, 수위가 지표면보다 1.5m 상단에 있으므로 앞의 경우, 즉 지표면에 있는 경우보다 크다.

문제 7 다음 그림과 같이 옹벽배면 뒤채움재에 지표면까지 지하수위가 상승했으나 바닥에 배수재를 설치하여 연직배수가 원활히 일어난다. 뒤채움재는 두 종류의 흙으로 이루어져 있다.

1. 수압 분포를 그려라.
2. 토질 I 및 토질 II 각 층에서 동수경사를 구하고, 등가투수계수도 구하라.

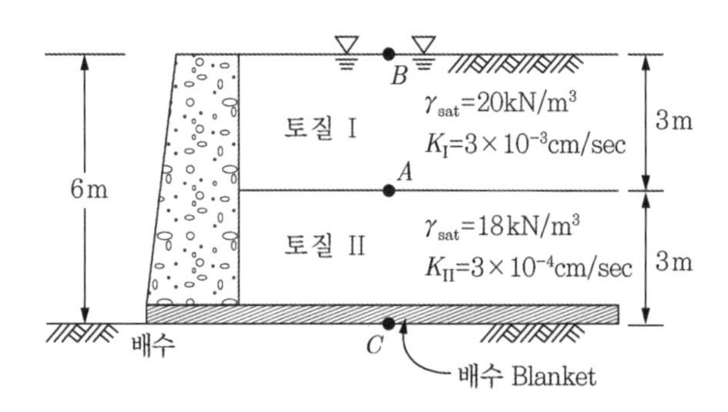

풀이

1 수압분포

먼저 A점에서의 전수두를 구한다. 연속성의 법칙으로부터,

$$K_I i_I = K_{II} i_{II}$$

$$(3\times10^{-3})\times\frac{6-h_A}{3}=(3\times10^{-4})\times\frac{h_A-0}{3}$$

h_A=5.45m(토질 II의 투수계수가 상대적으로 더 작으므로 토질 I보다는 토질 II에서 손실수두가 크게 발생한다).

위치수두 : $h_{eA}=3\text{m}$

압력수두 : $h_{pA}=h_A-h_{eA}=5.45-3=2.45\text{m}$

수압 : $u_A=\gamma_w h_{pA}=9.81\times2.45=24.03\text{kN/m}^2$

수두 다이아그램과 수두 분포는 다음 그림과 같다.

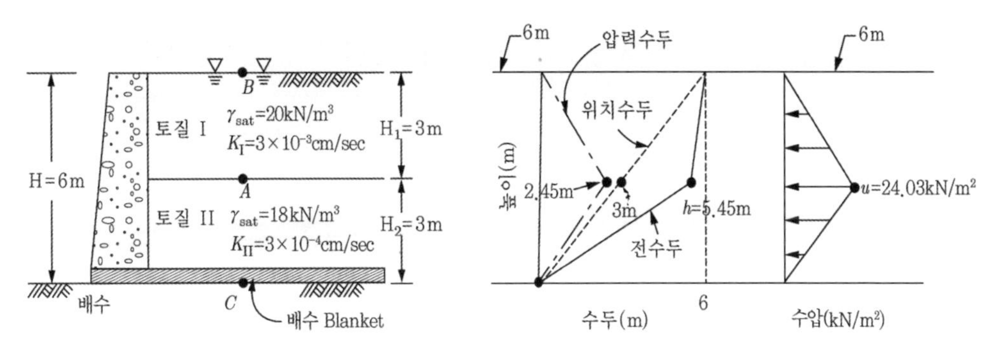

풀이 그림 6.7.1 수두 다이아그램과 수압분포

2 동수경사, 등가투수계수

① 동수경사

$$i_{\mathrm{I}} = \frac{h_B - h_A}{H_1} = \frac{6-5.45}{3} = 0.183$$

$$i_{\mathrm{II}} = \frac{h_A - h_C}{H_2} = \frac{5.45-0}{3} = 1.82$$

② 등가투수계수

$$K_{(eq)} = \frac{H}{\left(\dfrac{H_1}{K_{\mathrm{I}}} + \dfrac{H_2}{K_{\mathrm{II}}}\right)}$$

$$= \frac{6 \times 100}{\left(\dfrac{3 \times 100}{3 \times 10^{-3}} + \dfrac{3 \times 100}{3 \times 10^{-4}}\right)} = 5.45 \times 10^{-4} \mathrm{cm/sec}$$

문제 8 다음 그림과 같이 경사진 흐름이 발생되고 있을 때, 물음에 답하라.

1. 유선망을 그려라(단, N_f=4가 되도록 하라).
2. 유량을 구하라(단위폭당).
3. 'P'점에서의 수압을 구하라.

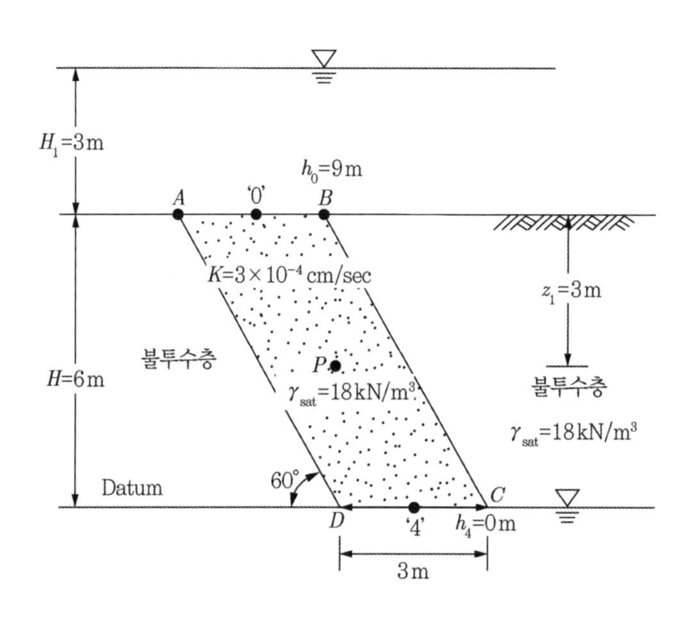

풀이

1 유선망은 (풀이 그림 6.8.1)과 같다.

2 유량

$$q = K\Delta H \frac{N_f}{N_d}$$

$$= 3\times10^{-6}\times9\times\frac{4}{9}$$

$$= 1.2\times10^{-5}\text{m}^3/\text{sec/m}$$

3 P점에서의 수압

전수두 : $h = 4.5\text{m}$

위치수두 : $h_e = 3\text{m}$

압력수두 : $h_p = h - h_e = 4.5 - 3 = 1.5\text{m}$

수압 : $u = \gamma_w h_p = 9.81 \times 1.5 = 14.72\text{kN/m}^2$

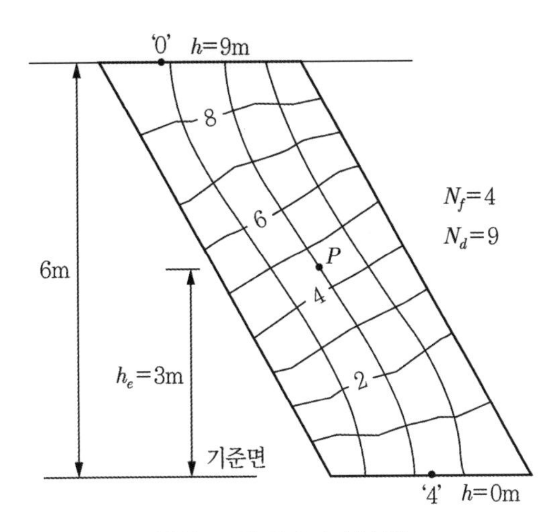

풀이 그림 6.8.1 유선망

문제 9 다음 그림과 같이 널말뚝 하단으로 침투가 일어난다.

1. 유선망을 그려라.
2. 단위시간당 유출량을 구하라.
3. A점에서의 전수두, 수압을 구하라.

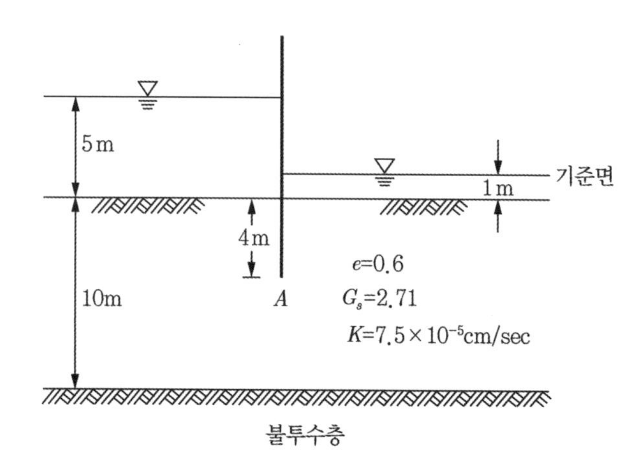

풀이

1. 유선망은 다음 그림과 같다.

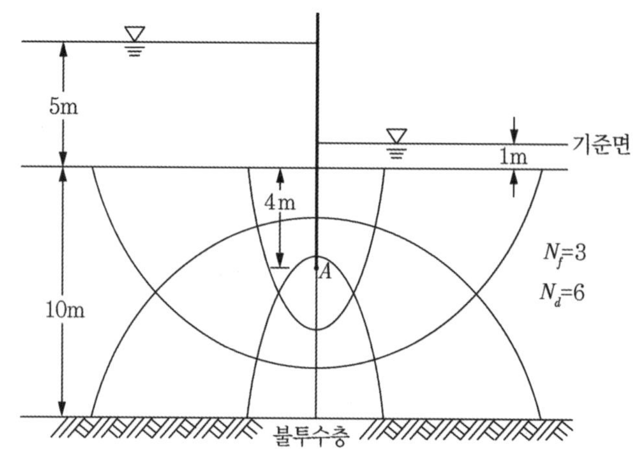

풀이 그림 6.9.1 유선망

2 $q = K \cdot \Delta H \cdot \dfrac{N_f}{N_d} = (7.5 \times 10^{-5}) \times (4 \times 100) \times \dfrac{3}{6} = 0.015\text{cm}^3/\text{sec}/\text{cm}$당

$= 1.5 \times 10^{-2}\text{cm}^3/\text{sec}/\text{cm}$당$= 1.5\text{cm}^3/\text{sec}/\text{m}$당

또는 $q = K \cdot \Delta H \cdot \dfrac{N_f}{N_d}$

$= (7.5 \times 10^{-7}\text{m}/\text{sec}) \times (4\text{m}) \times \dfrac{3}{6}/\text{m} = 1.5 \times 10^{-6}\text{m}^3/\text{sec}/\text{m}$당

3 A점

전수두 : $h_A = 4\text{m} - \dfrac{4}{6} \times 3$칸$= 2\text{m}$

위치수두 : $h_{eA} = -5\text{m}$

압력수두 : $h_{pA} = h_A - h_{eA} = 2 - (-5) = 7\text{m}$

수압 : $u_A = \gamma_w h_{pA} = 9.81 \times 7 = 68.67\text{kN/m}^2$

문제 10 다음과 같이 콘크리트 댐 하부로 투수가 발생한다(단, $K_x=9\times10^{-5}$cm/sec, $K_z=1\times10\text{m}^{-5}$cm/sec).

1. 좌표변환을 이용하여 유선망을 그려라.
2. 단위시간당 유출량을 구하라.
3. 댐 하부에서 작용되는 양압력을 구하라.

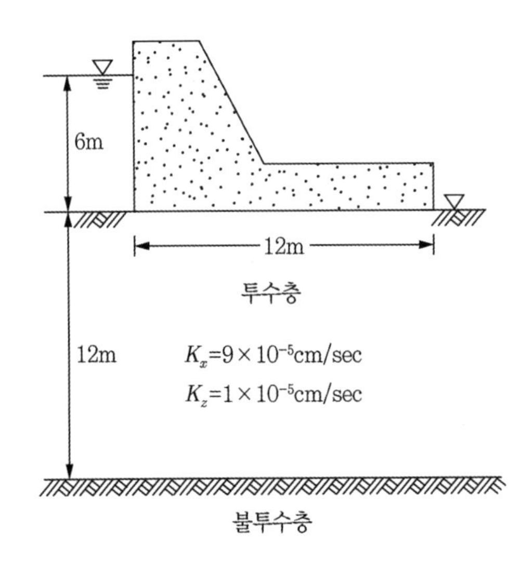

풀이

1. 좌표변환은 $x'=\sqrt{\dfrac{K_z}{K_x}}=\sqrt{\dfrac{1\times10^{-5}}{9\times10^{-5}}}=\dfrac{1}{3}x$, 즉 수평방향 치수를 1/3로 축소한 뒤에 유선망을 그린다.
좌표변환된 유선망은 다음 그림과 같다.

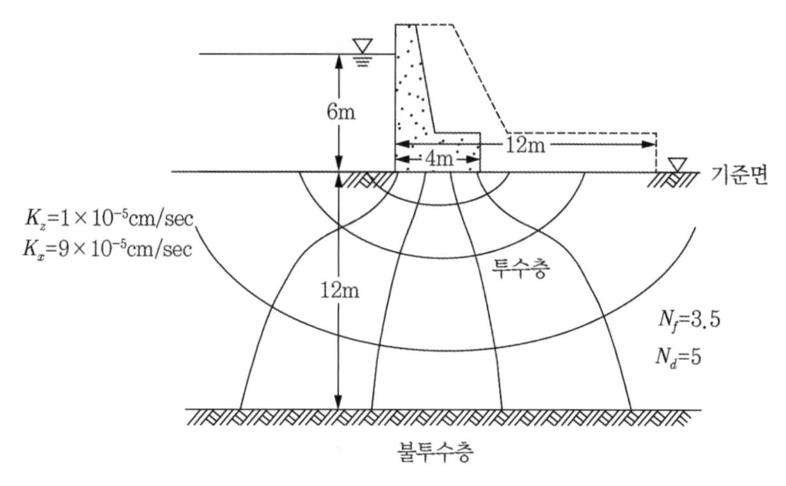

풀이 그림 6.10.1 $x' = \dfrac{x}{3}$ **로 축소한 유선망**

2 $q = \sqrt{K_x \cdot K_z} \cdot \Delta H \cdot \dfrac{N_f}{N_d}$

$= \sqrt{(9\times10^{-5})\times(1\times10^{-5})}\,(\text{cm/sec}) \cdot (6\text{m}\times100) \cdot \left(\dfrac{3.5}{5}\right)$

$=0.0126\text{cm}^3/\text{sec/cm}=1.26\text{cm}^3/\text{sec/m}$당

3 콘크리트 댐 바닥면에서, 왼쪽 모서리부터 오른쪽 모서리까지(길이 12m)의 수압계산을 위한 도표는 다음과 같다(각 점의 위치는 (풀이 그림 6.10.2)에 있다). 단, 수평방향 길이는 $x = 3x'$으로 원축척 길이이다. 또한, 수압분포도 다음 그림에 표시하였다.

풀이 표 6.10.1 수압계산표

	거리(m)	위치수두(m)	전수두(m)	압력수두(m)	수압(kN/m²)
a	0	0	6	6	58.86
b	0.6	0	4.8	4.8	47.09
c	4.2	0	3.6	3.6	35.32
d	7.8	0	2.4	2.4	23.54
e	11.4	0	1.2	1.2	11.77
f	12	0	0	0	0

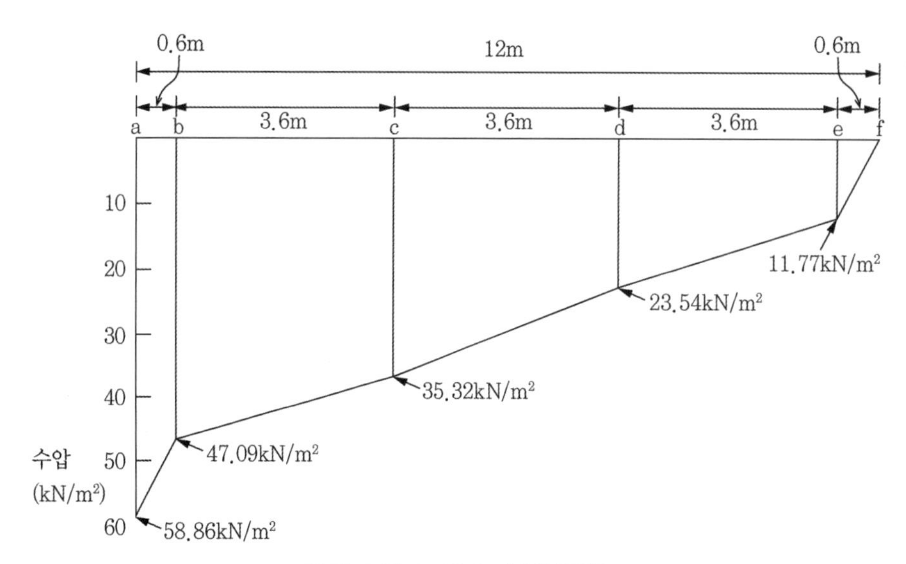

풀이 그림 6.10.2 수압분포도

사다리꼴 면적법을 이용하여 양압력을 구하면

$$양압력=0.6\times\frac{58.86+47.09}{2}+3.6\times\frac{47.09+35.32}{2}$$

$$+3.6\times\frac{35.32+23.54}{2}+3.6\times\frac{23.54+11.77}{2}+0.6\times\frac{11.77}{2}$$

$$=353.16\text{kN/m}$$

문제 11 다음 그림과 같이 카퍼 댐(coffer dam)을 가설하였다(널말뚝 이용, $K=3\times10^{-5}$cm/sec).

1. 유선망을 그려라.
2. 단위시간당 유입량을 구하라.
3. C점 및 D점에서의 전수두와 수압을 각각 구하라.

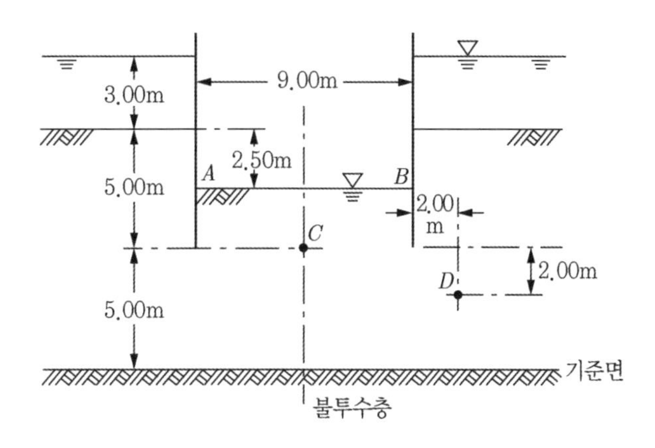

풀이

1 유선망은 (풀이 그림 6.11.1)과 같다.

2 $q=K\cdot \Delta H\cdot \dfrac{N_f}{N_d}=(3\times10^{-5})\times(5.5\times100)\times\dfrac{7}{16}\times2$(양쪽 널말뚝)

$=14.44\times10^{-3}\text{cm}^3/\text{sec/cm}=1.444\text{cm}^3/\text{sec/m}$당

3 C점

위치수두 : $h_{eC}=5\text{m}$

전수두 : $h_C=13-\dfrac{5.5}{16}\times12.7$칸$=8.63\text{m}$

또는 $h_C=7.5+\dfrac{5.5}{16}\times3.3$칸$=8.63\text{m}$

압력수두 : $h_{pC}=h_C-h_{eC}=8.63-5=3.63\text{m}$

수압 : $u_C=\gamma_w h_{pC}=9.81\times3.63$

$=35.61\text{kN/m}^2$

D점

위치수두 : $h_{eD}=3\text{m}$

전수두 : $h_D = 13 - \dfrac{5.5}{16} \times 5.5$칸$=11.11\text{m}$

또는 $h_D=7.5+\dfrac{5.5}{16}\times 10.5$칸$=11.11\text{m}$

압력수두 : $h_{pD} = h_D - h_{eD} = 11.11-3=8.11\text{m}$

수압 : $u_D = \gamma_w h_{pD} = 9.81 \times 8.11 = 77.56\text{kN/m}^3$

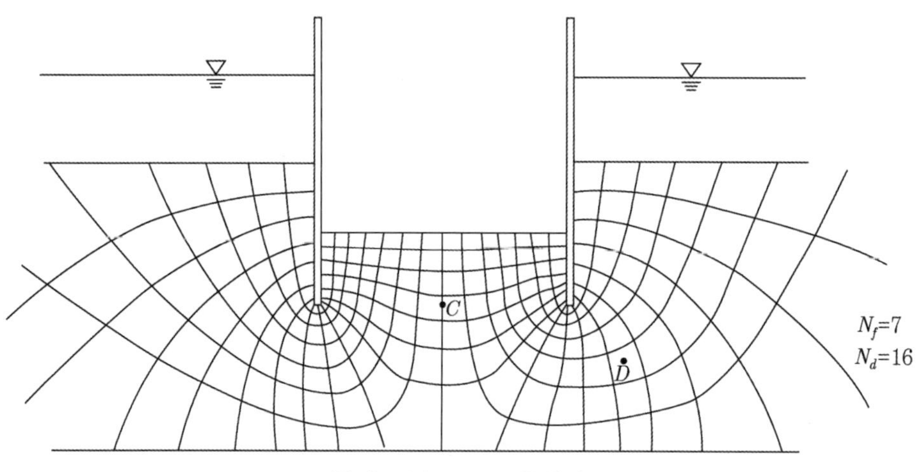

풀이 그림 6.11.1 유선망

문제 12 흙댐에서의 유선망은 아래와 같을 때, 다음을 구하라($K=4\times10^{-5}$cm/sec).

1 침투유량

2 M입자에서의 동수경사

3 사면파괴 가능면에서의 수압의 분포

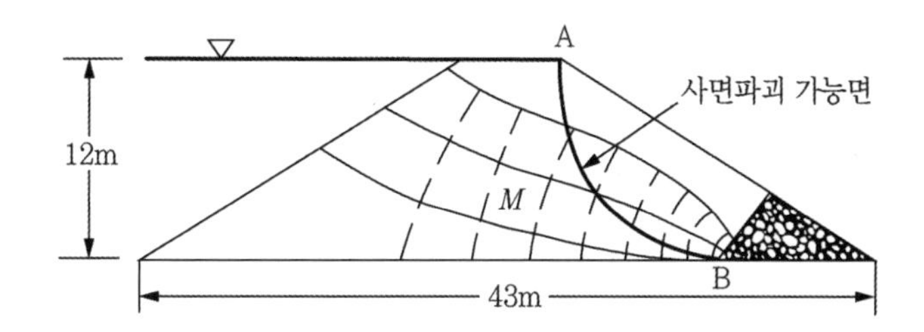

풀이

1 유선망으로부터, $\varDelta H=12$m, $N_d=9$, $N_f=3$이다.

$$q=K\cdot\varDelta H\cdot\frac{N_f}{N_d}=(4\times10^{-5}\text{cm/sec})\times(12\times10^2)\times\frac{3}{9}$$

$=1.6\times10^{-2}\text{cm}^3/\text{sec/cm}=1.6\text{cm}^3/\text{sec/m}$당

2 한 칸당 수두손실 $\varDelta h=\frac{12}{9}=1.33$m

M입자에서의 $\varDelta\ell\approx3.25$m, $i=\frac{\varDelta h}{\varDelta\ell}=\frac{1.33}{3.25}\cong0.41$

3 다음 (풀이 그림 6.12.1)에서 사면 AB와 침윤선 상단이 만나는 점부터 아래로 가며 등수두선과 사면 AB와 만나는 점을 a, b, c, d, e, f, g, h라 놓는다(단, h는 B점과 같다). 각 점에서 위치수두, 전수두, 압력수두, 수압을 구해보면 다음과 같다.

	위치수두	전수두	압력수두	수압
a	8.4m	$12-\frac{12}{9}\cdot 2.7=8.4\text{m}$	0m	0kN/m^2
b	7.13m	$12-\frac{12}{9}\cdot 3=8\text{m}$	$8-7.13=0.87\text{m}$	8.54kN/m^2
c	4.13m	$12-\frac{12}{9}\cdot 4=6.67\text{m}$	$6.67-4.13=2.54\text{m}$	24.92kN/m^2
d	1.88m	$12-\frac{12}{9}\cdot 5=5.33\text{m}$	$5.33-1.88=3.45\text{m}$	33.84kN/m^2
e	0.75m	$12-\frac{12}{9}\cdot 6=4\text{m}$	$4-0.75=3.25\text{m}$	31.88kN/m^2
f	0.38m	$12-\frac{12}{9}\cdot 7=2.67\text{m}$	$2.67-0.38=2.29\text{m}$	22.46kN/m^2
g	0.01m	$12-\frac{12}{9}\cdot 8=1.33\text{m}$	$1.33-0.01=1.32\text{m}$	12.95kN/m^2
h	0m	0m	0m	0kN/m^2

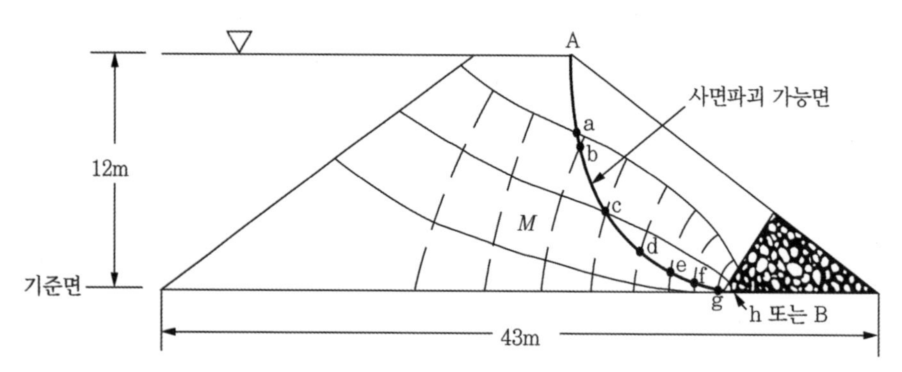

풀이 그림 6.12.1 흙댐에서의 유선망

제7장

투수 시의 유효응력 개념

제7장

투수 시의 유효응력 개념

문제 1 제6장 연습문제의 2번 (a), (b) 각각에 대하여 전응력, 수압, 유효응력의 다이아그램을 그려라(γ_{sat} = 18kN/m^3, 흙 A 및 흙 B).

풀이

(a) 시료

제6장의 연습문제 풀이로부터, 우선 수압분포를 구할 수 있다.

다음 (풀이 그림 7.1.1)의 각 점에서 전응력, 수압, 유효응력을 다음과 같이 구한다.

① J점

전응력 : $\sigma_{vJ} = \gamma_w H_1 = 9.81 \times 1.2 = 11.77\text{kN/m}^2$

수압 : (풀이 그림 6.2.1) 또는 (풀이 표 6.2.1)로부터

$$u_J = \gamma_w h_{pJ} = 9.81 \times 1.2 = 11.77\text{kN/m}^2$$

유효응력 : $\sigma'_{vJ} = \sigma_{vJ} - u_J = 0$

② L점

전응력 : $\sigma_{vL} = \gamma_w H_1 + \gamma_{sat} z_1$

$$= 9.81 \times 1.2 + 18 \times 1.2 = 33.37\text{kN/m}^2$$

수압 : (풀이 그림 6.2.1) 또는 (풀이 표 6.2.1)로부터

$$u_L = \gamma_w h_{pL} = 9.81 \times 2.07 = 20.31\text{kN/m}^2$$

유효응력 : $\sigma'_{vL} = \sigma_{vL} - u_L = 33.37 - 20.31 = 13.06\text{kN/m}^2$

③ M점

전응력 : $\sigma_{vM} = \gamma_w H_1 + \gamma_{sat} z_1 + \gamma_{sat} z_2$

$$= 9.81 \times 1.2 + 18 \times 1.2 + 18 \times 1.2$$

$=54.97\text{kN/m}^2$

수압 : (풀이 그림 6.2.1) 또는 (풀이 표 6.2.1)로부터 $u_M=0$

유효응력 : $\sigma'_{vM}=\sigma_{vM}-u_M=54.97-0=54.97\text{kN/m}^2$

전응력, 수압, 유효응력 다이아그램은 다음 그림과 같다.

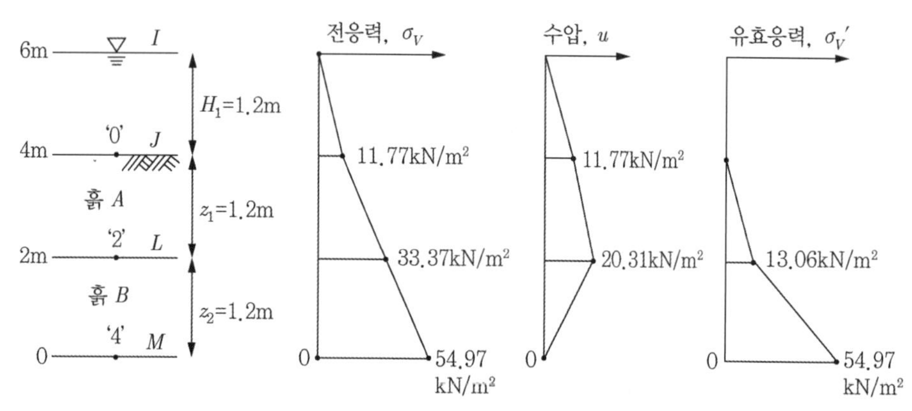

풀이 그림 7.1.1 전응력, 수압, 유효응력 다이아그램((a) 시료)

(b) 시료 : 풀이 방법은 (a) 시료와 동일하다. 다음 (풀이 그림 7.1.2)에서,

① J점

전응력 : $\sigma_{vJ}=\gamma_w H_1=9.81\times1.2=11.77\text{kN/m}^2$

수압 : (풀이 그림 6.2.2) 또는 (풀이 표 6.2.2)로부터

$u_J=\gamma_w H_1=9.81\times1.2=11.77\text{kN/m}^2$

유효응력 : $\sigma'_{vJ}=\sigma_{vJ}-u_J=0$

② M점

전응력 : $\sigma_{vM}=\gamma_w H_1+\gamma_{sat}z=9.81\times1.2+18\times2.4=54.97\text{kN/m}^2$

수압 : (풀이 그림 6.2.2) 또는 (풀이 표 6.2.2)로부터 $u_M=0$

유효응력 : $\sigma'_{vM}=\sigma_{vM}-u_M=54.97\text{kN/m}^2$

전응력, 수압, 유효응력 다이아그램은 다음과 같다.

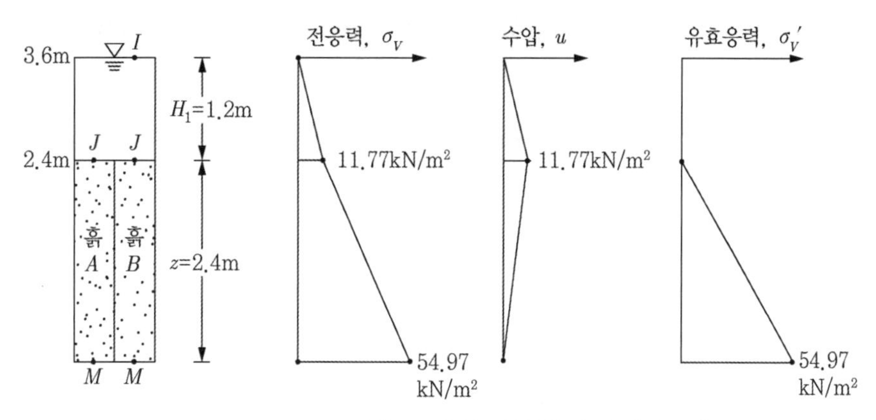

풀이 그림 7.1.2 전응력, 수압, 유효응력 다이아그램

문제 2 제6장 연습문제의 4번에 대하여 전응력, 수압, 유효응력 다이아그램을 그려라. 각 층에서 단위체적당 침투수력을 구하라. 그리고 표고 -4.5m에서 (0.3m×0.3m×0.3m)의 입방체에 작용하는 침투수력을 구하라.

풀이

(문제1)과 마찬가지로 6장의 연습문제 풀이로부터 수압을 우선 구할 수 있다.

1 전응력, 수압, 유효응력 다이아그램

(풀이 그림 7.2.1)에 표시된 각 점에서의 응력들을 구하면 다음과 같다.

① J점

전응력 : $\sigma_{vJ} = \gamma_{sat(A)} z_1 = 19.64 \times 4.2 = 82.49 \text{kN/m}^2$

수압 : (풀이 그림 6.4.1) 또는 (풀이 표 6.4.1)로부터

$$u_J = \gamma_w h_{pJ} = 9.81 \times 2.673$$
$$= 26.22 \text{kN/m}^2$$

유효응력 : $\sigma'_{vJ} = \sigma_{vJ} - u_J = 82.49 - 26.22 = 56.27 \text{kN/m}^2$

② L점

전응력 : $\sigma_{vL} = \gamma_{sat(A)} z_1 + \gamma_{sat(B)} z_2 = 19.64 \times 4.2 + 18.85 \times 4.5$
$= 167.31 \text{kN/m}^2$

수압 : (풀이 그림 6.4.1) 또는 (풀이 표 6.4.1)로부터

$$u_L = \gamma_w h_{pL} = 9.81 \times 3.9 = 38.26 \text{kN/m}^2$$

유효응력 : $\sigma'_{vL} = \sigma_{vL} - u_L = 167.31 - 38.26 = 129.05 \text{kN/m}^2$

응력 다이아그램은 다음 그림과 같다.

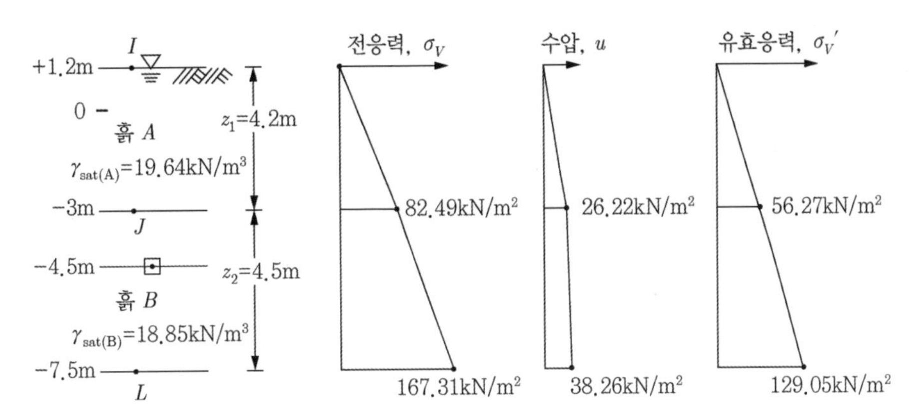

풀이 그림 7.2.1 전응력, 수압, 유효응력 다이아그램

2 단위 체적당 침투수력

(풀이 표 6.4.1)에 표시되어 있는 각 점에서의 전수두를 이용하여 동수경사를 구한다.

① A층

$$i_A = \frac{h_I - h_J}{z_1} = \frac{1.2-(-0.327)}{4.2} = 0.364$$

$$SF = i_A \cdot \gamma_w \cdot V$$
$$= 0.364 \times 9.81 \times 1^3 = 3.57\text{kN/m}^3(\downarrow)$$

② B층

$$i_B = \frac{h_J - h_L}{z_2} = \frac{(-0.327)-(-3.6)}{4.5} = 0.727$$

$$SF = i_B \cdot \gamma_w \cdot V$$
$$= 0.727 \times 9.81 \times 1^3 = 7.13\text{kN/m}^3(\downarrow)$$

3 0.3m×0.3m×0.3m 입방체 침투수력

$$SF = i_B \cdot \gamma_w \cdot V$$
$$= 0.727 \times 9.81 \times (0.3)^3 = 0.193\text{kN/m}^3(\downarrow)$$

Note

J점과 L점에서의 유효응력은 다음과 같이 구할 수도 있다.

J점 : $\sigma'_{vL} = \gamma'_A z_1 + i_A z_1 \gamma_w$

$= (19.64 - 9.81) \times 4.2 + 0.364 \times 4.2 \times 9.81$

$= 56.27 \text{kN/m}^2$

L점 : $\sigma'_{vM} = \gamma'_A z_1 + i_A z_1 \gamma_w + \gamma'_B z_2 + i_B z_2 \gamma_w$

$= (19.64 - 9.81) \times 4.2 + 0.364 \times 4.2 \times 9.81$

$+ (18.85 - 9.81) \times 4.5 + 0.727 \times 4.5 \times 9.81$

$= 129.05 \text{kN/m}^2$

문제 3 제6장 연습문제의 6번 1, 2 각각에 대하여 다음을 구하라.

1 A 및 C점 각각에서의 침투수압(압력)

2 A 및 C점 각각에서의 전연직응력, 유효연직응력

풀이

1 다음의 (풀이 그림 6.6.1)에서 보여주는 바와 같이 수압은 '0'이며 동수경사 $i=1$이다(연습문제 6.6 풀이 참조).

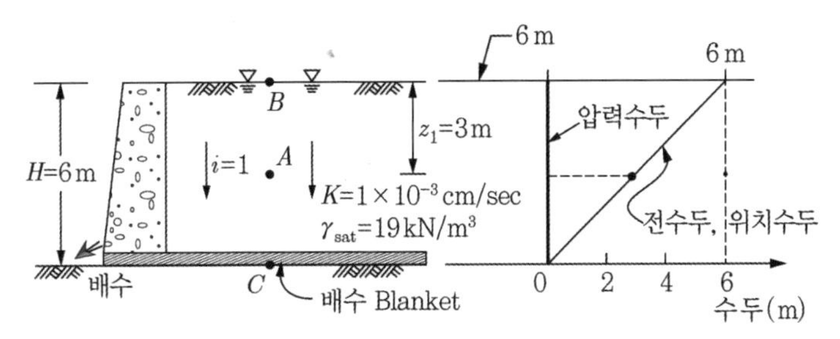

풀이 그림 6.6.1 수두 다이아그램

① 침투수압

A점

침투수압 $= SP_A = iz_1\gamma_w = 1\times3\times9.81 = 29.43\text{kN/m}^2$

C점

침투수압 $= SP_C = iH\gamma_w = 1\times6\times9.81 = 58.86\text{kN/m}^2$

> **Note**
>
> SP는 Seepage Pressure의 약자임.

② 전연직응력, 유효연직응력

A점

$\sigma_{vA} = \gamma_{sat} z_1 = 19\times3 = 57.0\text{kN/m}^2$

$u_A = 0$

$\sigma'_{vA} = \sigma_{vA} - u_A = 57.0 - 0 = 57.0\text{kN/m}^2$

유효연직응력은 다음과 같이 구할 수도 있다.

$\sigma'_{vA} = \gamma' z_1 + i z_1 \gamma_w$

$= (19 - 9.81) \times 3 + 1 \times 3 \times 9.81$

$= 57.0\text{kN/m}^2$

C점

$\sigma_{vC} = \gamma_{sat} H = 19 \times 6 = 114\text{kN/m}^2$

$u_C = 0$

$\sigma'_{vC} = \sigma_{vC} - u_C = 114 - 0 = 114\text{kN/m}^2$

또는

$\sigma'_{vC} = \gamma' H + i H \gamma_w$

$= (19 - 9.81) \times 6 + 1 \times 6 \times 9.81 = 114\text{kN/m}^2$

2 다음의 (풀이 그림 6.6.2)에서 보여주는 바와 같이, 동수경사 $i = 1.25$이다(연습문제 6.6 풀이 참조).

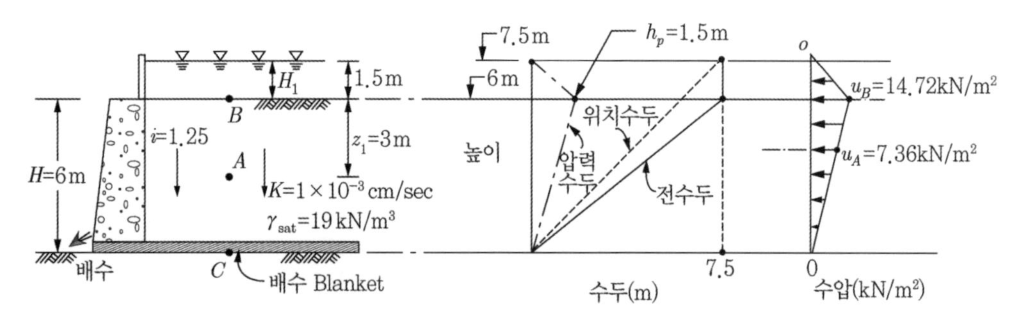

풀이 그림 6.6.2 수두 다이아그램과 수압분포

① 침투수압

A점

$SP_A = i z_1 \gamma_w = 1.25 \times 3 \times 9.81 = 36.79\text{kN/m}^2$

C점

$SP_C = i H \gamma_w = 1.25 \times 6 \times 9.81 = 73.58\text{kN/m}^2$

② 전연직응력, 유효연직응력

A점

$\sigma_{vA} = \gamma_w H_1 + \gamma_{sat} z_1 = 9.81 \times 1.5 + 19 \times 3 = 71.72\text{kN/m}^2$

$u_A = 7.36\text{kN/m}^2$(풀이 그림 6.6.2 참조)

$\sigma'_{vA} = \sigma_{vA} - u_A = 71.72 - 7.36 = 64.36\text{kN/m}^2$

또는

$\sigma'_{vA} = \gamma' z_1 + i z_1 \gamma_w$

$= (19 - 9.81) \times 3 + 1.25 \times 3 \times 9.81$

$= 64.36\text{kN/m}^2$

C점

$\sigma_{vC} = \gamma_w H_1 + \gamma_{sat} H = 9.81 \times 1.5 + 19 \times 6 = 128.72\text{kN/m}^2$

$u_C = 0$(풀이 그림 6.6.2 참조)

$\sigma'_{vC} = \sigma_{vC} - u_C = 128.72\text{kN/m}^2$

또는

$\sigma'_{vC} = \gamma' H + i H \gamma_w$

$= (19 - 9.81) \times 6 + 1.25 \times 6 \times 9.81$

$= 128.72\text{kN/m}^2$

문제 4　제6장 연습문제의 7번에서 다음을 구하라.

1 A 및 C점 각각에서의 침투수압(압력)

2 A 및 C점 각각에서의 전연직응력, 유효연직응력

풀이

다음 (풀이 그림 6.7.1)에서 보여주는 바와 같이 A점에서의 수압=24.03kN/m², 동수경사 $i_{\mathrm{I}}=0.183$, $i_{\mathrm{II}}=1.82$이다(연습문제 풀이 6.7 참조).

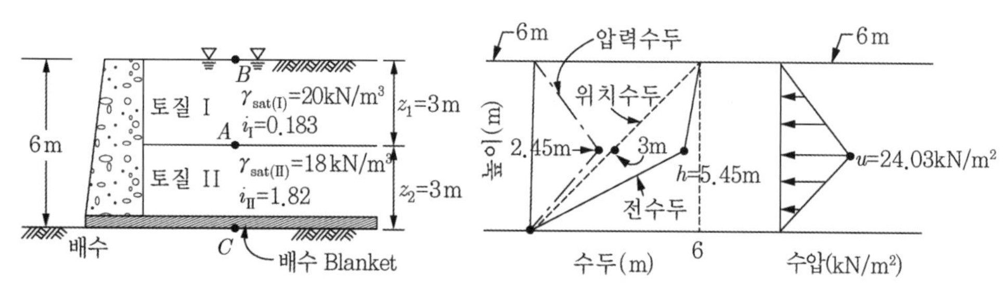

풀이 그림 6.7.1 수두 다이아그램과 수압분포

1 침투수압

A점

$$SP_A = i_{\mathrm{I}} z_1 \gamma_w = 0.183 \times 3 \times 9.81 = 5.39\text{kN/m}^2$$

C점

$$SP_C = i_{\mathrm{I}} z_1 \gamma_w + i_{\mathrm{II}} z_2 \gamma_w = 0.183 \times 3 \times 9.81 + 1.82 \times 3 \times 9.81 = 58.95\text{kN/m}^2$$

2 전연직응력, 유효연직응력

A점

$$\sigma_{vA} = \gamma_{sat(\mathrm{I})} z_1 = 20 \times 3 = 60\text{kN/m}^2$$

$u_A = 24.03\text{kN/m}^2$ (풀이 그림 6.7.1) 참조

$$\sigma'_{vA} = \sigma_{vA} - u_A = 60 - 24.03 = 35.97\text{kN/m}^2$$

또는

$\sigma'_{vA} = \gamma'_{\rm I} z_1 + i_{\rm I} z_1 \gamma_w$

$= (20-9.81) \times 3 + 0.183 \times 3 \times 9.81$

$= 35.97 \text{kN/m}^2$

C점

$\sigma_{vC} = \gamma_{sat(\rm I)} z_1 + \gamma_{sat(\rm II)} z_2$

$= 20 \times 3 + 18 \times 3 = 114 \text{kN/m}^2$

$u_C = 0$(풀이 그림 6.7.1 참조)

$\sigma'_{vC} = \sigma_{vC} - u_C = 114 \text{kN/m}^2$

또는

$\sigma'_{vC} = \gamma'_{\rm I} z_1 + i_{\rm I} z_1 \gamma_w + \gamma'_{\rm II} z_2 + i_{\rm II} z_2 \gamma_w$

$= (20-9.81) \times 3 + 0.183 \times 3 \times 9.81$

$+ (18-9.81) \times 3 + 1.82 \times 3 \times 9.81$

$= 114 \text{kN/m}^2$

문제 5　제6장 연습문제의 8번에서 다음을 구하라.

1 'P'점에서의 전연직응력, 유효연직응력을 구하라.

2 수평방향 토압계수를 $K_o = 0.4$라고 할 때, 'P'점에서의 수평방향 유효응력을 예측하라.

풀이

(제6장 8번 문제 풀이)로부터 P점에서의 수압 u_P=14.72kN/m^{2}이다(다음의 (풀이 그림 6.8.1) 참조).

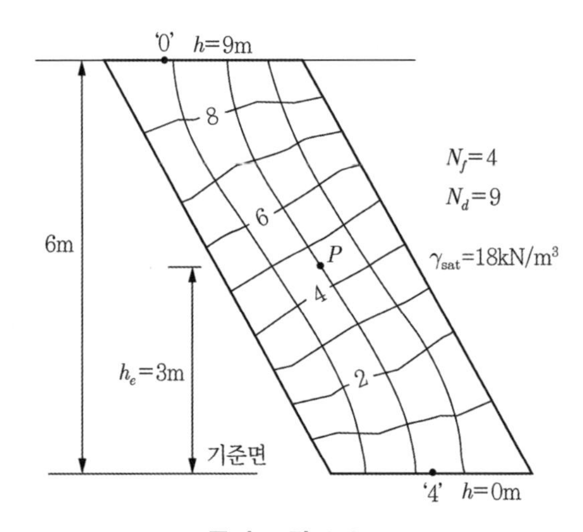

풀이 그림 6.8.1

1 P점에서의 전연직응력, 유효연직응력

$\sigma_{vP} = \gamma_w H_1 + \gamma_{sat} z_1$

$\quad = 9.81 \times 3 + 18 \times 3 = 84.43\text{kN/m}^2$

$u_P = 14.72\text{kN/m}^2$

$\sigma'_{vP} = 83.43 - 14.72 = 68.71\text{kN/m}^2$

2 수평방향 유효응력

$\sigma'_{hP} = K_o \sigma'_{vP} = 0.4 \times 68.71 = 27.48\text{kN/m}^2$

문제 6 다음 그림과 같이 널말뚝의 한 단면에서의 흐름에 대하여 물음에 답하라.

1 널말뚝에서의 수압분포를 그려라.

2 히빙에 대한 안전율을 구하라(γ_{sat} =18kN/m^3).

① P요소에서의 안전율

② 히빙구역에서의 안전율

3 A, B점에서의 전응력, 수압, 유효응력을 구하라.

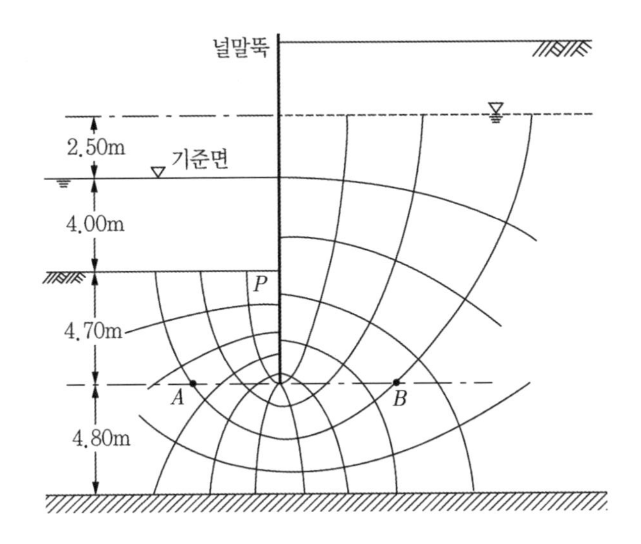

풀이

1 N_d =12칸이므로 1칸당 손실수두 $\Delta h = \dfrac{2.5}{12}$ =0.2083m이다.

다음(풀이 그림 7.6.1)에서 널말뚝 양면에 표시된 각 위치에서의(각 위치는 등수두선 상 위치이다) 전수두, 위치수두, 압력수두, 수압은 (풀이 표 7.6.1)과 같다.

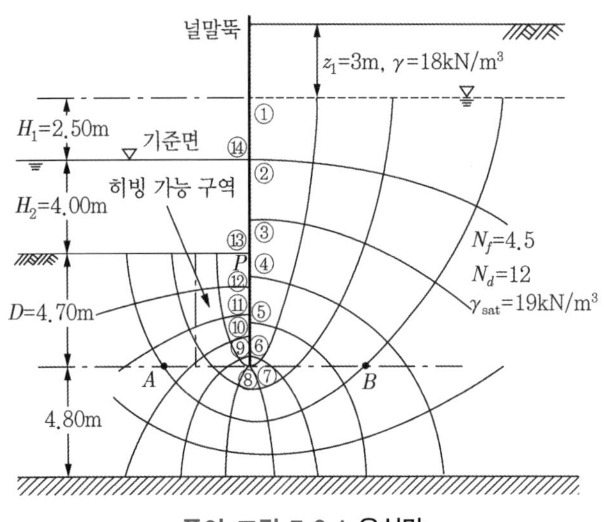

풀이 그림 7.6.1 유선망

풀이 표 7.6.1 널말뚝 양쪽에서의 수두와 수압

위치	전수두(m)	위치수두(m)	압력수두(m)	수압(kN/m²)	비고
①	2.5	2.5	0	0	
②	2.29	0	2.29	22.40	
③	2.08	−2.5	4.58	44.93	
④	1.88	−5.12	7	68.67	
⑤	1.67	−7.04	8.71	85.45	
⑥	1.46	−8.32	9.78	95.94	
⑦	1.25	−8.7	9.95	97.61	널말뚝 오른쪽
⑧	1.04	−8.7	9.74	95.57	널말뚝 왼쪽
⑨	0.83	−8.32	9.15	89.79	
⑩	0.63	−7.68	8.31	81.47	
⑪	0.42	−6.56	6.98	68.44	
⑫	0.21	−5.44	5.65	55.41	
⑬	0	−4	4	39.24	
⑭	0	0	0	0	

널말뚝 양쪽에서의 수압분포는 다음 그림과 같다.

그림에서 보면, 널말뚝 우측은 하방향 흐름으로 정수압보다 작은 수압분포를, 좌측은 상방향 흐름으로 정수압보다 큰 수압분포를 이루고 있음을 알 수 있다. 다만, 수압차이가 크지 않은 것은 양단의 ΔH=2.5m로서 전수두 차가 크지 않기 때문이다.

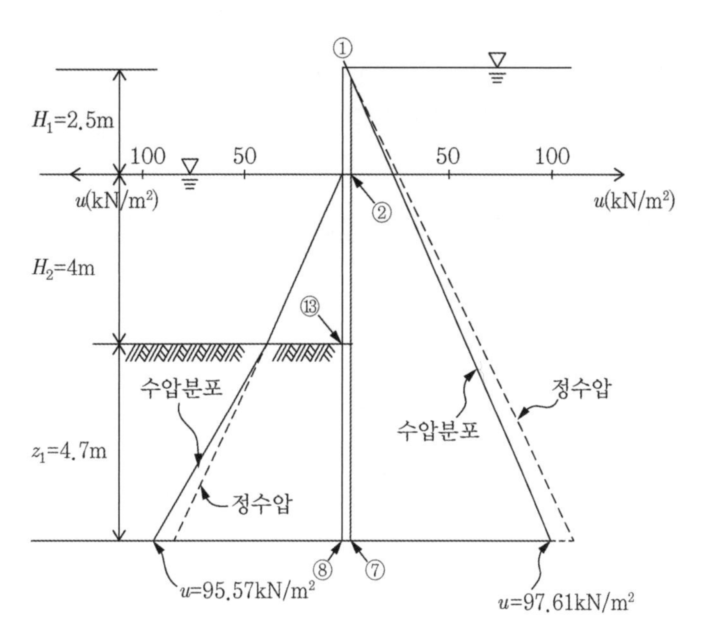

풀이 그림 7.6.2 널말뚝 양단의 수압분포

2 히빙에 대한 안전율

① 'P' 요소에서의 안전율

'P' 요소에서 $\Delta\ell \approx 1.44$m, $\Delta h = 0.2083$m이다.

$\Delta\ell$=1.44m [P]

$$i = \frac{\Delta h}{\Delta \ell} = \frac{0.2083}{1.44} = 0.145,\ i_{cr} = \frac{\gamma'}{\gamma_w} = \frac{(18-9.81)}{9.81} = 0.835$$

$$F_s = \frac{i_{cr}}{i} \approx \frac{0.835}{0.145} = 5.75(\text{안전하다.})$$

또는 'P' 입자에 대해

유효중량 : $W' = \gamma' V = (18-9.81) \times (1.44)^2 = 16.98\text{kN}(\downarrow)$

침투수력 : $F_{sp} = i\gamma_w V = (0.145) \times 9.81 \times (1.44)^2 = 2.95\text{kN}(\uparrow)$

$$F_s = \frac{W'}{F_{sp}} = \frac{16.98}{2.95} = 5.75$$

② 히빙구역에서의 안전율

히빙 가능 구역은 다음 (풀이 그림 7.6.3)과 같이 $\left(D \cdot \dfrac{D}{2}\right)$=(4.7m×2.35m) 구역이다. 널말뚝 하단에서의 평균 전수두는

$$h_{avg} = \frac{\left(\dfrac{0.63+0.83}{2}\times 1.35 + \dfrac{(0.83+1.04)}{2}\times 1.0\right)}{2.35} = 0.82\text{m}$$

$$i_{avg} = \frac{0.82-0}{4.7} = 0.174$$

$$W' = \gamma' \cdot D \cdot \left(\frac{D}{2}\right) = (18-9.81)\times 4.7\times\frac{4.7}{2} = 90.46\text{kN}(\downarrow)$$

$$F_{SP} = i_{avg}\gamma_w\left(D\cdot\frac{D}{2}\right)$$

$$= 0.174\times 9.81\times\left(4.7\times\frac{4.7}{2}\right) = 18.85\text{kN}(\uparrow)$$

$$F_S = \frac{W'}{F_{SP}} = \frac{90.46}{18.85} = 4.80(\text{안전})$$

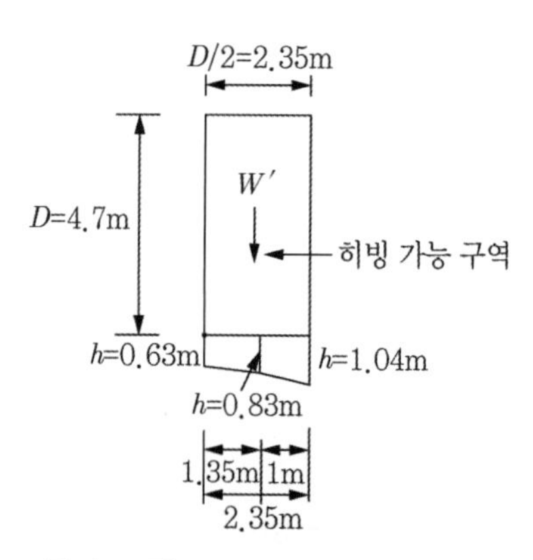

풀이 그림 7.6.3 히빙 가능 구역

3 A, B점에서의 전응력, 수압, 유효응력

투수 시의 응력계산 시에는 전수두로부터 수압을 먼저 구하여야 한다.

① 수압산출

(풀이 그림 7.6.1)의 유선망으로부터 구한다.

A점

전수두 : $h_A = \frac{\Delta H}{N_d} \cdot$ 칸수$= \frac{2.5}{12} \times$(2.5칸)=0.52m

위치수두 : $h_{eA} = -8.7$m

압력수두 : $h_{pA} = h_A - h_{eA} = 0.52 - (-8.7) = 9.22$m

수압 : $u_A = \gamma_w h_{pA} = 9.81 \times 9.22 = 90.45$kN/m^2

B점

전수두 : $h_B = \frac{\Delta H}{N_d} \cdot$ 칸수$= \frac{2.5}{12} \times$(8.5칸)=1.77m

위치수두 : $h_{eB} = -8.7$m

압력수두 : $h_{pB} = h_B - h_{eB} = 1.77 - (-8.7) = 10.47$m

수압 : $u_B = \gamma_w h_{pB} = 9.81 \times 10.47 = 102.71$kN/m^2

② 전응력, 수압, 유효응력

A점

전응력 : $\sigma_{vA} = \gamma_w H_2 + \gamma_{sat} D = 9.81 \times 4 + 19 \times 4.7$

$= 128.54$kN/m^2

수압 : $u_A = 90.45$kN/m^2

유효응력 : $\sigma'_{vA} = \sigma_{vA} - u_A = 128.54 - 90.45 = 38.09$kN/m^2

(상방향 흐름이라 유효응력이 감소한다).

B점

전응력 : $\sigma_{vB} = \gamma z_1 + \gamma_{sat}(H_1 + H_2 + D)$

$= 18 \times 3 + 19 \times (2.5 + 4 + 4.7)$

$= 266.8$kN/m^2

수압 : $u_B = 102.07$kN/m^2

유효응력 : $\sigma'_{vB} = \sigma_{vB} - u_B = 266.8 - 102.71$

$= 164.09$kN/m^2

문제 7 다음 그림과 같은 투수상태에서 (a), (b)에 대하여 $X-X$ 단면에 작용하는 유효응력을 각각 구하라.

단, (1) "전중량+경계면 수압 고려", (2) "유효중량+침투수력 고려"의 두 가지 방법을 사용하라($\gamma_{sat}=20\text{kN/m}^3$).

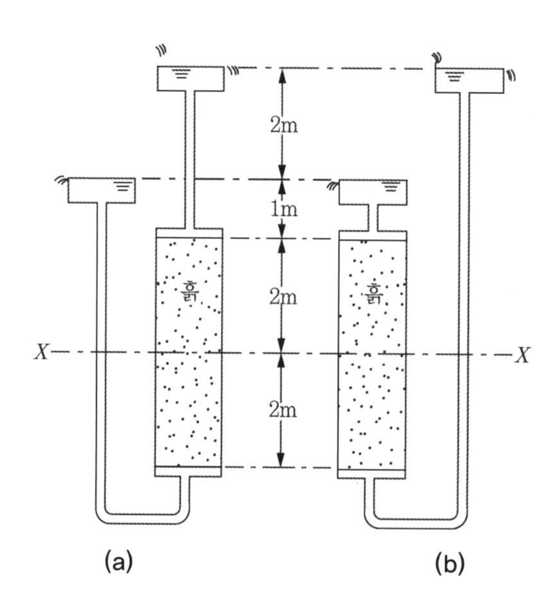

풀이

다음 (풀이 그림 7.7.1)에서와 같이, 기준면을 먼저 설정한다.

(a) 그림은 하방향 흐름, (b) 그림은 상방향 흐름이다.

먼저, 투수문제를 풀어서 A 및 B점에서의 수압을 구한다.

(a) 흐름

먼저, 수압과 동수경사를 구한다.

'0'점 : 전수두 $h_0=2\text{m}$,

위치수두 $h_{e0}=-1\text{m}$,

압력수두 $h_{p0}=h_0-h_{e0}=2-(-1)=3\text{m}$,

수압 $u_0=\gamma_w h_{p0}=9.81\times 3=29.43\text{kN/m}^2$

'4'점 : 전수두 $h_4 = 0\text{m}$,

위치수두 $h_{e4} = -5\text{m}$,

압력수두 $h_{p4} = h_4 - h_{e4} = 0-(-5) = 5\text{m}$,

수압 $u_4 = \gamma_w h_{p4} = 9.81 \times 5 = 49.05\text{kN/m}^2$

A점 : 전수두 $h_A = 1\text{m}$,

위치수두 $h_{eA} = -3\text{m}$,

압력수두 $h_{pA} = h_A - h_{eA} = 1-(-3) = 4\text{m}$,

수압 $u_A = \gamma_w h_{pA} = 9.81 \times 4 = 39.24\text{kN/m}^2$

동수경사 $i = \dfrac{\Delta h}{\Delta \ell} = \dfrac{2}{4} = 0.5(\downarrow)$

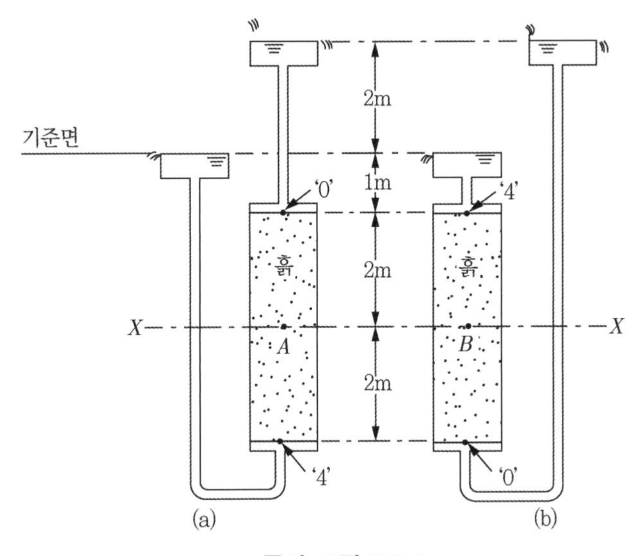

풀이 그림 7.7.1

① '전중량+경계면 수압' 개념(풀이 그림 7.7.2 참조)

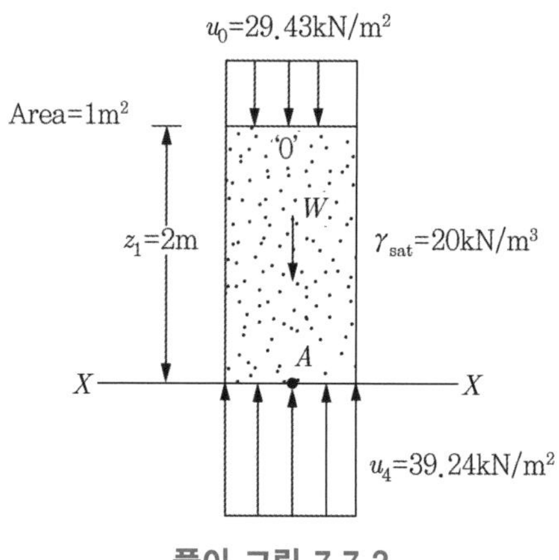

풀이 그림 7.7.2

(풀이 그림 7.7.2)로부터 $W = \gamma_{sat} z_1 \cdot A = 20 \times 2 \times 1^2 = 40\text{kN}(\downarrow)$

$$\sigma'_{vA} = \frac{U_0 + W - U_4}{A} = u_0 + \frac{W}{A} - u_4 = 29.43 + \frac{40}{1} - 39.24 = 30.19\text{kN/m}^2$$

② '유효중량+침투수력' 개념(풀이 그림 7.7.3 참조)

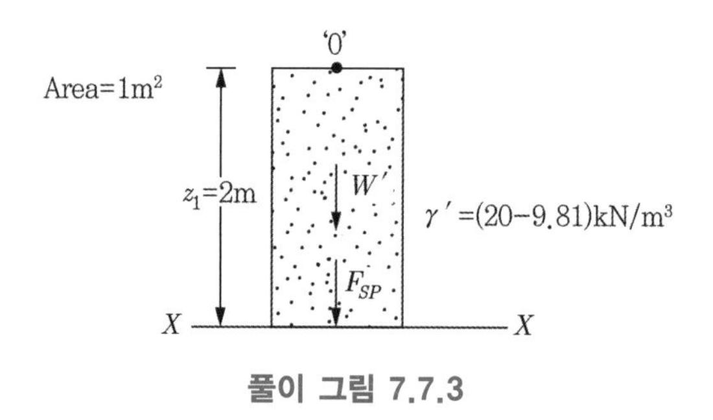

풀이 그림 7.7.3

(풀이 그림 7.7.3)으로부터

$W' = \gamma' \cdot z_1 \cdot A = (20-9.81) \times 2 \times 1 = 20.38\text{kN}(\downarrow)$

$F_{SP} = i z_1 \gamma_w \cdot A = 0.5 \times 2 \times 9.81 \times 1^2 = 9.81\text{kN}(\downarrow)$

$$\sigma'_{vA} = \frac{W' + F_{SP}}{A} = \frac{20.38 + 9.81}{1} = 30.19\text{kN/m}^2$$

또는

$$\sigma'_{vA} = \gamma' z_1 + i z_1 \gamma_w$$
$$= (20-9.81) \times 2 + 0.5 \times 2 \times 9.81$$
$$= 30.19\text{kN/m}^2$$

(b) 흐름

먼저 수압과 동수경사를 구한다.

'0'점 : 전수두 $h_0 = 2\text{m}$,

위치수두 $h_{e0} = -5\text{m}$,

압력수두 $h_{P0} = h_0 - h_{e0} = 2-(-5) = 7\text{m}$,

수압 $u_0 = \gamma_w h_{p0} = 9.81 \times 7 = 68.67\text{kN/m}^2$

'4'점 : 전수두 $h_4 = 0\text{m}$,

위치수두 $h_{e4} = -1\text{m}$,

압력수두 $h_{p4} = h_4 - h_{e4} = 0-(-1) = 1\text{m}$,

수압 $u_4 = \gamma_w h_{p4} = 9.81 \times 1 = 9.81\text{kN/m}^2$

B점 : 전수두 $h_B = 1\text{m}$,

위치수두 $h_{eB} = -3\text{m}$,

압력수두 $h_{p4} = h_B - h_{eB} = 1-(-3) = 4\text{m}$,

수압 $u_B = \gamma_w h_{pB} = 9.81 \times 4 = 39.24\text{kN/m}^2$

동수경사 $i = \dfrac{\Delta h}{\Delta \ell} = \dfrac{2}{4} = 0.5(\uparrow)$

① '전중량+경계면 수압' 개념(풀이 그림 7.7.4 참조)

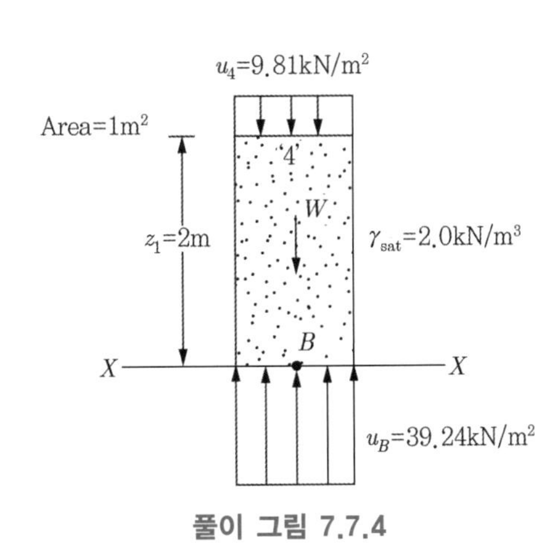

풀이 그림 7.7.4

(풀이 그림 7.7.4)로부터

$$\sigma'_{vB} = \frac{W + U_A - U_B}{A} = \gamma_{sat} z_1 + u_4 - u_B = 20 \times 2 + 9.81 - 39.24 = 10.57\text{kN/m}^2$$

② '유효중량+침투수력' 개념(풀이 그림 7.7.5 참조)

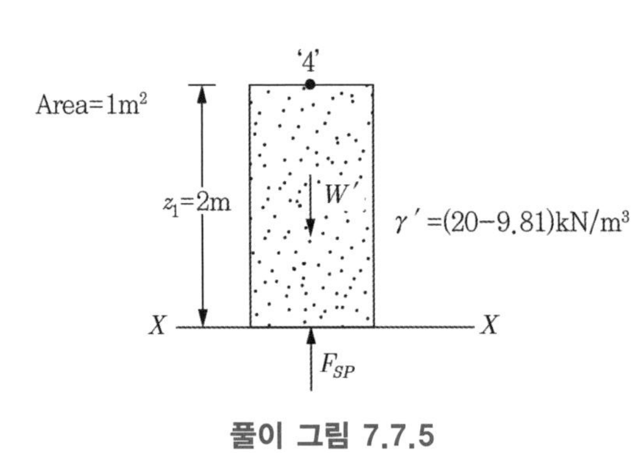

풀이 그림 7.7.5

(풀이 그림 7.7.5)로부터

$$\sigma'_{vA} = \frac{W' - F_{SP}}{A} = \gamma' z_1 - i z_1 \gamma_w = (20 - 9.81) \times 2 - 0.5 \times 2 \times 9.81 = 10.57\text{kN/m}^2$$

문제 8 다음 그림과 같이 물이 흙 속으로 아래에서 위로 침투할 때, 분사현상이 발생하려면 수두차(Δh)는 얼마 이상이어야 하나?(G_S=2.65, e=0.6)

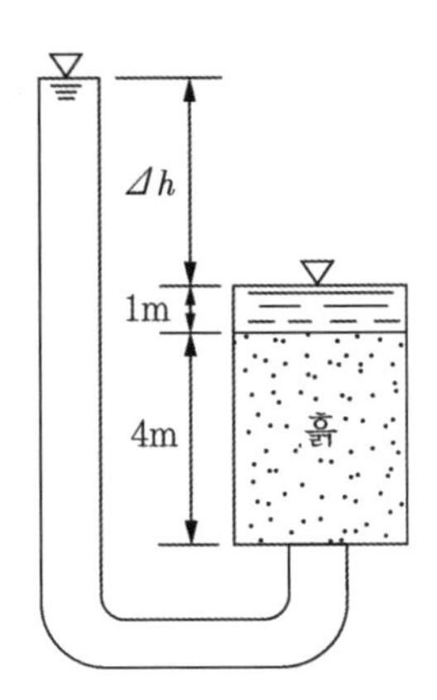

풀이

포화단위중량 γ_{sat}는

$$\gamma_{sat} = \frac{G_S + e}{1+e}\gamma_w = \frac{2.65+0.6}{1+0.6} \times 9.81$$

=19.93kN/m³이다.

(풀이 그림 7.8.1)에서 먼저 기준면을 설정한다.

'0'점에서 전수두 $h_0 = \Delta h$

'4'점에서 전수두 $h_4 = 0$

상방향 동수경사 $i = \dfrac{h_0 - h_4}{\Delta \ell} = \dfrac{\Delta h}{4}$

① 공식 이용

분사현상을 일으키는 동수경사

$i_{cr} = \dfrac{G_S - 1}{1+e} = \dfrac{2.65-1}{1+0.6}$ =1.03이다.

$i = \dfrac{\Delta h}{4} \geq 1.03$이어야 한다.

즉, $\Delta h \geq 1.03 \times 4 = 4.12$m

② 또는 '유효중량+침투수력' 원리 이용

$W' = \gamma' z \cdot A = (19.93 - 9.81) \times 4 \times 1$

$= 40.48\text{kN}(\downarrow)$

$F_{SP} = iz\gamma_w \cdot A = \dfrac{\Delta h}{4} \times 4 \times 9.81 \times 1$

$= 9.81\Delta h(\uparrow)$

$F_{SP} \geq W'$ 이면 분사현상이 일어난다.

즉, $9.81\Delta h \geq 40.48 \rightarrow \Delta h \geq 4.12\text{m}$

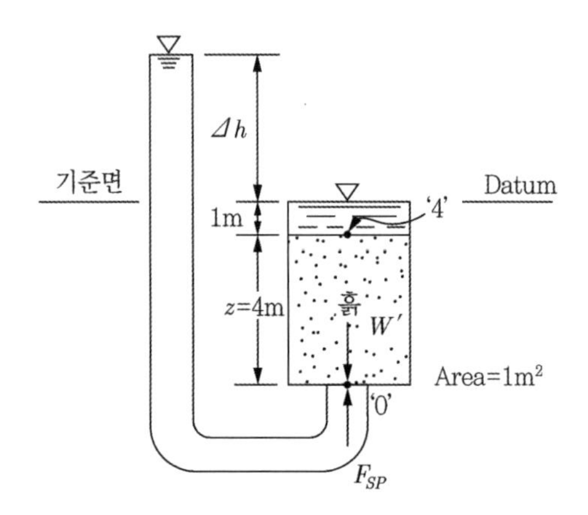

풀이 그림 7.8.1 분사현상

문제 9 다음 그림과 같이 흙기둥을 통해서 물이 아래로 흐르고 있고 이 흙의 γ_{sat} = $19kN/m^3$이다.

1. A점과 B점 사이의 수두 차를 구하라.
2. B점에서의 단위면적당 침투수압과 그에 따른 유효응력을 구하라.
3. 정수압인 경우에 비하여 B점에서의 유효응력의 증가량은 얼마인가?

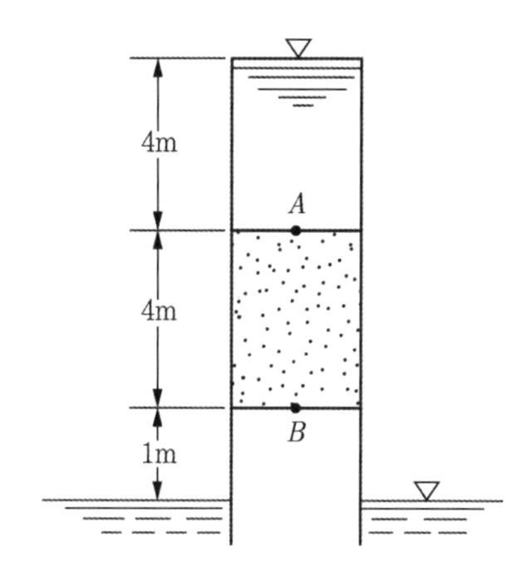

풀이

(풀이 그림 7.9.1)에서 먼저 기준면을 설정한다.

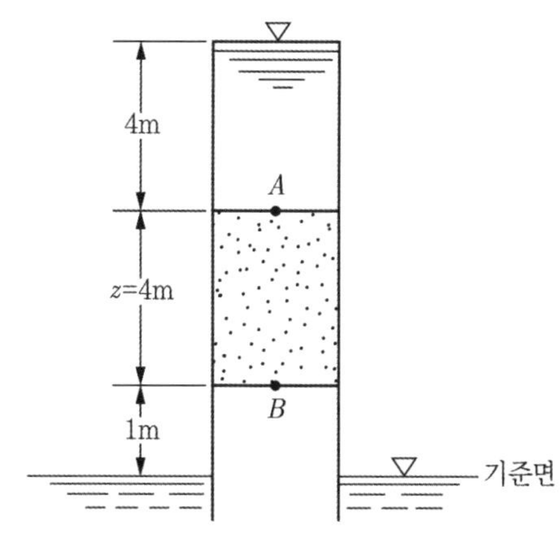

풀이 그림 7.9.1

1 수두차

A 점에서의 전수두 $h_A = 9\text{m}$

B점에서의 전수두 $h_B = 0\text{m}$

$\therefore\ \Delta h = h_A - h_B = 9\text{m}$

2 B점에서의 침투수압과 유효응력

① 동수경사

$i = \dfrac{\Delta h}{\Delta \ell} = \dfrac{9}{4} = 2.25$이다.

② B점에서의 수압

B점에서의 위치수두 $h_{eB} = 1\text{m}$이므로

압력수두는 $h_{pB} = h_B - h_{eB} = 0 - 1 = -1\text{m}$

수압은 $u_B = \gamma_w h_{pB} = 9.81 \times (-1) = -9.81\text{kN/m}^2(\downarrow)$

③ B점에서의 침투수압

$SP_B = iz\gamma_w = 2.25 \times 4 \times 9.81 = 88.29\text{kN/m}^2$

④ B점에서의 유효응력

'유효중량+침투수력' 개념을 이용하면,

$\sigma'_{vB} = \gamma' z + iz\gamma_w = (19 - 9.81) \times 4 + 2.25 \times 4 \times 9.81$

$= 125.05\text{kN/m}^2$

또는 '전중량+경계면 수압' 개념을 사용하면,

$\sigma'_{vB} = \dfrac{U_A + W - U_B}{A} = u_A + \gamma_{sat} z - u_B$

$= 9.81 \times 4 + 19 \times 4 - (-9.81) = 125.05\text{kN/m}^2$

3 물이 흐르지 않는 경우(즉, 정수압의 경우)

$\sigma'_{vB} = \gamma' z = (19 - 9.81) \times 4 = 36.76\text{kN/m}^2$이다.

물이 하방향으로 흐르는 경우 침투수압 $SP_B = 88.29\text{kN/m}^2$만큼 유효응력이 증가된다.

문제 10 다음 그림에서 경사방향의 힘의 합력을 구하고, 이로부터 단위체적당 침투수력은 $i\gamma_w$ 임을 증명하라.

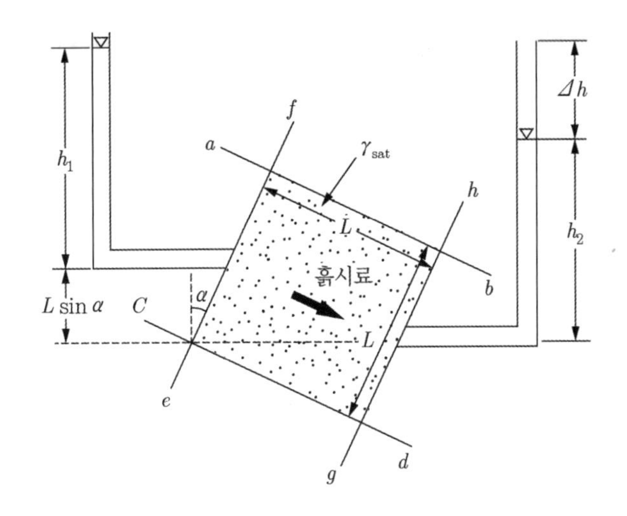

풀이

침투수력은 물이 흐르는 방향으로 발생된다.

문제에 주어진 그림에서,

흙시료 무게 $= \gamma_{sat} V = \gamma_{sat} \cdot L^2 \cdot (1)$(단위폭당) $= \gamma_{sat} L^2$

ef 면에서의 수압에 의한 힘

$$F_1 = \gamma_w \cdot h_1 \cdot L \cdot (1) = \gamma_w h_1 L$$

gh 면에서의 수압에 의한 힘

$$F_2 = F_1 + \Delta F = \gamma_w \cdot h_2 \cdot L \cdot (1) = \gamma_w h_2 L$$

물이 흐르는 방향의 평형 조건으로부터

$$\Delta F = \gamma_w h_1 L + \gamma_{sat} L^2 \sin\alpha - \gamma_w h_2 L \ \cdots \ ①$$

그림에서

$h_1 + L\sin\alpha = h_2 + \Delta h$, 즉

$h_2 = h_1 + L\sin\alpha - \Delta h \ \cdots \ ②$

식 ②를 ①에 대입하면

$\Delta F = \gamma_w h_1 L + \gamma_{sat} L^2 \sin\alpha - \gamma_w (h_1 + L\sin\alpha - \Delta h) L$ ··· ③

식 ③을 정리하면

$\Delta F = (\gamma_{sat} - \gamma_w) L^2 \sin\alpha + \Delta h \gamma_w L = \gamma' L^2 \sin\alpha + \gamma_w \cdot \Delta h \cdot L$ ··· ④

여기서, $\gamma' L^2 \sin\alpha$는 흙시료 유효중량에 의한 힘, $\gamma_w \Delta h L$은 침투수력이다.

∴ 단위 체적당 침투수력은

$$F_{SP}/V = \frac{\gamma_w \cdot \Delta h \cdot L}{L^2} = \gamma_w \cdot \frac{\Delta h}{L} = \gamma_w i$$

$$= i\gamma_w$$

문제 11 다음 그림을 보고 문제에 답하라(통의 폭은 1m이다).

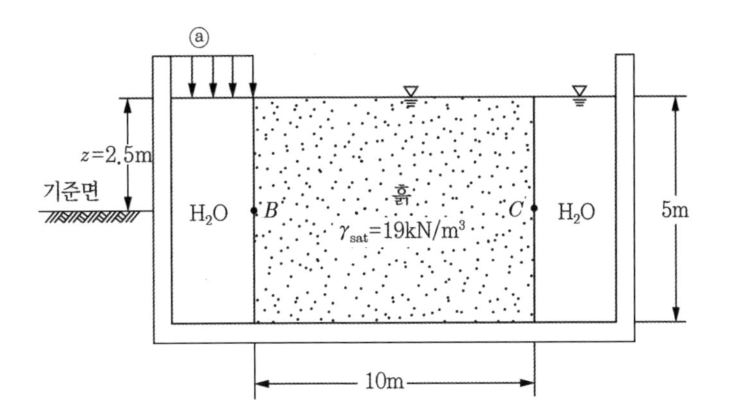

그림과 같은 구조에서 ⓐ부분에 70kN/m^{2}의 압력을 가했다. B점의 전수두, C점의 전수두는 얼마인가? 흙에 가해진 침투수력의 방향과 크기를 구하라. 단, 양쪽의 수위선은 변하지 않는다고 가정하라.

풀이

B점의 전수두 $h_B = z + \Delta p/\gamma_w$

$$= 2.5\text{m} + \frac{70}{9.81} = 9.63\text{m}$$

C점의 전수두 $h_C = 2.5\text{m}$

$$i = \frac{\Delta h}{\Delta \ell} = \frac{9.63 - 2.5}{10} = 0.71(\rightarrow \text{수평방향})$$

$$F_{SP} = i\gamma_w V = 0.71 \times 9.81 \times (5 \times 10 \times 1)$$

$$= 348.3\text{kN}(\rightarrow \text{수평방향})$$

문제 12 다음 그림과 같은 지반에서 지하실을 건설하기 위하여 지하 3m를 파고 양수기로 양정을 하여 평형상태(steady state)에 도달하였다.

1. A점에서의 전수두를 구하라.
2. A점에서의 전응력을 구하라.
3. A점에서의 유효응력을 구하라.
4. C점에서의 동수경사를 구하라.
5. 침투수력의 크기와 방향을 구하라.

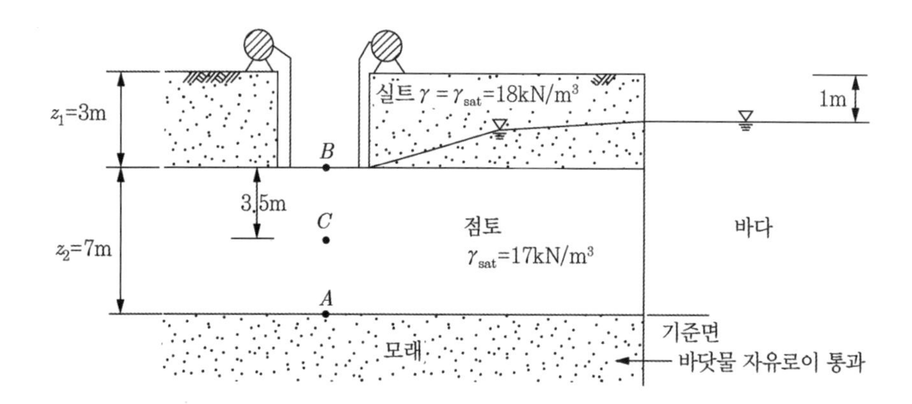

풀이

1. A점에서는 피압수로서 먼 곳 바다의 수압이 작용된다.
(단, $\gamma_w=9.81\text{kN/m}^3$로 가정)

압력수두 $h_{pA}=9\text{m}$, 위치수두$=h_{eA}=0$,

전수두 $h_A=h_{pA}+h_{eA}=9\text{m}$, 수압 $u_A=\gamma_w h_{pA}=9.81\times9=88.29\text{kN/m}^2$

2. $\sigma_{vA}=\gamma_{sat}z_2=17\times7=119\text{kN/m}^2$

3. $\sigma'_{vA}=\sigma_{vA}-u_A$

$=119-88.29=30.71\text{kN/m}^2$

4 B점에서의 전수두 = 위치수두 = h_{eB} = 7m

$$i_C = \frac{\Delta h}{z_2} = \frac{9-7}{7} = 0.2857(\uparrow)$$

5 SP(침투수압) $= i_C z_2 \gamma_w = 0.2857 \times 7 \times 9.81$

$= 19.62\text{kN/m}^2$(↑상방향)

Note

A점에서의 유효응력은 다음과 같이 구할 수도 있다.

$\sigma'_{vA} = \gamma' z_2 - i z_2 \gamma_w$

$= (17-9.81) \times 7 - 0.2857 \times 7 \times 9.81$

$= 30.71\text{kN/m}^2$

제8장

응력-변형률 및 과잉간극수압

제8장
응력-변형률 및 과잉간극수압

문제 1 $V_s=1$의 삼상관계를 이용하여, m_v와 a_v 사이에 $m_v=\dfrac{a_v}{1+e_o}$의 관계가 성립함을 증명하라.

풀이

$V_s=1$의 상관관계는 다음 그림과 같다.

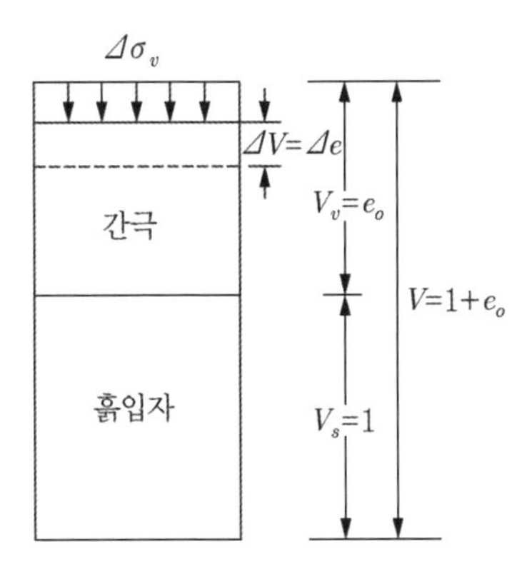

풀이 그림 8.1.1 $V_s=1$ 상관관계

정의에 의하여, 횡방향 구속하의 축하중 조건에서 압축계수 a_v는

$$a_v=\frac{\varDelta e}{\varDelta\sigma_v}$$

체적변형계수 m_v는

$$m_v=\frac{\epsilon_v}{\varDelta\sigma_v}=\frac{\epsilon_z}{\varDelta\sigma_v}$$

여기서, ϵ_v =체적변형률

(풀이 그림 8.1.1)로부터

$$\epsilon_v = \epsilon_z = \frac{\Delta V}{V} = \frac{\Delta e}{1+e_o}$$ 이며,

$$m_v = \frac{\epsilon_v}{\Delta\sigma_v} = \frac{\dfrac{\Delta e}{1+e_o}}{\Delta\sigma_v} = \frac{\Delta e}{\Delta\sigma_v} \cdot \frac{1}{1+e_o} = \frac{a_v}{1+e_o}$$

문제 2 삼축압축 조건하의 실험결과는 다음 그림과 같다. 축차응력이 최대축차응력의 반에 이를 때 접선탄성계수(tangent Young's modulus)를 구하라.

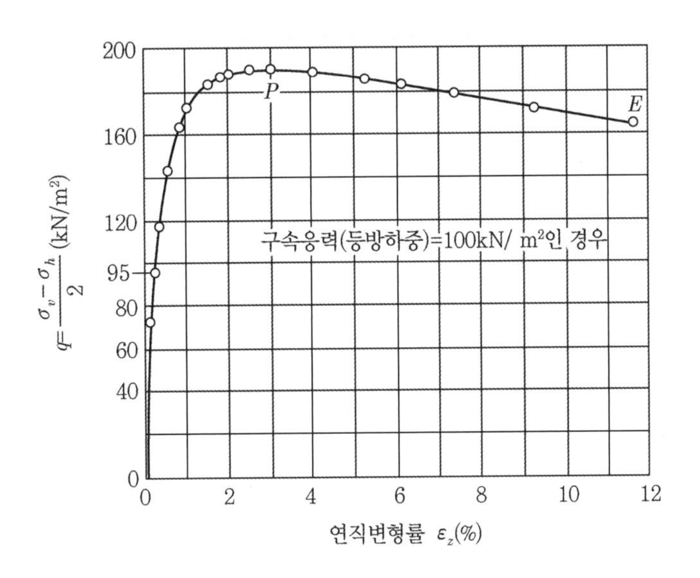

풀이

접선탄성계수는 실험결과에 접선을 그어 그 기울기로 구한다.

다음 (풀이 그림 8.2.1)에서

최대 $q_{(peak)}=190\text{kN/m}^2$이며,

이때의 $\Delta\sigma_{d(peak)}=380\text{kN/m}^2$

그림에서 $q=\frac{q_{(peak)}}{2}=\frac{190}{2}=95\text{kN/m}^2$에서 접선을 긋는다.

접선에서 두 점(A 및 B점)을 설정하고 기울기를 구한다.

$$E=\frac{d(\Delta\sigma_d)}{d\epsilon_z}=\frac{(200-60)\times 2}{0.0075-0}=37,333\text{kN/m}^2$$

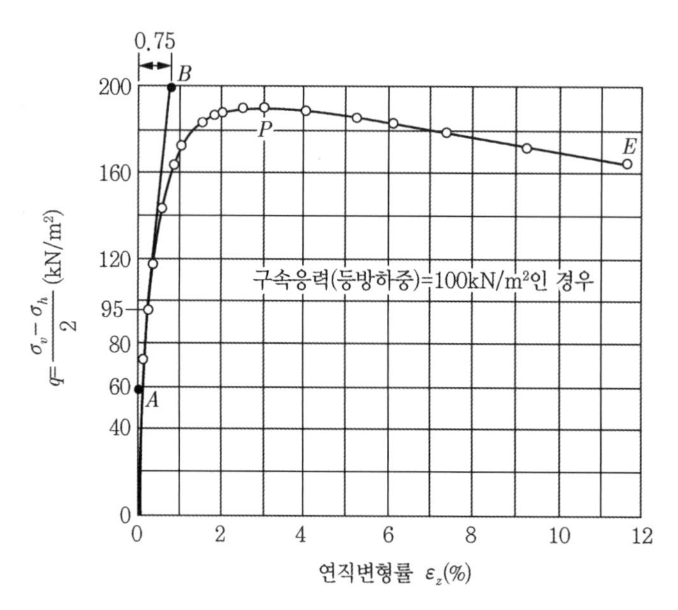

풀이 그림 8.2.1 삼축압축시험 결과

문제 3 다음 그림과 같이 원형 물탱크 하중(q=195kNm^2)을 받고 있는 지반에서, 원형의 중심하 4.5m(M점)에서의 수압과 피에조메타 상승높이 h_p를 구하라(단, A=0.35이고 하중재하 직후에는 점토지반의 물이 빠져나가지 않는다고 가정하라.

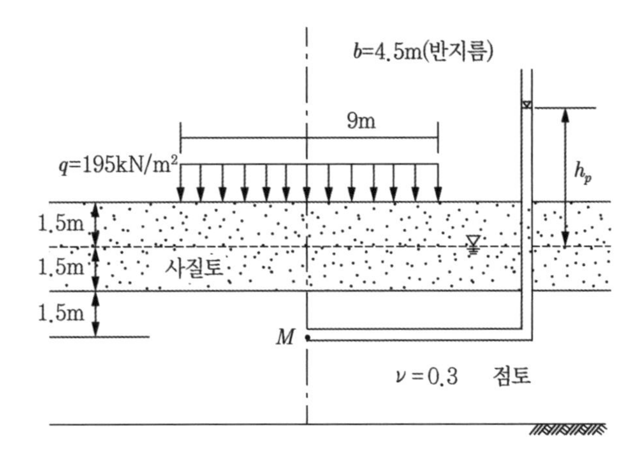

풀이

먼저 물탱크 하중에 의한 연직응력 증가량 $\Delta\sigma_v = \Delta\sigma_z$와 수평응력 증가량 $\Delta\sigma_r$(또는 방사방향 증가량)을 구한다(이때는, 물은 고려하지 않는다).

$$\Delta\sigma_v = \Delta\sigma_z = q\left[1 - \frac{z^3}{(b^2+z^2)^{3/2}}\right]$$

$$= 195\left[1 - \frac{4.5^3}{(4.5^2+4.5^2)^{3/2}}\right]$$

$$= 126.06\text{kN/m}^2$$

$$\Delta\sigma_r = \frac{q}{2}\left[1 + 2\nu - \frac{2(1+\nu)z}{(b^2+z^2)^{1/2}} + \frac{z^3}{(b^2+z^2)^{3/2}}\right]$$

$$= \frac{195}{2}\left[1 + 2\times0.3 - \frac{2(1+0.3)\times4.5}{(4.5^2+4.5^2)^{1/2}} + \frac{4.5^3}{(4.5^2+4.5^2)^{3/2}}\right]$$

$$= 11.22\text{kN/m}^2$$

축대칭 중심부 아래이므로 방사방향 응력증가가 크지 않다.

전단응력 증가는 없으므로, $\Delta\sigma_v = \Delta\sigma_1$, $\Delta\sigma_r = \Delta\sigma_3$가 된다.

과잉간극수압

$$\Delta u = B[\Delta\sigma_3 + A(\Delta\sigma_1 - \Delta\sigma_3)]$$
$$= 1\times[11.22 + 0.35(126.06 - 11.22)]$$
$$= 51.41\text{kN/m}^2$$

과잉간급수압만큼 피에조메타 상승을 가져오므로,

$$h_p = \frac{\Delta u}{\gamma_w} = \frac{51.41}{9.81} = 5.24\text{m}$$

수압은 '원래의 정수압+과잉간극수압'이므로

$$u = u_o + \Delta u$$
$$= 9.81\times 3 + 51.41 = 80.84\text{kN/m}^2$$

문제 4 다음 그림과 같이 포화된 점토시료에 대하여 하중이 640kN/m²에서 1,280kN/m²로 증가시킨 횡방향 구속 하의 일축압축하중을 실시하였다(K_0 =0.4).

1. 하중을 증가시킨 직후에 흙시료에 작용된 과잉간극수압을 구하라.
2. 하중을 증가시킨 후, 긴 세월이 흐르고 나면 물이 다공질 판으로 빠져나오게 될 것이며, 언젠가는 상승된 과잉간극수압이 완전히 소산될 것이다. 하중재하 전의 원상태와 재하 후 과잉간극수압이 소산된 상태에 이르는 응력경로(stress path)를 그려라.
3. 원지반 상태(즉, σ'_v =640kN/m²)일 때의 e_0 =1.145이고, 재하 후(즉, σ'_v =1,280kN/m² 일 때)의 e =0.949이다.

압축계수, 체적변형계수, 압축지수, 횡방향 구속하의 변형계수를 구하라.

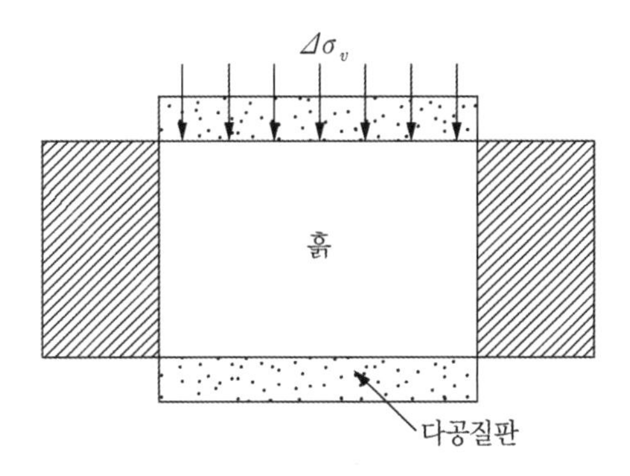

풀이

1 $\Delta\sigma_v = 1,280 - 640 = 640\text{kN/m}^2$

횡방향 구속상태이므로 가해준 하중은 모두 과잉간극수압을 상승시킨다.

$\Delta u = C \cdot \Delta\sigma_v = 1 \times 640 = 640\text{kN/m}^2$

2 ① 하중재하 전 상태

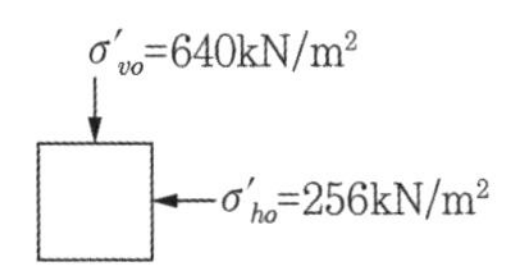

시료가 포화는 되었을 뿐 초기 수압은 없다.

$$\sigma_{vo} = \sigma'_{vo} = 640\text{kN/m}^2$$

$$\sigma_{ho} = \sigma'_{ho} = K_o \sigma'_{vo}$$

$$= 0.4 \times 640 = 256\text{kN/m}^2$$

$$p_o = p'_o = \frac{\sigma_{vo} + \sigma_{ho}}{2} = \frac{640 + 256}{2} = 448\text{kN/m}^2$$

$$p_o = q'_o = \frac{\sigma_{vo} - \sigma_{ho}}{2} = \frac{640 - 256}{2} = 192\text{kN/m}^2$$

$$R_o(p_o,\ q_o) = R_o(p'_o,\ q'_o) = R_o(488,\ 192)$$

② 하중재하 직후($t = 0^+$)

가해준 응력은 모두 과잉간극수압 증가를 가져오므로

(수압증가는 연직, 수평 동일)

– 전응력

σ_v=1,280kN/m^2

σ_h=896kN/m^2

$$\sigma_v = \sigma_{vo} + \Delta u = 640 + 640 = 1{,}280\text{kN/m}^2$$

$$\sigma_h = \sigma_{ho} + \Delta u = 256 + 640 = 896\text{kN/m}^2$$

$$p = \frac{\sigma_v + \sigma_h}{2} = \frac{1{,}280 + 896}{2} = 1{,}088\text{kN/m}^2$$

$$q = \frac{\sigma_v - \sigma_h}{2} = \frac{1{,}280 - 896}{2} = 192\text{kN/m}^2$$

$$R_{o^+}(p,\ q) = R_{o^+}(1{,}088,\ 192)$$

– 유효응력

유효응력 증가는 없으므로 초기조건과 같다.

$$R_{o^+}(p',\ q') = R_{o^+}(448,\ 192)$$

③ 시간이 흐른 후(즉, $t = \infty$)

시간이 경과되어, 생성된 과잉간극수압이 완전히 소산되면(즉, $\Delta u \to 0$),

가해준 응력 증가는 모두 유효응력 증가를 가져온다.

더 이상 수압이 없으므로 '유효응력=전응력'이 된다. 단, 수평방향의 유효응력 증가는 소산된 과잉간극수압 Δu 전부가 증가되지는 않고, $K_o \Delta u$만큼만 증가된다.

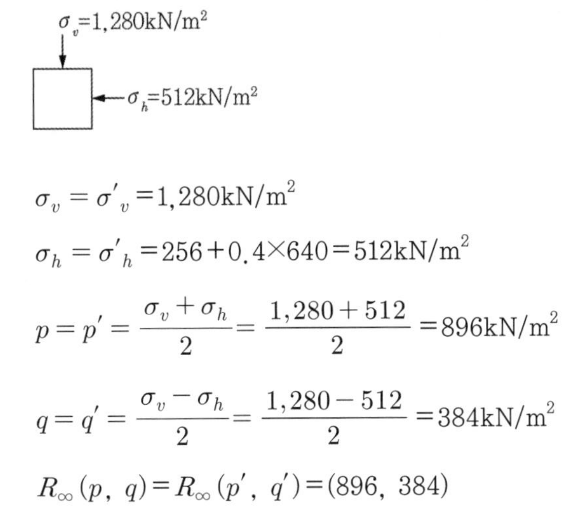

$\sigma_v = \sigma'_v = 1{,}280\text{kN/m}^2$

$\sigma_h = \sigma'_h = 256 + 0.4 \times 640 = 512\text{kN/m}^2$

$$p = p' = \frac{\sigma_v + \sigma_h}{2} = \frac{1{,}280 + 512}{2} = 896\text{kN/m}^2$$

$$q = q' = \frac{\sigma_v - \sigma_h}{2} = \frac{1{,}280 - 512}{2} = 384\text{kN/m}^2$$

$R_\infty(p, q) = R_\infty(p', q') = (896, 384)$

초기응력 → 하중재하 직후($t = 0^+$) → 시간이 경과되어 과잉간극수압이 소산된 후 ($t = \infty$)에 이르는 응력경로는 다음 그림과 같다.

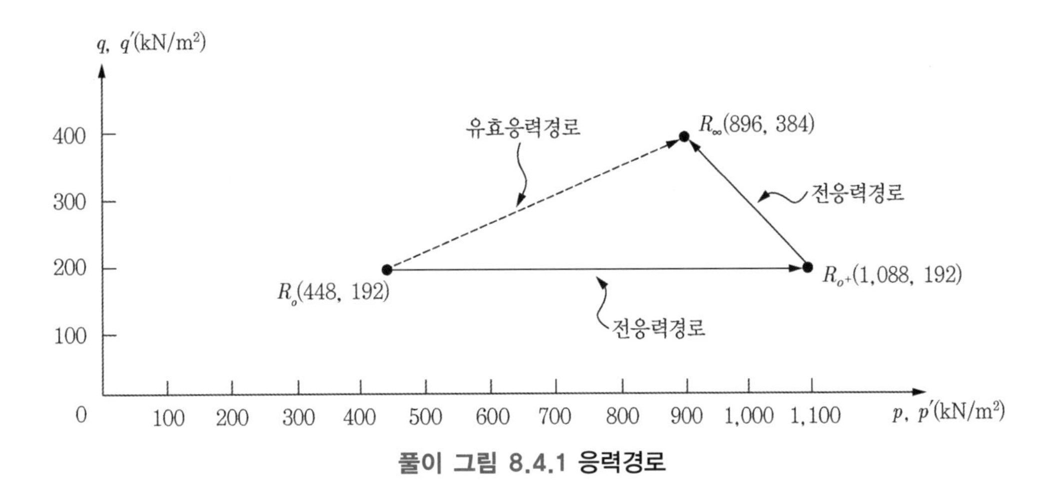

풀이 그림 8.4.1 응력경로

문제 5 흙 시료가 물이 빠져나가지 못하도록 완전히 밀폐시킨 후 등방하중 400kN/m^{2}를 가하였더니 시료에 과잉간극수압이 380kN/m^{2}만큼 생성되었다. 이 시료에 (등방하중 400kN/m^{2}를 가한 상태에서) 축차하중 585kN/m^{2}를 가하였더니 과잉간극수압이 380kN/m^{2}에서 545kN/m^{2}로 증가되었다. Skempton의 과잉간극수압계수 A, B, D를 구하라.

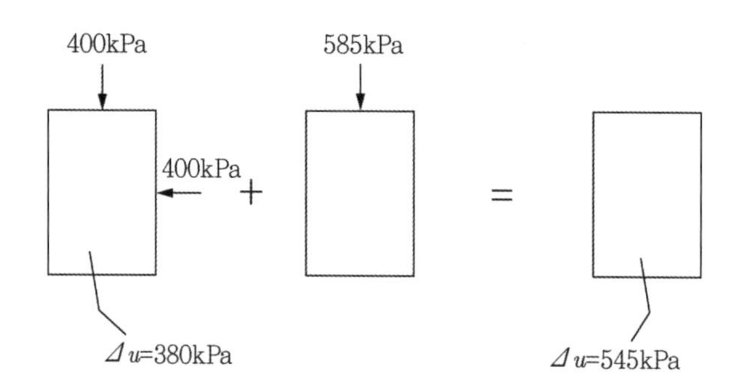

풀이

① 등방하중을 가할 때

$\Delta u = B \cdot \Delta\sigma_3 = B \times 400 = 380$

$B = 0.95$

Note

$B = 0.95 < 1$이라는 것은 시료가 100% 완전히 포화되지 않았음을 의미한다. 시료를 완전히 포화시키기가 쉽지 않다.

② 축차하중을 가할 때

$\Delta u = B[\Delta\sigma_3 + A(\Delta\sigma_1 - \Delta\sigma_3)]$

$= 0.95[400 + A \times (585)]$

$= 545$

$\therefore A = 0.297$

$D = B \cdot A = 0.95 \times 0.297 = 0.282$

문제 6 다음 그림과 같이 지반 위에 $q_1=100\text{kN/m}$, $q_2=300\text{kN/m}$의 선하중이 작용하고 있다.

1 M 및 N점에서의 응력의 증가량을 구하라.

2 M 및 N점에서 초기응력과 나중응력에 대한 응력경로를 그려라.

3 만일 지표면에 지하수위가 있다면, 또한 지반이 완전 점토로 이루어졌다면 M점 및 N점에서의 과잉간극수압의 크기는 얼마나 될까?

(단 선하중 재하 직후 : $A=0.33$)

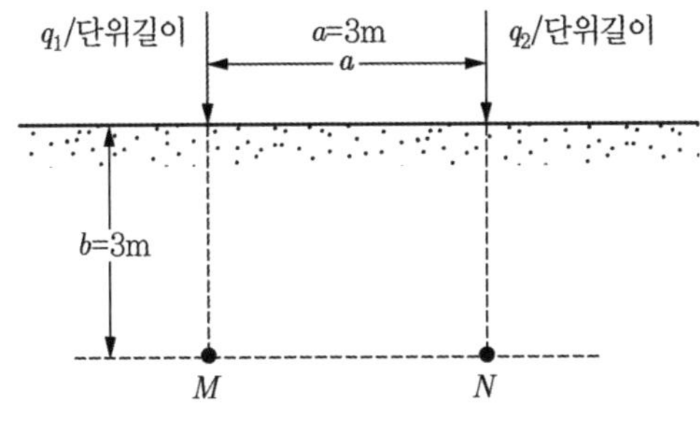

풀이

1 응력의 증가량

$$\Delta\sigma_v=\frac{2pz^3}{\pi(x^2+z^2)^2},\ \Delta\sigma_h=\frac{2px^2z}{\pi(x^2+z^2)^2},\ \Delta\tau_{hv}=\frac{2pxz^2}{\pi(x^2+z^2)^2}$$

을 사용하여 응력의 증가량을 구한다.

① M입자 $x_1=0$, $x_2=-3\text{m}$, $z=3\text{m}$

$$\Delta\sigma_v=\frac{2\times100\times3^3}{\pi(0^2+3^2)^2}+\frac{2\times300\times3^2\times3}{\pi[(-3)^2+3^2]^2}$$

$$=37.15\text{kN/m}^2$$

$$\Delta\sigma_h=0+\frac{2\times300\times(-3)^2\times3}{\pi[(-3)^2+3^2]^2}$$

$$=15.92\text{kN/m}^2$$

$$\Delta\tau_{hv} = 0 + \frac{2\times 300\times(-3)\times 3^2}{\pi[(-3)^2+3^2]^2}$$

$$=-15.92\text{kN/m}^2$$

② N입자 $x_1=3\text{m}$, $x_2=0$, $z=3\text{m}$

$$\Delta\sigma_v = \frac{2\times 100\times 3^3}{\pi(3^2+3^2)^2} + \frac{2\times 300\times 3^3}{\pi(0^2+3^2)^2}$$

$$=69.00\text{kN/m}^2$$

$$\Delta\sigma_h = \frac{2\times 100\times 3^2\times 3}{\pi(3^2+3^2)} + 0$$

$$=5.31\text{kN/m}^2$$

$$\Delta\tau_{hv} = \frac{2\times 100\times 3\times 3^2}{\pi(3^2+3^2)^2} + 0$$

$$=5.31\text{kN/m}^2$$

③ 응력의 증가량에 대한 최대/최소 주응력

– M입자

37.15
15.92
15.92

$$\begin{pmatrix}\Delta\sigma_1\\ \Delta\sigma_3\end{pmatrix} = \frac{\Delta\sigma_v+\Delta\sigma_h}{2} \pm \sqrt{\left(\frac{\Delta\sigma_v-\Delta\sigma_h}{2}\right)^2 + (\Delta\tau_{hv})^2}$$

$$= \frac{37.15+15.92}{2} \pm \sqrt{\left(\frac{37.15-15.92}{2}\right)^2 + (-15.92)^2}$$

$$=26.54\pm 19.13$$

$$=\begin{pmatrix}45.67\\ 7.41\end{pmatrix}$$

$\therefore\ \Delta\sigma_1 = 45.67\text{kN/m}^2$, $\Delta\sigma_3 = 7.41\text{kN/m}^2$

- N입자

69.00
5.31
5.31

$$\begin{pmatrix} \Delta\sigma_1 \\ \Delta\sigma_3 \end{pmatrix} = \frac{\Delta\sigma_v + \Delta\sigma_h}{2} \pm \sqrt{\left(\frac{\Delta\sigma_v - \Delta\sigma_h}{2}\right)^2 + (\Delta\tau_{hv})^2}$$

$$= \frac{69 + 5.31}{2} \pm \sqrt{\left(\frac{69 - 5.31}{2}\right)^2 + 5.31^2}$$

$$= 37.16 \pm 32.28$$

$$= \begin{pmatrix} 69.44 \\ 4.88 \end{pmatrix}$$

$\therefore\ \Delta\sigma_1 = 69.44\text{kN/m}^2,\ \Delta\sigma_3 = 4.88\text{kN/m}^2$

2 초기응력 → 최종응력에 이르는 응력경로

① M입자

- 초기응력

$\sigma_{vo} = \gamma z = 19 \times 3 = 57.0\text{kN/m}^2$

$\sigma_{ho} = K_o \sigma_{vo} = 0.5 \times 57.0 = 28.5\text{kN/m}^2$

$$p_o = \frac{\sigma_{vo} + \sigma_{ho}}{2} = \frac{57 + 28.5}{2} = 42.75\text{kN/m}^2$$

$$q_o = \frac{\sigma_{vo} - \sigma_{ho}}{2} = \frac{57 - 28.5}{2} = 14.25\text{kN/m}^2$$

$R_o(42.75,\ 14.25)$

- 응력이력을 요약하면 다음 그림과 같다.

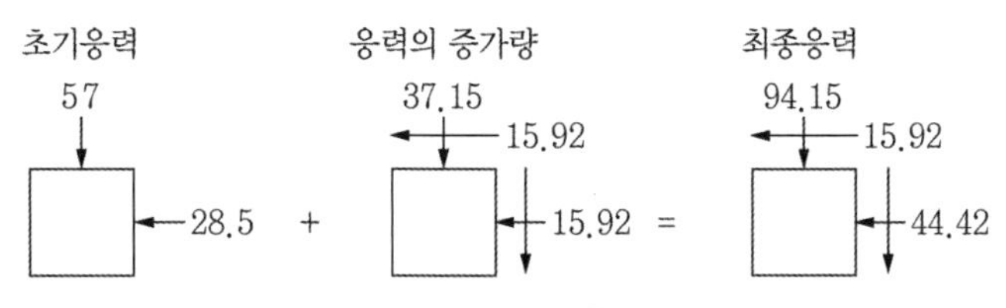

풀이 그림 8.6.1 응력이력

- 최종응력에 대한 최대/최소 주응력

$$\left(\frac{\sigma_1}{\sigma_3}\right) = \frac{\sigma_v + \sigma_h}{2} \pm \sqrt{\left(\frac{\sigma_v - \sigma_h}{2}\right)^2 + \tau_{hv}^2}$$

$$= \frac{94.15 + 44.42}{2} \pm \sqrt{\left(\frac{94.15 - 44.42}{2}\right)^2 + (-15.92)^2}$$

$$= 69.29 \pm 29.52 = \left(\frac{98.81}{39.77}\right)$$

$$\therefore\ \sigma_1 = 98.81\text{kN/m}^2,\ \sigma_3 = 39.77\text{kN/m}^2$$

주응력면 $\tan(2\theta) = \dfrac{2\tau_{hv}}{\sigma_v - \sigma_h} = \dfrac{(-2)\times 15.92}{94.15 - 44.42} = -0.64$

$\theta = -16.31°$

σ_1이 연직방향과 $-16.31°$, 즉 $\pm 45°$ 내에 있으므로

$q = +\dfrac{\sigma_1 - \sigma_3}{2}$ 사용

$$p = \frac{98.81 + 39.97}{2} = 69.39\text{kN/m}^2$$

$$q = +\frac{98.81 - 39.97}{2} = 29.42\text{kN/m}^2$$

$R_f(69.39,\ 29.42)$

- 응력경로는 다음 그림과 같다.

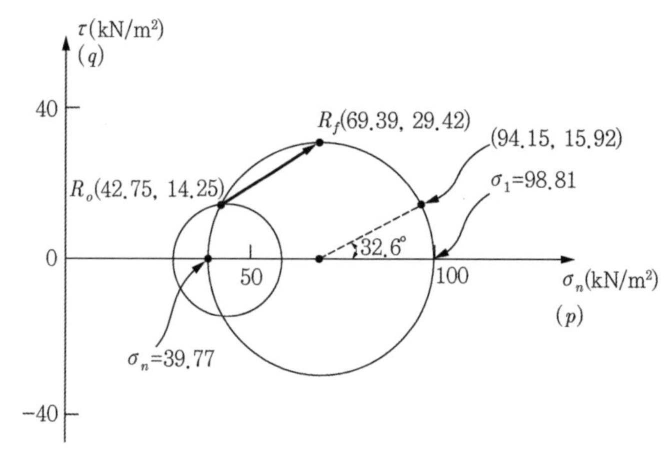

풀이 그림 8.6.2 응력경로

② N입자

- 초기응력 : M입자와 동일하다. $R_o(42.75,\ 14.25)$

응력이력을 요약하면 다음과 같다.

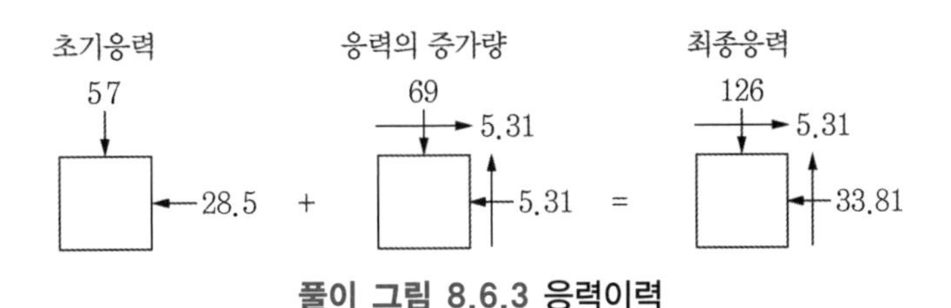

풀이 그림 8.6.3 응력이력

- 최종응력에 대한 최대/최소 주응력

$$\begin{pmatrix} \sigma_1 \\ \sigma_3 \end{pmatrix} = \frac{\sigma_v + \sigma_h}{2} \pm \sqrt{\left(\frac{\sigma_v - \sigma_h}{2}\right)^2 + \tau_{hv}^2}$$

$$= \frac{126 + 33.81}{2} \pm \sqrt{\left(\frac{126 - 33.81}{2}\right)^2 + 5.31^2}$$

$$= 79.91 \pm 46.40 = \begin{pmatrix} 126.31 \\ 33.51 \end{pmatrix}$$

$$\therefore\ \sigma_1 = 126.31\text{kN/m}^2,\ \sigma_3 = 33.51\text{kN/m}^2$$

주응력면 $\tan(2\theta) = \dfrac{2\tau_{hv}}{\sigma_v - \sigma_h} = \dfrac{2 \times 5.31}{126 - 33.81} = 0.1152$

$\theta = 3.29°$

σ_1이 연직방향과 3.29°를 이루므로(즉, ±45° 이내)

$q = +\dfrac{\sigma_1 - \sigma_3}{2}$ 사용

$$p = \frac{\sigma_1 + \sigma_3}{2} = \frac{126.31 + 33.51}{2} = 79.91\text{kN/m}^2$$

$$q = \frac{\sigma_1 - \sigma_3}{2} = \frac{126.31 - 33.51}{2} = 46.40\text{kN/m}^2$$

$R_f(79.91,\ 46.40)$

– 응력경로는 다음 그림과 같다.

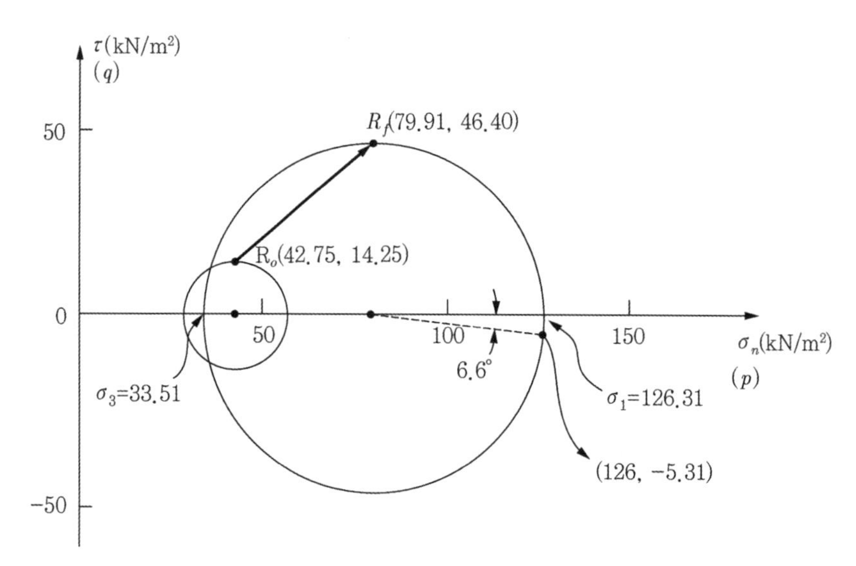

풀이 그림 8.6.4 응력경로

3 과잉간극수압

과잉간극수압은 응력의 증가량에 의해서 생성된다.

① M입자

$\Delta\sigma_1 = 45.67\text{kN/m}^2$, $\Delta\sigma_3 = 7.41\text{kN/m}^2$

$$\Delta u = B[\Delta\sigma_3 + A(\Delta\sigma_1 - \Delta\sigma_3)]$$
$$= 1 \times [7.41 + 0.33(45.67 - 7.41)]$$
$$= 20.04\text{kN/m}^2$$

② N입자

$\Delta\sigma_1 = 69.44\text{kN/m}^2$, $\Delta\sigma_3 = 4.88\text{kN/m}^2$

$$\Delta u = B[\Delta\sigma_3 + A(\Delta\sigma_1 - \Delta\sigma_3)]$$
$$= 1 \times [4.88 + 0.33(69.44 - 4.88)]$$
$$= 26.18\text{kN/m}^2$$

제9장

흙의 변형과 압밀이론

제9장
흙의 변형과 압밀이론

문제 1 다음 그림과 같이 두께가 4m인 포화된 점토지반 위에 높이 4m의 도로성토를 하고자 한다. 도로의 폭은 아주 넓어서 무한등분포하중으로 가정하여도 무방한 것으로 판단되었다. 지하 2m 깊이에서 점토시료를 채취하여 압밀실험을 실시한 결과는 다음의 두 표와 같다(단, 시료의 두께=24mm(양변배수), 시료의 초기 함수비=69%, 시료의 비중=2.7).

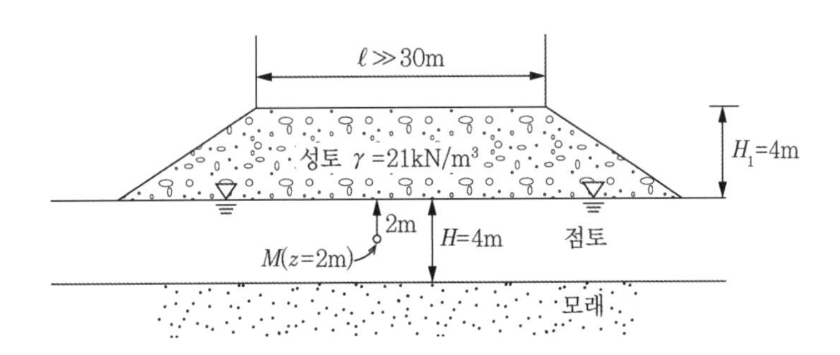

표 9.1.1 $\sigma' - e$ 데이터

응력(kN/m²)	e
5	1.86
10	1.84
20	1.80
40	1.74
80	1.40
160	0.80
320	0.16

표 9.1.2 $t-e$ 데이터

시간(min)	e
0.1	1.700
0.2	1.690
0.3	1.683
0.5	1.675
1	1.650
2.5	1.600
5	1.550
10	1.504
20	1.451
50	1.432
100	1.421
200	1.418
500	1.409
1,400	1.400

* 40kN/m^{2}에서 80kN/m^{2}로 증가 시

1 $e-\log\sigma'$ 곡선과 $e-\log t$ 곡선을 그리고 선행압밀응력(σ'_m), 압축지수(C_c), 압밀계수(C_v)를 구하라.

2 전체 침하량을 구하라. 또한 1차 압밀이 완료되는 시간을 구하라.

3 4개월 동안에 소요의 침하량을 완료하기 위하여, 성토를 4m 이상으로 축조하였다가 (여성토라 함) 걷어내려고 한다. 전체 성토높이를 얼마로 해야 하나?

풀이

1 먼저, $e-\log\sigma'$ 곡선은 (풀이 그림 9.1.1), $e-\log t$ 곡선은 (풀이 그림 9.1.2)와 같다.

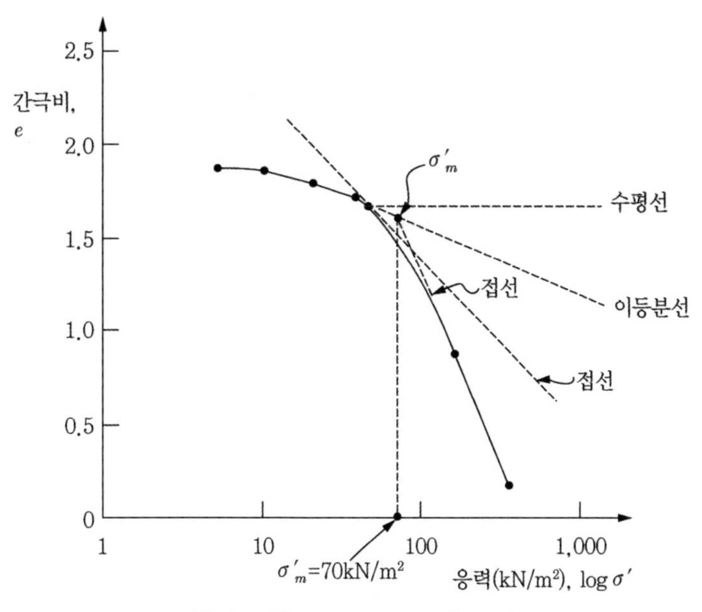

풀이 그림 9.1.1 $e-\log\sigma'$ 곡선

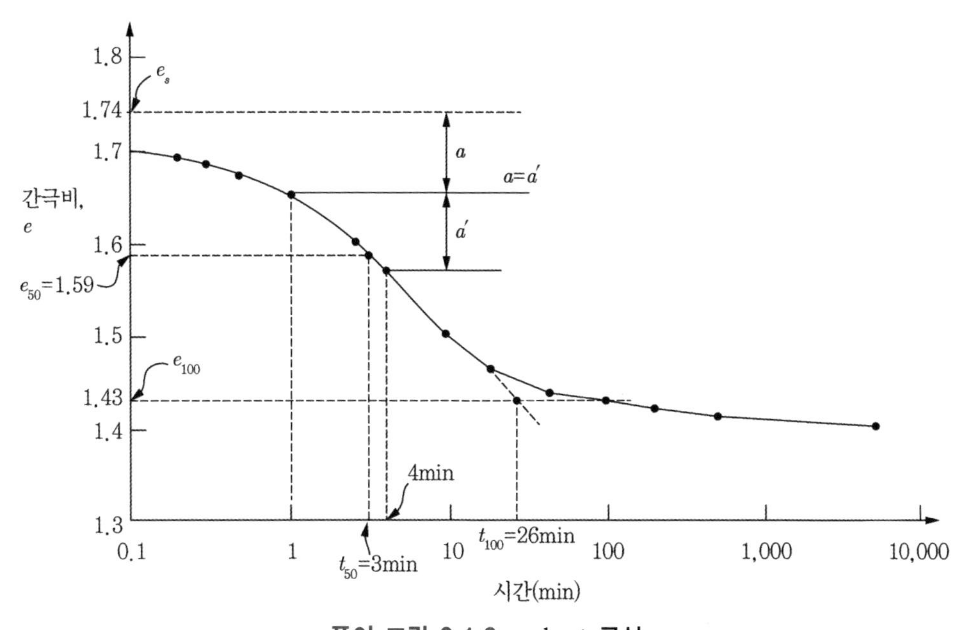

풀이 그림 9.1.2 $e-\log t$ 곡선

$(e-\log\sigma')$ 곡선으로부터 선행압밀응력을 구하면 $\sigma'_m=70\text{kN/m}^2$이다.

압축지수 C_c는

$$C_c = \frac{0.8 - 0.16}{\log\left(\frac{320}{160}\right)} = 2.13$$

$e - \log t$ 곡선으로부터 $t_{50} = 3$분이다.

압밀계수 C_v는

$$C_v = \frac{0.197 \cdot H_{dr}^2}{t_{50}} = \frac{0.197 \times (1.2)^2}{3 \times 60} = 1.576 \times 10^{-3} \text{cm}^2/\text{sec}$$

2 ① 전체 침하량

$\gamma_{sat} = \dfrac{G_s + e}{1 + e}\gamma_w$로 포화 단위 중량을 구한다.

$e = wG_s = 0.69 \times 2.7 = 1.863$

$$\gamma_{sat} = \frac{2.7 + 1.863}{1 + 1.863} \times 9.81 = 15.64 \text{kN/m}^3$$

M점에서

$\sigma'_o = \gamma' z$

$= (15.64 - 9.81) \times 2 = 11.66 \text{kN/m}^2 \ll \sigma'_m = 70 \text{kN/m}^2$

팽창계수 C_e는 $e - \log\sigma'$ 곡선에서 구한다.

$$C_e = \frac{1.84 - 1.74}{\log\left(\frac{40}{10}\right)} = 0.166$$

$\Delta\sigma = \gamma H_1 = 21 \times 4.0 = 84 \text{kN/m}^2$

$\sigma'_o + \Delta\sigma = 11.66 + 84 = 95.66 \text{kN/m}^2 \gg 70 \text{kN/m}^2 (= \sigma'_m)$

∴ 압밀침하는

$$S_c = \frac{C_e \cdot H}{1 + e_o}\log\left(\frac{\sigma'_m}{\sigma'_o}\right) + \frac{C_c \cdot H}{1 + e_o}\log\left(\frac{\sigma'_o + \Delta\sigma}{\sigma'_m}\right)$$

$$= \frac{0.166 \times 4}{1 + 1.863}\log\left(\frac{70}{11.66}\right) + \frac{2.13 \times 4}{1 + 1.863}\log\left(\frac{95.66}{70}\right)$$

$= 0.58 \text{m}$

② 1차 압밀이 완료되는 시간

$(e-\log t)$ 곡선으로부터 $t_{100}\approx 26$분이다.

$$T_v=\frac{C_v\cdot t}{H_{dr}^2}=\frac{1.576\times10^{-3}\times26\times60}{(1.2)^2}=1.707$$

$$t_{100}=\frac{T_v\cdot H_{dr}^2}{C_v}=\frac{1.707\times(2\times10^2)^2}{1.576\times10^{-3}}\times\frac{1}{60\times60\times24\times365}$$

≈ 1.37년

3 4개월 동안 소요의 침하량 $S_c=0.58$m를 완성해야 한다.

$t=4$개월$=\frac{1}{3}$년에 대한 T_v값은

$$T_v=\frac{C_v\cdot t}{H_{dr}^2}=\frac{1.576\times10^{-3}(\text{cm}^2/\text{sec})\times\frac{1}{3}\times(365\times24\times60\times60\text{sec})}{(2\times10^2)^2(\text{cm}^2)}$$

$=0.414$

(풀이 그림 9.1.3)으로부터 $T_v=0.414$에 이르는

평균압밀도 $U_{avg}\doteqdot 70\%$

또는 $t_v=1.781-0.933\log(100-U_{avg})$ (9.52b)

$=0.414$

로부터 $U_{avg}\doteqdot 70.81\%\approx 70\%$

여성토를 했을 때의 최종침하량을 S_c'이라고 하면

$\frac{S_c}{S_c'}=0.7$로부터,

$S_c'=\frac{S_c}{0.7}=\frac{0.58}{0.7}=0.83$m이어야 한다.

전체 성토 높이를 H'이라고 하면(여성토 포함), $\Delta\sigma=\gamma H'=21H'$

$$S_c'=\frac{C_e\cdot H}{1+e_o}\log\left(\frac{\sigma'_m}{\sigma'_o}\right)+\frac{C_c\cdot H}{1+e_o}\log\left(\frac{\sigma'_o+21H'}{\sigma'_m}\right)$$

$$=\frac{0.166\times4}{1+1.863}\log\left(\frac{70}{11.66}\right)+\frac{2.13\times4}{1+1.863}\log\left(\frac{11.66+21H'}{70}\right)$$

$=0.83$m

$\therefore \ H' = 4.95\text{m}$

즉, $H' = 4.95\text{m}$ 성토를 하고 4개월 기다린 후에 $\Delta H = 4.95 - 4 = 0.95\text{m}$를 걷어낸다.
즉, 여성고는 $\Delta H = 0.95\text{m}$이다.

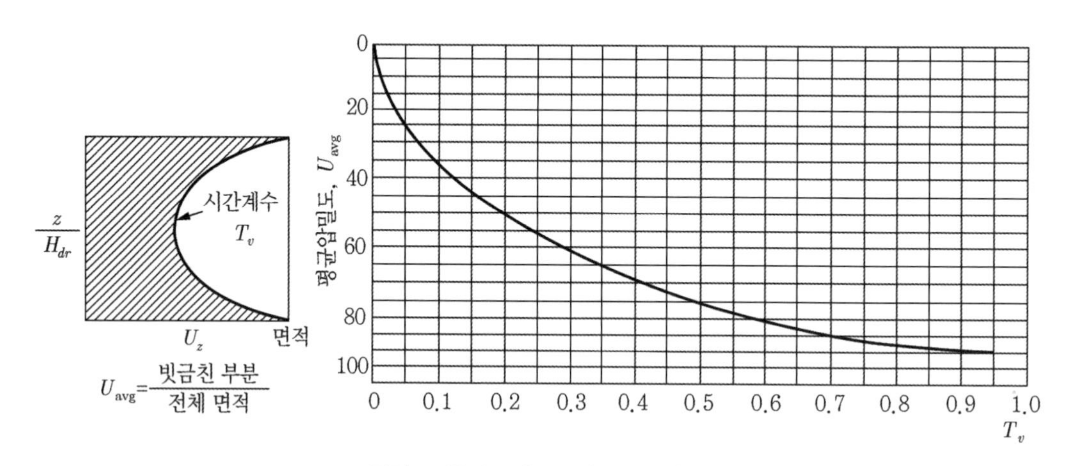

풀이 그림 9.1.3 T_v와 U_{avg} 관계

문제 2 실내압밀실험(양면배수)을 실시하여 다음의 결과를 얻었다.

시료두께=2.5cm

$\sigma'_1=40\text{kN/m}^2$, $e_1=0.75$

$\sigma'_2=80\text{kN/m}^2$, $e_2=0.61$

$t_{50}=3.1$분

1 투수계수를 구하라.

2 점토시료의 지표면 아래 1/4 지점(0.625cm)에서의 압밀도는 시간 3.1분 경과 시 얼마가 되나?

3 이 점토의 정지토압계수가 0.4라고 할 때, 본 압밀실험의 응력경로를 $p-q$ 다이아그램상에 그려라.

풀이

시료의 개요는 다음과 같다.

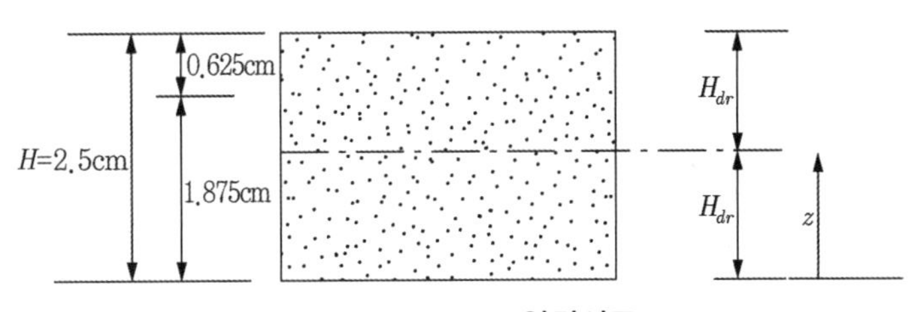

풀이 그림 9.2.1 압밀시료

1 투수계수

양면배수이므로 $H_{dr}=\dfrac{H}{2}=\dfrac{2.5}{2}=1.25\text{cm}$

$T_{v(50)}=\dfrac{C_v\cdot t_{50}}{H_{dr}^2}=0.197$에서

$$C_v=\frac{0.197\cdot H_{dr}^2}{t_{50}}=\frac{0.197\times(1.25)^2}{(3.1\text{min})}$$

$=9.93\times10^{-2}\text{cm}^2/\text{min}$

$=9.93\times10^{-6}\text{m}^2/\text{min}$

$C_v = \dfrac{K}{m_v \cdot \gamma_w}$ 로부터 K를 구한다.

$$m_v = \frac{a_v}{1+e_1} = \frac{\dfrac{\Delta e}{\Delta \sigma}}{1+e_1} = \frac{\dfrac{0.75-0.61}{80-40}}{1+0.75}$$

$=0.002\text{m}^2/\text{kN}$

$K = C_v \cdot m_v \cdot \gamma_w$

$=(9.93\times10^{-6}\text{m}^2/\text{min})\times(0.002\text{m}^2/\text{kN})\times(9.81\text{kN/m}^3)$

$=1.95\times10^{-7}\text{m/min}$

$=1.95\times10^{-5}\text{cm/min}$

2 $z=1.875\text{cm}$ $T_{v(50)}=0.197$

$\dfrac{z}{H_{dr}} = \dfrac{1.875}{1.25} = 1.5$

(풀이 그림 9.2.2)로부터 $U_z \cong 45\%$

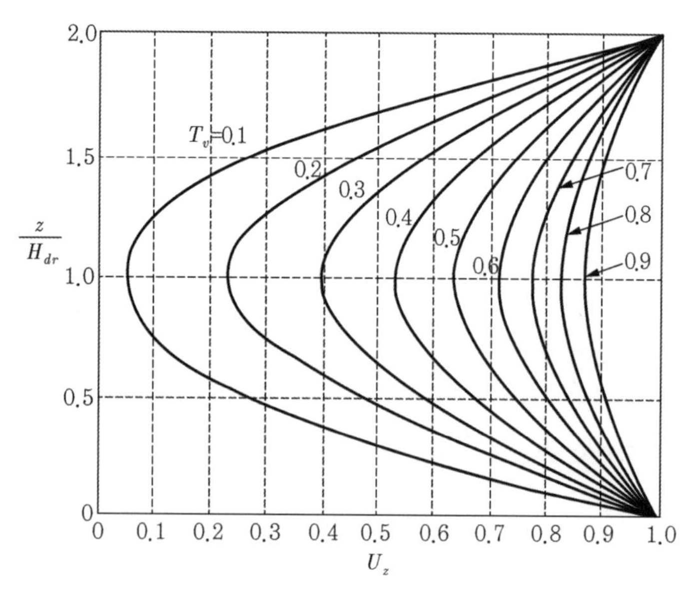

풀이 그림 9.2.2 T_v와 U_z 관계

3 하중재하 전후의 응력상태는 다음 그림과 같다.

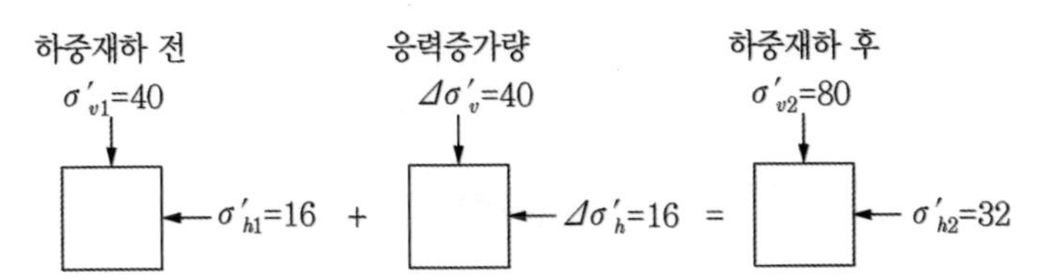

풀이 그림 9.2.3 압밀시험의 응력이력

① 재하 전 $\sigma'_{v1}=40\text{kN/m}^2$, $\sigma'_{h1}=K_o\sigma'_{v1}=0.4\times40=16\text{kN/m}^2$

$$p'_1=\frac{\sigma'_{v1}+\sigma'_{h1}}{2}=\frac{40+16}{2}=28\text{kN/m}^2$$

$$q'_1=\frac{\sigma'_{v1}-\sigma'_{h1}}{2}=\frac{40-16}{2}=12\text{kN/m}^2$$

$R_o(28,\ 12)$

② 재하 후($t=+\infty$)

$\sigma'_{v2}=80\text{kN/m}^2$, $\sigma'_{h2}=K_o\sigma'_{v2}=0.4\times80$

$=32\text{kN/m}^2$

$$p'_2=\frac{\sigma'_{v2}+\sigma'_{h2}}{2}=\frac{80+32}{2}=56\text{kN/m}^2$$

$$q'_2=\frac{\sigma'_{v2}-\sigma'_{h2}}{2}=\frac{80-32}{2}=24\text{kN/m}^2$$

$R_f(56,\ 24)$

$$K_o\text{선 }\beta=\frac{1-K_o}{1+K_o}=\frac{1-0.4}{1+0.4}=0.429$$

응력경로는 다음 그림과 같다.

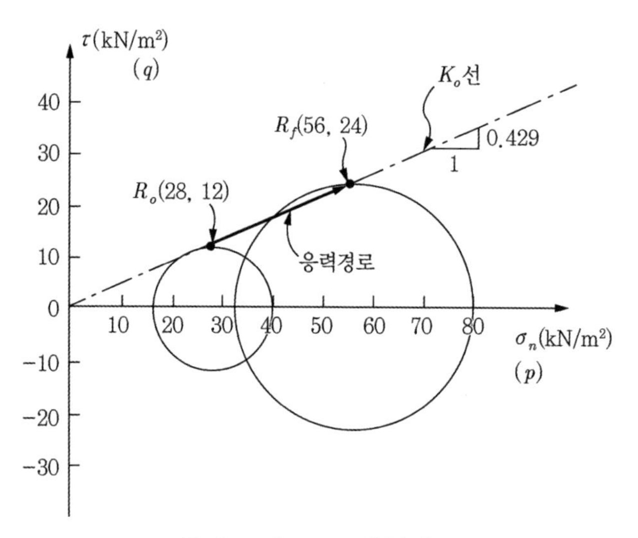

풀이 그림 9.2.4 응력경로

문제 3 다음 그림과 같이 자갈층과 모래층 사이에 점토층이 끼어 있다. 지하수위가 원래에는 지표면에 존재하다가 지하 8m 밑으로 하강되었다.

단, 자갈층: $\gamma_{sat}=22\text{kN/m}^3$, $\gamma=21\text{kN/m}^3$

점토층: $\gamma_{sat}=17\text{kN/m}^3$, $e=0.61$

$C_c=0.27$, $C_v=2.8\text{mm}^2/\text{min}$

1 지하수위가 하강하고 1년이 지난 뒤의 압밀침하량을 구하라.

2 1년이 지난 순간에, 점토층의 한 가운데에서의 간극수압을 구하라.

3 위의 순간에, 2m의 자갈층을 지표면에 추가로 깔았다고 하면, 이로 인하여 추가로 발생되는 압밀침하량은 얼마나 될까?

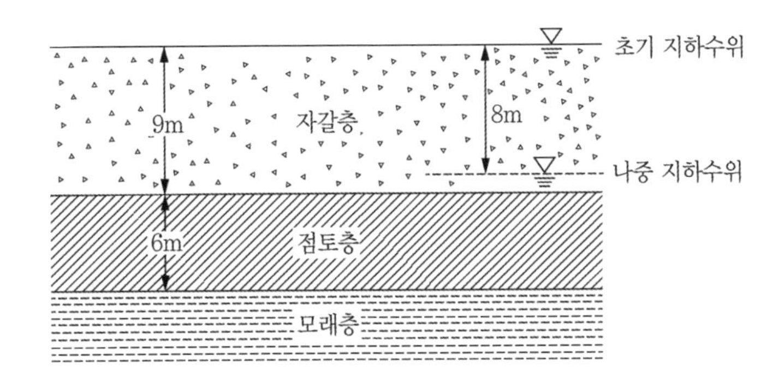

풀이

점토층은 $C_c=0.27$로서 정규압밀 점토이다.

1 총 침하량 계산 (다음 풀이 그림 9.3.1 참조)

점토층 중앙에서의 초기응력 σ'_o과 지하수위 하강 후의 응력 σ'_1을 구한다.

$$\sigma'_o=(\gamma_{sat1}-\gamma_w)\cdot z_1+(\gamma_{sat2}-\gamma_w)\cdot z_2$$

$$=(22-9.81)\times9+(17-9.81)\times3=131.28\text{kN/m}^2$$

$$\sigma'_1=\gamma_1 z_3+(\gamma_{sat1}-\gamma_w)z_4+(\gamma_{sat2}-\gamma_w)z_2$$

$$=21\times8+(22-9.81)\times1+(17-9.81)\times3$$

$$=201.76\text{kN/m}^2$$

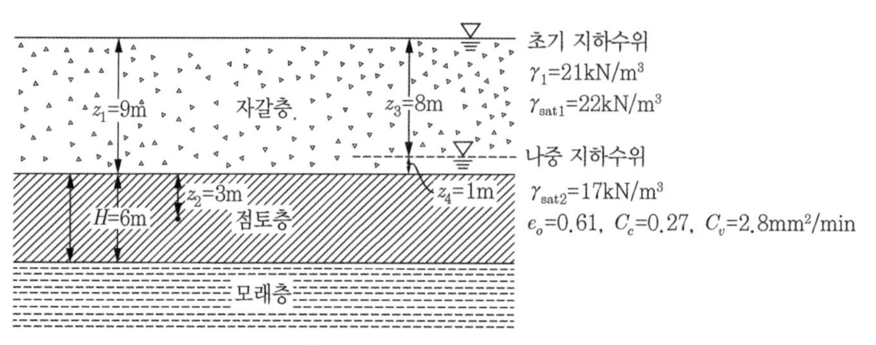

풀이 그림 9.3.1 지반개요

$$S_c = \frac{C_c \cdot H}{1+e_o}\log\left(\frac{\sigma'_1}{\sigma'_o}\right) = \frac{0.27\times 6}{1+0.61}\times\log\left(\frac{201.76}{131.28}\right)$$

$=0.188\text{m}$

1년이 지난 후의 시간계수 T_v

$$T_v = \frac{C_v t}{H_{dr}^2} = \frac{(2.8\text{mm}^2/\text{min})\times(1\text{yr}\times 365\times 24\times 60)}{(3\text{m}\times 1000)^2}$$

$=0.164$

(풀이 그림 9.1.3)으로부터 $T_v=0.164$일 때의

$U_{avg}=46\%$

또는 $T_v=0.164=\frac{\pi}{4}\left(\frac{U_{avg}}{100}\right)^2$ (9.52a)

로부터, $U_{avg}=46\%$

1년 뒤 침하량

$S_{c(1년)} = U_{avg}\cdot S_c = 0.46\times 0.188$

$=0.086\text{m}$

$=8.6\text{cm}$

2 지하수위 저하로 인한 유효응력 증가량은

$\Delta\sigma' = \sigma'_1 - \sigma'_o = 201.76\text{kN/m}^2 - 131.28\text{kN/m}^2$

$=70.48\text{kN/m}^2$이다.

지하수위 하강 직후에는 응력의 증가량이 모두 과잉간극수압으로 생성되므로 $\Delta u_o = 70.48\text{kN/m}^2$이다.

1년이 경과한 후에 점토층 중앙에서의 과잉간극수압은 다음과 같이 구한다.
$T_v = 0.164$일 때 (풀이 그림 9.2.2)에서
$U_z \approx 15\%$이다.

$$\therefore \ \Delta u = (1 - U_z) \cdot \Delta u_o$$
$$= (1 - 0.15) \times 70.48$$
$$= 59.91\text{kN/m}^2$$

과잉간극수압분포를 그림으로 나타내면 다음과 같다.

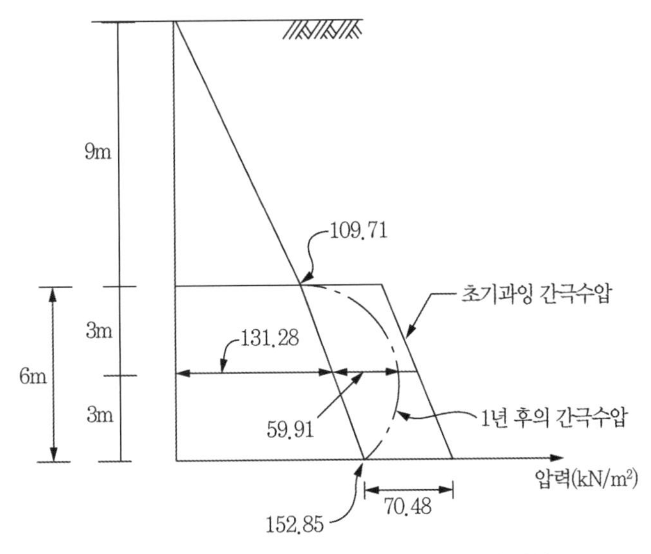

풀이 그림 9.3.2 초기응력 및 과잉간극수압분포

3 1년이 지난 시점에 자갈층 2m 추가포설($\Delta H = 2\text{m}$)
1년이 경과한 후의 평균압밀도 $U_{avg} = 46\%$이다.

이 시점의 유효응력 증가량은 $U_{avg}\Delta\sigma'$이므로

$$\sigma'_{1(1yr)} = \sigma'_o + U_{avg}\Delta\sigma'$$
$$= 131.28 + 0.46 \times 70.48 = 163.71\text{kN/m}^2$$

추가포설로 인한 응력증가량 $\Delta\sigma_{add}$는

$\Delta\sigma_{add} = \gamma \cdot \Delta H = 21 \times 2 = 42\text{kN/m}^2$

이로 인한 추가압밀침하량 ΔS_c는

$$\Delta S_c = \frac{C_c \cdot H}{1+e_o}\log\left(\frac{\sigma'_{1(1yr)} + \Delta\sigma_{add}}{\sigma'_{1(1yr)}}\right)$$

$$= \frac{0.27 \times 6}{1+0.61}\log\left(\frac{163.71+42}{163.71}\right)$$

$$= 0.10\text{m} = 10\text{cm}$$

Note

1년이 경과한 후에 발생한 압밀침하로 인하여 간극비는 e_o=0.61보다 약간 감소할 것이다. 그러나 압축지수 C_c=0.27은 원지반에 대한 값이므로 추가침하량 계산에서는 감소된 간극비를 사용하지 않고 초기 간극비 e_o를 사용한다.

문제 4 다음 그림(a)와 같이 점토층이 상하에 있는 모래층 사이에 끼어 있다. 지표면에 $50kN/m^2$의 무한등분포하중이 작용한다.

1 이 등분포하중이 작용되기 전의 간극수압의 분포도를 그려라.

2 이 등분포하중이 작용된 직후의 간극수압의 분포도를 그려라.

3 이 등분포하중이 작용한 후 1년이 되었을 때의 간극수압의 분포도를 그려라.

4 만일 점토층 2/3 지점에 sand seam이 존재한다면(그림(b)), 등분포하중이 작용한 후 1년이 되었을 때의 간극수압 분포는 어떻게 되나?

5 4번의 경우 50% 압밀침하에 소요되는 시간을 구하라.

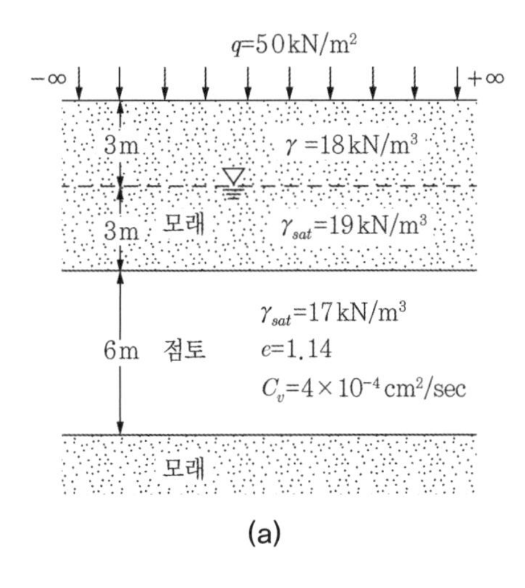

(a)

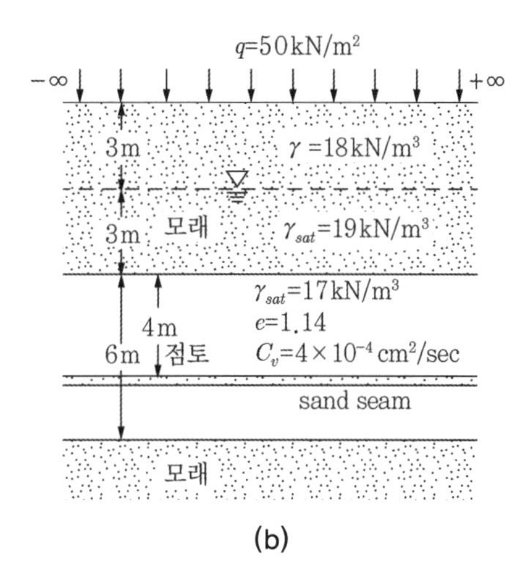

(b)

풀이

1 다음 (풀이 그림 9.4.1)에서

A점 $u_A = \gamma_w z_2 = 9.81 \times 3 = 29.43 kN/m^2$

B점 $u_B = \gamma_w (z_2 + H) = 9.81(3+6) = 88.29 kN/m^2$

2 과잉간극수압 $\Delta u_o = \Delta\sigma = 50 kN/m^2$

3 $t = 1yr$에서의 시간계수

$$T_v = \frac{C_v \cdot t}{H_{dr}^2} = \frac{4 \times 10^{-4} \times (1 \times 365 \times 24 \times 60 \times 60)}{(3 \times 100)^2} = 0.14$$

(풀이 그림 9.2.2)로부터 $T_v = 0.14$일 때, 점토층 중앙에서의 압밀도는 $U_z \approx 0.11$이다.

$t = 1$yr에서의 과잉간극수압은(단, 점토층 중앙)

$$\Delta u_{(1yr)} = (1 - U_z)\Delta u_o$$
$$= (1 - 0.11) \times 50 = 44.5\text{kN/m}^2$$

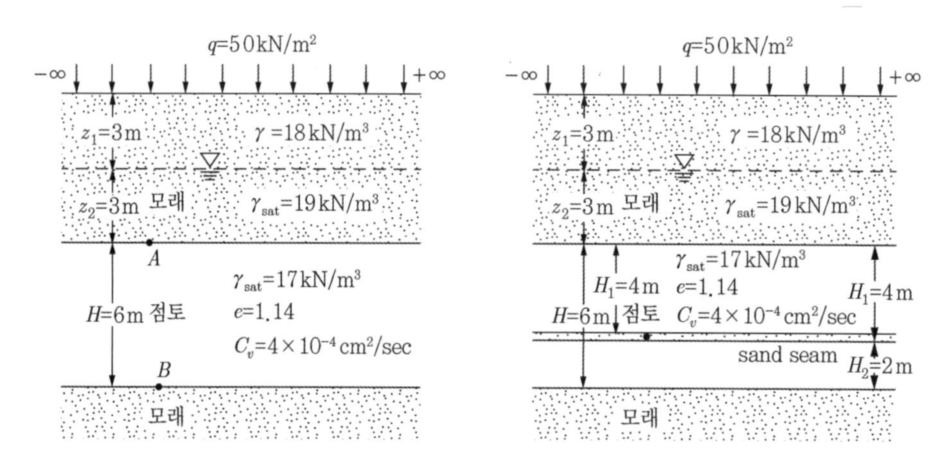

풀이 그림 9.4.1

위의 세 경우에 대한 수압분포를 (풀이 그림 9.4.2)에 나타내었다.

4 Sand seam이 존재하는 경우($t = 1$yr)

① $H_1 = 4$m층

$$1\text{년 후 } T_v = \frac{C_v \cdot t}{H_{dr}^2} = \frac{4 \times 10^{-4} \times (1 \times 365 \times 24 \times 60 \times 60)}{(2 \times 100)^2}$$
$$= 0.315$$

(풀이 그림 9.2.2)로부터 $U_z = 0.42$(단, 가운데층)

$$\Delta u_{(1yr)} = (1 - U_z) \cdot \Delta u_o = (1 - 0.42) \times 50 = 29\text{kN/m}^2$$

② $H_2 = 2$m층

1년 후 $T_v = \dfrac{C_v \cdot t}{H_{dr}^2} = \dfrac{4 \times 10^{-4} \times (1 \times 365 \times 24 \times 60 \times 60)}{(1 \times 100)^2}$

$= 1.26$

(풀이 그림 9.2.2)로부터 $T_v = 1.26$인 경우 $U_z \approx 100\%$로 추정할 수 있다.

수압분포는 (풀이 그림 9.4.2)와 같이 표기하였다.

Sand seam으로 인하여 과잉간극수압이 크게 소산되었음을 알 수 있다.

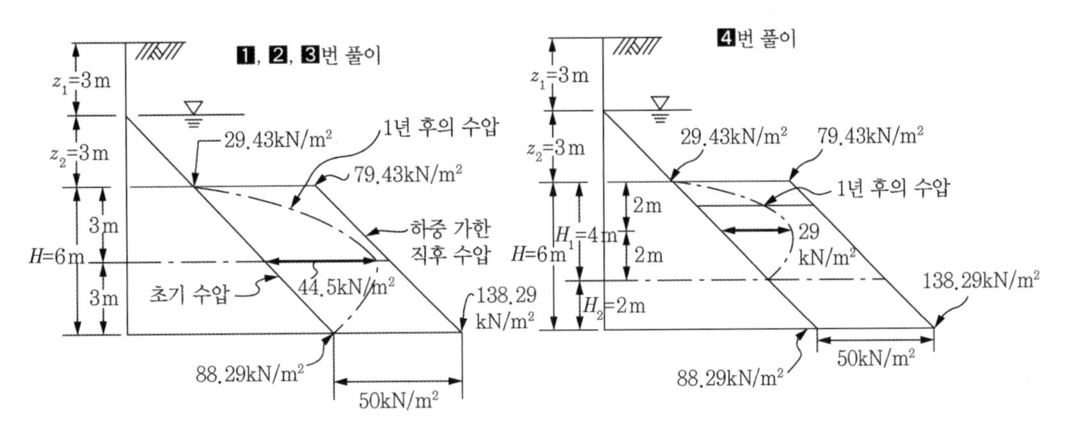

풀이 그림 9.4.2 수압분포

5 $H_1 = 4$m층의 평균압밀도 $= U_{avg(1)}$로 하고

$H_2 = 2$m층의 평균압밀도 $= U_{avg(2)}$로 하면

$$U_{avg} = \frac{U_{avg(1)} \times 4 + U_{avg(2)} \times 2}{6} = 50\%\text{이어야 한다.} \cdots ①$$

시간계수 T_v와 압밀도 $U_{avg}(\%)$의 관계식은 다음과 같다.

$$T_v = \frac{\pi}{4}\left(\frac{U_{avg}}{100}\right)^2,\ 0 \le U_{avg} \le 60\text{인 경우} \quad (9.52a)$$

$$T_r = 1.781 - 0.933\log(100 - U_{avg}),\ U_{avg} > 60\%\text{인 경우} \quad (9.52b)$$

평균압밀도 $U_{avg} = 50\%$가 되기 위해서는 $H_1 = 4$m층에서는 50% 미만, $H_2 = 2$m층에서는 50%보다 커야 한다. 문제는 $H_2 = 2$m층에서의 압밀도가 60%보다 작으면 식 (9.52a)를, 60%보다 크면 식 (9.52b)를 사용해야 한다. 짐작컨대 H_2층의 과잉간극수압

소산도가 H_1층보다 4배 빠르므로 60%보다 클 확률이 높다. 이를 가정하여 풀어보자.

$$H_1=4\text{m층}:\ T_{v(1)}=\frac{C_v\cdot t}{H_{dr}^2}=\frac{4\times10^{-4}\times(t_{yr}\times365\times24\times60^2)}{(2\times100)^2}=\frac{\pi}{4}\left(\frac{U_{avg(1)}}{100}\right)^2$$

로부터 $U_{avg(1)}=63.38\sqrt{t}\,(\%)$ … ②

$$H_2=2\text{m층}:\ T_{v(2)}=\frac{4\times10^{-4}\times(t_{yr}\times365\times24\times60^2)}{(1\times100)^2}$$

$$=1.781-0.933\log(100-U_{avg(2)})$$

로부터 $U_{avg(2)}=100-10^{(1.909-1.352t)}$ … ③

②, ③ 식을 ① 식에 대입하면,

$$U_{avg}=50\%=\frac{2}{3}(63.38\sqrt{t})+\frac{1}{3}[100-10^{(1.909-1.352t)}]$$ … ④

④ 식을 trial-and-error를 이용하여 풀면
$t\doteqdot0.362\text{yr}$이다.

Note 검증

$\frac{2}{3}(63.38\sqrt{0.362})+\frac{1}{3}[100-10^{(1.909-1.352\times0.362)}]\doteqdot25.4\%+24.6\%=50\%$ O.K.

또한 $U_{avg(2)}=100-10^{(1.909-1.352\times0.362)}$

$=73.7\%>60\%$ O.K.

문제 5 모래층 사이에 5m의 점토층이 끼어 있는데, 단위면적당 30kN/m^{2}의 하중이 작용하여서 압밀침하량이 30cm가 되었다(단, $C_v = 5 \times 10^{-3}$cm^2/sec).

1 압밀도가 50%, 90%일 때의 압밀소요시간을 구하라.

2 재하 시작 후 30일 후의 점토층에 생긴 압밀침하량은?

풀이

1 $T_{v(50)} = 0.197$, $T_{v(90)} = 0.848$이다.

① 50% 압밀소요시간

$$t_{(50\%)} = \frac{T_{v(50)} \cdot H_{dr}^2}{C_v} = \frac{0.197 \times (2.5 \times 10^2)^2}{5 \times 10^{-3}} \times \left(\frac{1}{24 \times 60^2}\right)$$

$$= 28.5\text{days}$$

② 90% 압밀소요시간

$$t_{(90\%)} = \frac{T_{v(90)} \cdot H_{dr}^2}{C_v} = \frac{0.197 \times (2.5 \times 10^2)^2}{5 \times 10^{-3}} \times \left(\frac{1}{24 \times 60^2}\right)$$

$$= 122.7\text{days}$$

2 $t = 30$days 때의 압밀침하량

$$T_v = \frac{C_v \cdot t_{30}}{H_{dr}^2} = \frac{5 \times 10^{-3} \times (30 \times 24 \times 60^2)}{(2.5 \times 10^2)^2} = 0.207$$

(풀이 그림 9.1.3)에서

$T_v = 0.207$일 때 $U_{avg} \cong 52.5\%$

또는

$$T_v = 0.207 = \frac{\pi}{4}\left(\frac{U_{avg}}{100}\right) \text{으로부터} \tag{9.52a}$$

$U_{avg} = 52.5\%$

$S_{c(30\text{days})} = U_{avg} \cdot S_c = 0.525 \times 30 = 15.75\text{cm}$

문제 6 다음 그림과 같이 상부의 모래 하단까지 양정한다고 하자. 단, 점토지반 하단의 모래지반은 피압수로 작용되어 수압은 양정하는 경우에도 변하지 않는다. 또한 모래층 및 점토층에서의 지반정수는 다음과 같다.

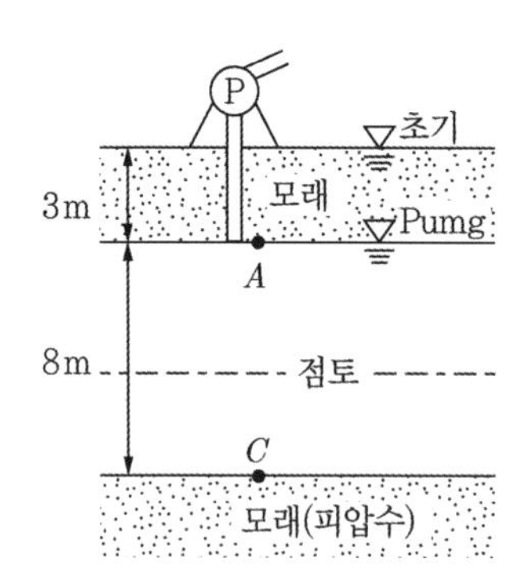

- 모래층 : $\gamma = \gamma_{sat} = 20\text{kN/m}^3$
- 점토층(정규압밀점토) : $\gamma_{sat} = 17\text{kN/m}^3$

$C_c = 0.54,\ e_o = 0.9$

$C_v = 4 \times 10^{-4}\text{cm}^2/\text{sec}$

1 양정으로 지하수위가 하강한 직후의 수압분포를 그려라. 또한 $t = \infty$에서의 수압분포를 그려라.

2 $t = \infty$일 때 C점과 A점 사이의 동수경사를 구하라.

풀이

1 이 경우의 수압분포는 (풀이 그림 9.6.1)과 같다.

① A점($z_1 = 3\text{m}$)에서

t=0−(양정 전) 시 : $u = \gamma_w z_1$=9.81×3=29.43kN/m^2

t=0+(양정 직후) 시 : u=29.43kN/m^2

t=+∞(양정 후 시간 경과) 시 : u=0

② C점($z_2 = 8\text{m}$)에서

t=0−, t=0+ 및 t=+∞ 시 : $u = \gamma_w(z_1 + z_2)$=9.81×(3+8)=107.91kN/m^2

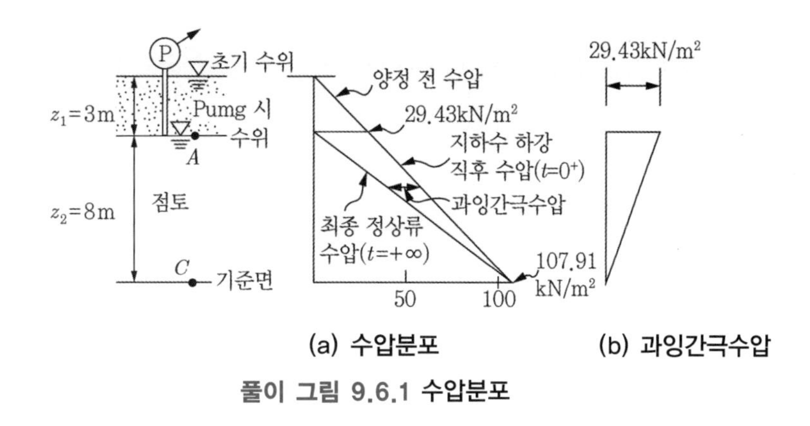

(a) 수압분포 (b) 과잉간극수압

풀이 그림 9.6.1 수압분포

양정으로 인하여 지하수위는 3m 하강되어 궁극적으로는(즉, $t=\infty$에서는), $z_1=3$m에서는 0kN/m²에서 시작하여 $z_2=8$m 저부에서는 107.91kN/m²로 증가하는 수압분포를 이루게 된다. 그러나 양정 초기($t=0^+$)에는 점토지반에서의 수압은 쉽게 감소하지 않는다. 점토층 내에 있는 지하수가 배수되어야 수압이 감소한다. 따라서 초기에는 그림에서와 같이 역삼각형 분포의 과잉간극수압을 양정 초기에 갖게 된다. 시간이 점점 흘러서 배수가 진행됨에 따라 수압이 감소해서 결국 그림에서와 같은 수압분포를 가진다. 최종 수압분포는 더 이상 변하지 않게 되므로, 정상흐름(steady-state flow) 시의 수압분포가 된다.

2 ① A점($t=+\infty$ 시)

위치수두 $h_{eA}=8$m,

압력수두 $h_{pA}=0$m,

전수두 $h_A=h_{eA}+h_{pA}=8+0=8$m

② C점($t=+\infty$ 시)

위치수두 $h_{eC}=0$m,

압력수두 $h_{pC}=11$m,

전수두 $h_C=h_{eC}+h_{pC}=0+11=11$m

동수경사 $i=\dfrac{\Delta h}{\Delta \ell}=\dfrac{h_C-h_A}{z_2}=\dfrac{11-8}{8}$

$=\dfrac{3}{8}=0.375(\uparrow)$

상방향으로 $i=0.375$의 동수경사로 정상류 흐름이 발생된다.

문제 7 다음 그림과 같은 조건에서 1차원 압밀 기본방정식을 유도하라.

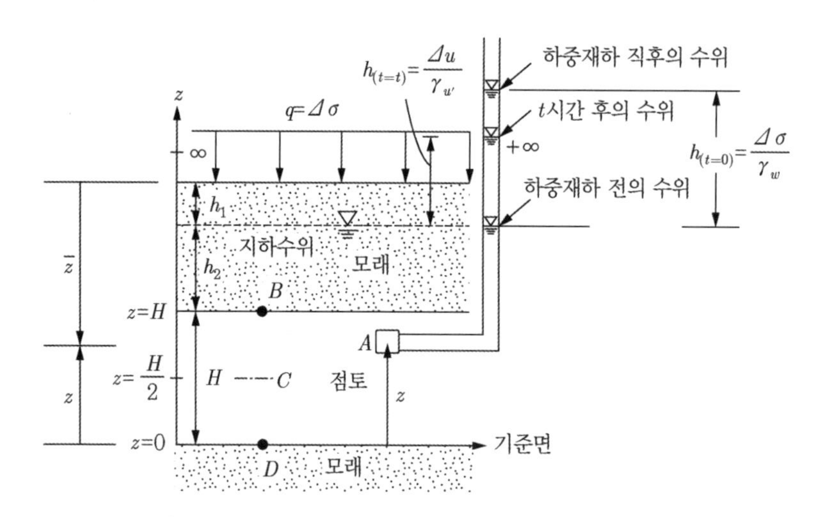

풀이

(풀이의 핵심)

『토질역학의 원리』 9.5.2절에서 유도한 압밀방정식과 이 문제와의 기본적인 차이점은 기준면을 지하수위면으로 하는 대신에 점토 하부면을 택했다는 것이다.

1 A 점에서의 전수두는

① 기준면이 지하수위일 때는

$$h = h_p = \frac{\Delta u}{\gamma_w} \text{(위치수두=0)} \cdots ①$$

이었으나,

② 점토바닥면이 기준면일 때의 전수두는

$$h = h_e + h_p$$

$$= z + (\bar{z} - h_1) + \frac{\Delta u}{\gamma_w}$$

$$= z + (h_1 + h_2 + H - z) + \frac{\Delta u}{\gamma_w}$$

$$= h_1 + h_2 + H + \frac{\Delta u}{\gamma_w} \cdots ②$$

여기서, $(\bar{z}-h_1)$은 지하수면과 A점 사이의 깊이

즉, (정수압/γ_w)을 의미한다.

① 식 ② 식은 동일하게 $\frac{\partial^2 h}{\partial z^2}=\frac{1}{\gamma_w}\cdot\frac{\partial^2(\Delta u)}{\partial z^2}$이 된다.

2 하중재하 직후 전응력은

$\sigma_v=\gamma_{sat}\bar{z}+\Delta u$(지표면에 가해준 응력)

으로 표시되나 하중재하 후에 더 이상 전응력 증가는 없으므로

$\partial\sigma_v=\Delta\partial\sigma'+\partial(\Delta u)=0$는 역시 동일하다.

즉, $\partial(\Delta u)=-\partial\sigma'$은 동일하다.

결론적으로 『토질역학의 원리』 유도를 그대로 사용해도 된다.

Note

기준면을 점토 바닥면으로 가정한 압밀방정식 유도는 저자의 저서 『토질역학 특론』 5.2.1절에 상세히 서술하였으므로 관심 있는 독자는 이를 참조하길 바란다.

문제 8 다음 그림과 같이 원형 물탱크가 지표 위에 놓여야 하는 공사를 하고자 한다.

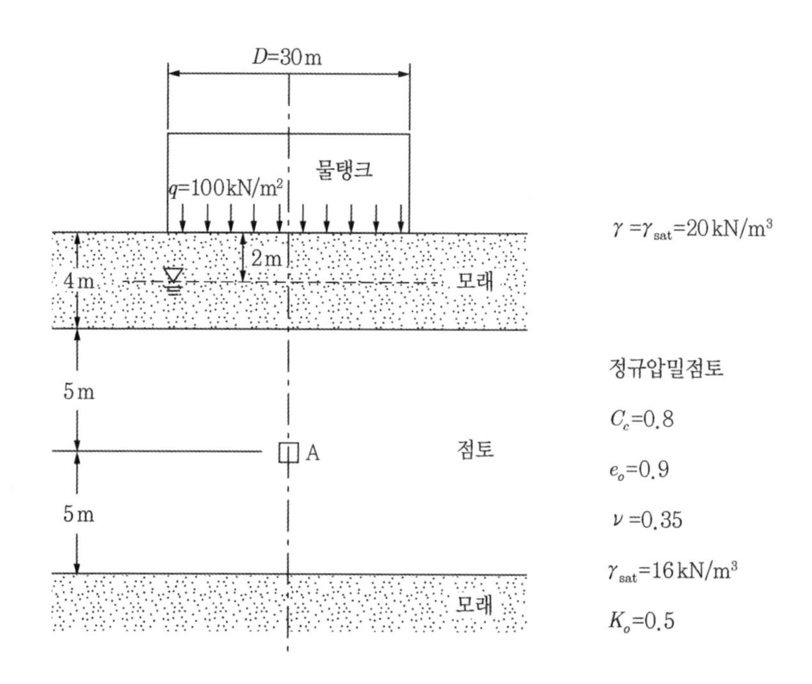

1. 물탱크를 설치하기 전의 상재하중(전응력)을(연직 및 수평) A점에서 구하라.
2. 물탱크를 설치하기 전의 상재하중(유효응력)을(연직 및 수평) A점에서 구하라.
3. 물탱크를 설치한 직후의 상재하중(전응력)을 (연직 및 수평) A점에서 구하라.
4. 점토지반에서의 압밀침하량을 구하라.
5. 만일 점토지반 3m 아래에 얇은 sand seam(아래 그림)이 존재한다면, 압밀 침하량은 4번과 어떻게 다를까?

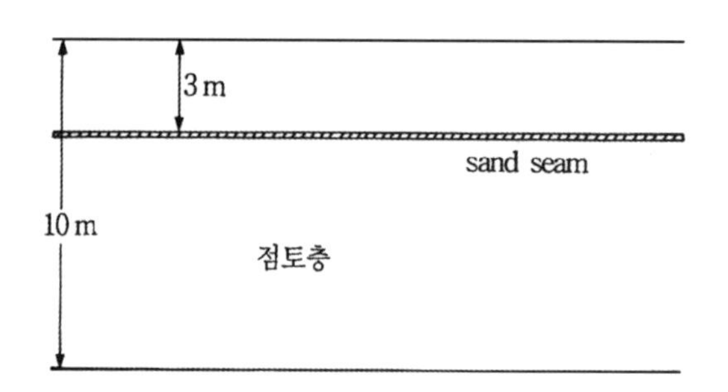

풀이

1과 **2** 초기응력

다음 (풀이 그림 9.8.1)을 참조하여,

$\sigma_{vo} = \gamma_1 z_1 + \gamma_{sat(1)} z_2 + \gamma_{sat(2)} z_4$

$\quad = 20 \times 2 + 20 \times 2 + 16 \times 5 = 160\text{kN/m}^2$

$u = \gamma_w (z_2 + z_4) = 9.81(2+5) = 68.67\text{kN/m}^2$

$\sigma'_{vo} = \sigma_{vo} - u = 160 - 68.67 = 91.33\text{kN/m}^2$

또는

$\sigma'_{vo} = \gamma_{(1)} z_1 + \gamma'_{(1)} z_2 + \gamma'_{(2)} z_4$

$\quad = 20 \times 2 + (20 - 9.81) \times 2 + (16 - 9.81) \times 5$

$\quad = 91.33\text{kN/m}^2$

$\sigma'_{ho} = K_o \sigma'_{vo} = 0.5 \times 91.33 = 45.67\text{kN/m}^2$

$\sigma_{ho} = \sigma'_{ho} + u = 45.67 + 68.67 = 114.34\text{kN/m}^2$

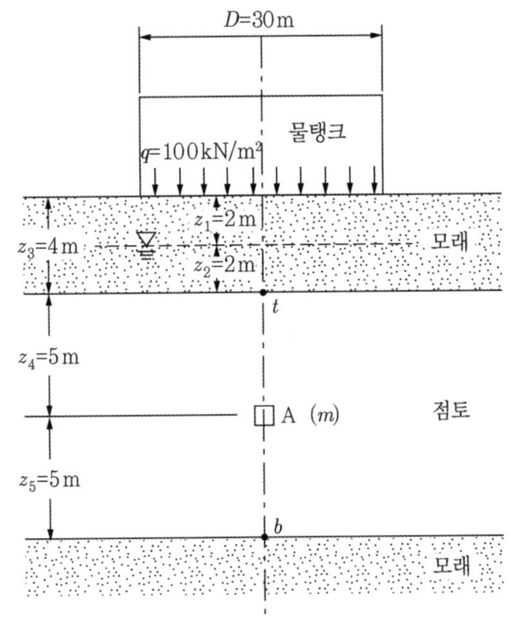

풀이 그림 9.8.1

3 먼저 응력의 증가량을 구한다(아래 공식에서 $z = z_3 + z_4 = 4 + 5 = 9\text{m}$이다).

$$\Delta\sigma_z = \Delta\sigma_v = q\left[1 - \frac{z^3}{(b^2 + z^2)^{3/2}}\right]$$

$$= 100 \times \left[1 - \frac{9^3}{(15^2 + 9^2)^{3/2}}\right] = 86.38\text{kN/m}^2$$

$$\Delta\sigma_r = \Delta\sigma_h = \frac{q}{2}\left[1 + 2\nu - \frac{2(1+\nu)\cdot z}{(b^2 + z^2)^{1/2}} + \frac{z^3}{(b^2 + z^2)^{3/2}}\right]$$

$$= \frac{100}{2}\left[1 + 2\times 0.35 - \frac{2\times(1+0.35)\times 9}{(15^2 + 9^2)^{1/2}} + \frac{9^3}{(b^2 + z^2)^{3/2}}\right]$$

$$= 22.35\text{kN/m}^2$$

$$\sigma_v = \sigma_{vo} + \Delta\sigma_v = 160 + 86.38 = 246.38\text{kN/m}^2$$

$$\sigma_h = \sigma_{ho} + \Delta\sigma_h = 114.34 + 22.35 = 136.69\text{kN/m}^2$$

4 압밀침하량을 구하기 위해서는 A점뿐만 아니라, 점토층 상단과 점토층 하단에서의 응력의 증가량을 구하여 다음의 보간법으로 연직응력 증가량을 구한다. 즉,

$$\Delta\sigma_v = \frac{\Delta\sigma_t + \Delta\sigma_m + \Delta\sigma_b}{6}$$

우선 $\Delta\sigma_m$은 A점의 연직응력 증가량으로서 $\Delta\sigma_m = 86.38\text{kN/m}^2$이다.

$$\Delta\sigma_t = 100 \times \left[1 - \frac{4^3}{(15^2 + 4^2)^{3/2}}\right] = 98.29\text{kN/m}^2 (\text{단, } z = z_3 = 4\text{m})$$

$$\Delta\sigma_b = 100 \times \left[1 - \frac{14^3}{(15^2 + 14^2)^{3/2}}\right] = 68.23\text{kN/m}^2 (\text{단, } z = z_3 + z_4 + z_5 = 14\text{m})$$

$$\Delta\sigma_v = \frac{\Delta\sigma_t + 4\Delta\sigma_m + \Delta\sigma_b}{6}$$

$$= \frac{98.29 + 4\times 86.38 + 68.23}{6} = 85.34\text{kN/m}^2$$

$$\therefore\ S_c = \frac{C_c \cdot H}{1 + e_o}\log\left(\frac{\sigma'_{vo} + \Delta\sigma_v}{\sigma'_{vo}}\right)$$

$$= \frac{0.8\times 10}{1 + 0.9}\log\left(\frac{91.33 + 85.34}{91.33}\right)$$

$$= 1.21\text{m}$$

Note

점토층을 5개의 층으로 나누어서, 각 층에서 응력의 증가량과 압밀침하량을 구해서 합산해도 된다.
다만, 다음 (풀이 그림 9.8.2)에서 보듯이 탱크의 지름이(30m)로 매우 커서 응력의 증가량이 크고 깊이에 따라서도 거의 선형적으로 줄어듦을 알 수 있다. 따라서 굳이 층으로 나누지 않고, 보간법으로 풀어도 만족한 답을 얻을 수 있다.

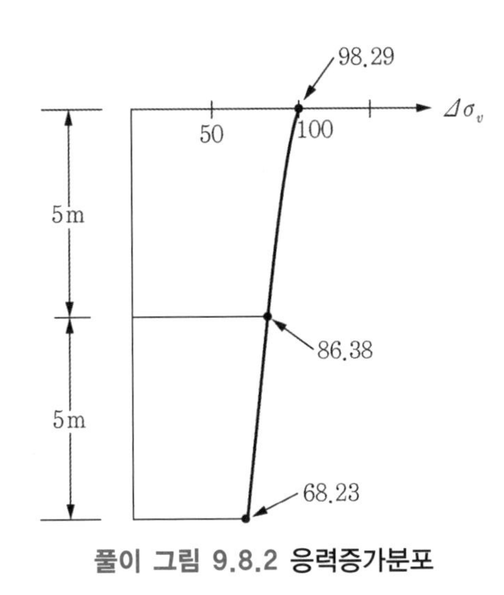

풀이 그림 9.8.2 응력증가분포

5 Sand seam이 점토 가운데 존재하면, 압밀의 진행속도는 매우 빨라지게 되나, 궁극적인 총 압밀침하량은 동일하다.

문제 9 그림과 같이 지하 4m에 지하실이 있을 때 점토에서의 압밀침하량을 구하라.

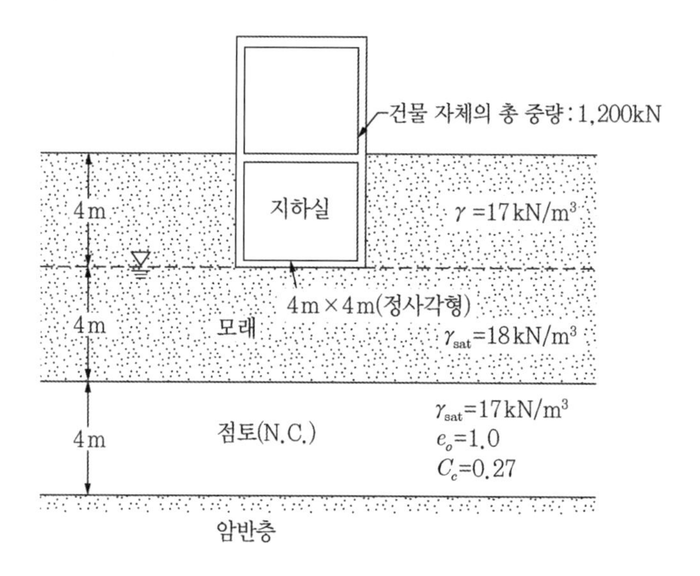

풀이

(풀이 그림 9.9.1(a))에서 A점에서의 초기 유효응력은 다음과 같다.

$$\sigma'_{vo} = \gamma_{(1)}z_1 + \gamma'_{(1)}z_2 + \gamma'_{(2)} \cdot z_3$$

$$= 17 \times 4 + (18 - 9.81) \times 4 + (17 - 9.81) \times 2$$

$$= 115.14 \text{kN/m}^2$$

건물의 중량으로 인한 순압력(net pressure)은

$$q_{net} = \frac{W}{A} - \gamma D = \frac{1,200}{4 \times 4} - 17 \times 4 = 7 \text{kN/m}^2$$

총중량으로 인한 하중은 크나, 지하실 굴착으로 제거된 흙의 하중 또한 커서, 압밀침하에 영향을 미치는 순압력은 크지 않다.

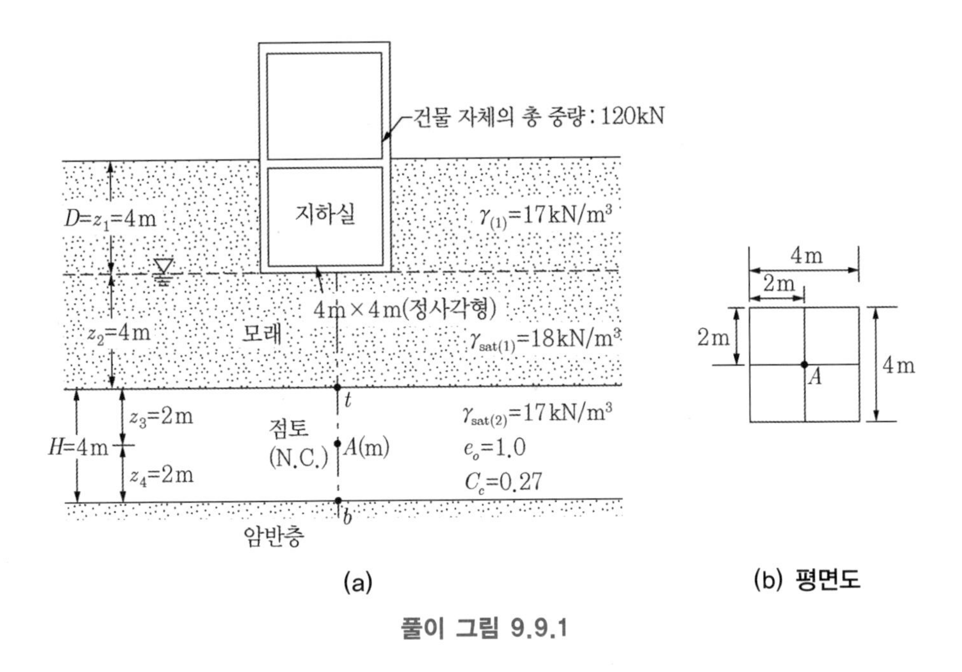

(a) (b) 평면도

풀이 그림 9.9.1

(응력의 증가량)

응력의 증가량은 (풀이 그림 9.9.1(b))에서 보여주는 바와 같이, (2m×2m) 하중 모서리 하에서 작용되는 응력을 구하고, 이를 4배하여 구한다.

① 점토 상단($z = z_2 = 4$m)

$$m = \frac{L}{z} = \frac{2}{4} = 0.5,\ n = \frac{B}{z} = \frac{2}{4} = 0.5$$

(풀이 그림 5.5.4)로부터 $I_3 = 0.09$

$\Delta\sigma_{vt} = 4 \cdot qI_3 = 4 \times 7 \times 0.09 = 2.52\text{kN/m}^2$

② 점토 중간층(A점)($z = z_2 + z_3 = 4 + 2 = 6$m)

$$m = \frac{2}{6} = 0.333,\ n = \frac{2}{6} = 0.333$$

(풀이 그림 5.5.4)로부터 $I_3 = 0.05$

$\Delta\sigma_{vm} = 4 \cdot qI_3 = 4 \times 7 \times 0.05$

$= 1.4\text{kN/m}^2$

③ 점토층 하단($z = z_2 + H = 4 + 4 = 8\text{m}$)

$$m = n = \frac{2}{8} = 0.25, \text{ (풀이 그림 5.5.4)로부터 } I_3 = 0.03$$

$$\Delta\sigma_{vb} = 4 \cdot qI_3 = 4 \times 7 \times 0.03 = 0.84\text{kN/m}^2$$

$$\therefore\ \Delta\sigma_{v(avg)} = \frac{\Delta\sigma_{vt} + 4 \cdot \Delta\sigma_{vm} + \Delta\sigma_{vb}}{6}$$

$$= \frac{2.52 + 4 \times 1.4 + 0.84}{6} = 1.49\text{kN/m}^2$$

(압밀침하량)

$$S_c = \frac{C_c \cdot H}{1 + e_o} \log\left(\frac{\sigma'_{vo} + \Delta\sigma_{v(avg)}}{\sigma'_{vo}}\right)$$

$$= \frac{0.27 \times 4}{1 + 1.0} \log\left(\frac{115.14 + 1.49}{115.14}\right)$$

$$= 0.003\text{m} = 0.3\text{cm}$$

순압력이 크지 않아서, 압밀침하량은 아주 소량이다.

참고 응력의 증가량을 구하는 다른 해 – 2:1법

실무에서는 소위 '2:1'법을 많이 사용한다. 응력은 다음 그림과 같이 2:1의 기울기로 퍼져나간다는 가정이다.

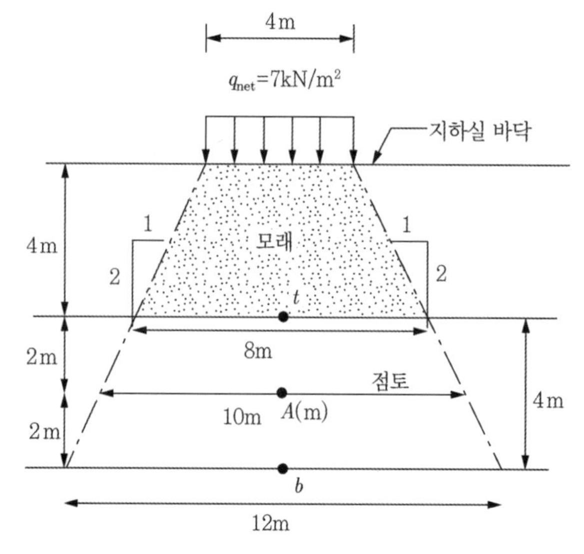

풀이 그림 9.9.2 2:1법

① 점토층 상단

$$\Delta\sigma_{vt} = \frac{7\times 4^2}{8^2} = 1.75\text{kN/m}^2$$

② 점토 중간층(A 점)

$$\Delta\sigma_{vm} = \frac{7\times 4^2}{10^2} = 1.12\text{kN/m}^2$$

③ 점토층 하단 $\Delta\sigma_{vb} = \frac{7\times 4^2}{12^2} = 0.78\text{kN/m}^2$

$$\Delta\sigma_{v(avg)} = \frac{\Delta\sigma_{vt} + 4\cdot\Delta\sigma_{vm} + \Delta\sigma_{vb}}{6} = \frac{1.75 + 4\times 1.12 + 0.78}{6}$$

$$= 1.17\text{kN/m}^2$$

문제 10 다음과 같은 지하 물탱크 각 경우에 대하여 지반에 작용하는 압력을 구하라 (방향도 표시).

1

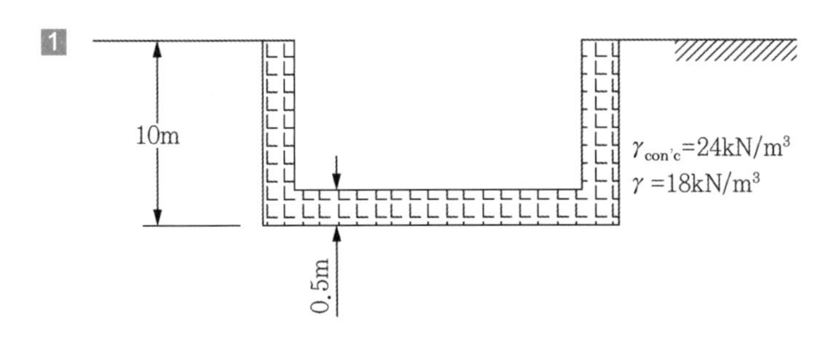

2

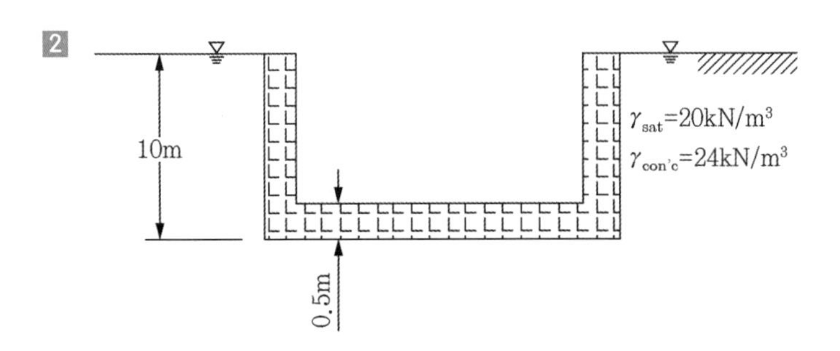

3

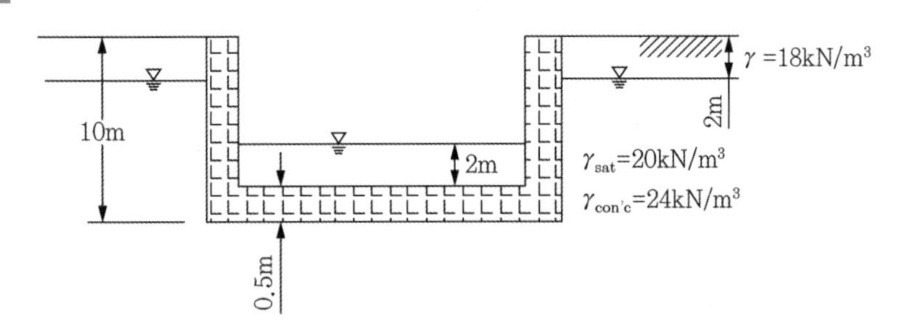

풀이

지반에 작용하는 압력, 즉 지압은

첫째, 흙인 경우 고체처럼 작용하므로(solid-like) 지반 위의 구조물에 하중이 있어야 반 작용으로 지압으로 견뎌내나,

둘째, 수압은 지반 위 구조물의 하중작용 여부와 상관없이 작용함에 유의한다.

단, 측벽 *con'c* 무게에 의한 영향은 무시하고 풀기로 한다.

1 다음 (풀이 그림 9.10.1)에서

지반에 작용하는 압력 $\bar{q}$는

$\bar{q}=\gamma_{con'c}\cdot z=24\times0.5=12\text{kN/m}^2(\uparrow)$ 상방향으로 작용

한편, 순하중(q는 가해준 하중)은 다음과 같다.

$q_{net}=q-\gamma D=\gamma_{con'c}\cdot z-\gamma D$(굴착한 흙 무게)

$=24\times0.5-18\times10=-168\text{kN/m}^2(\uparrow)$

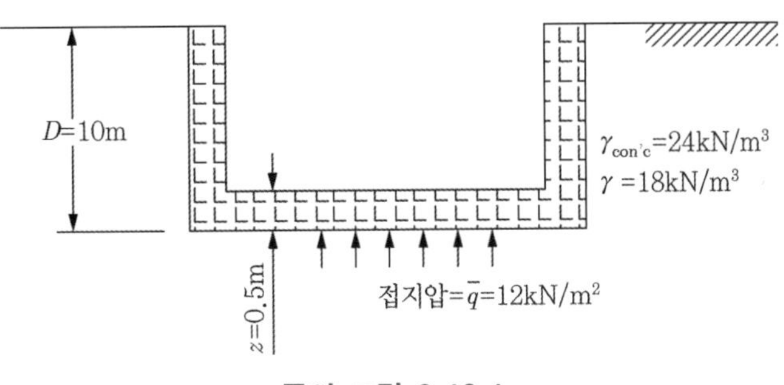

풀이 그림 9.10.1

2 다음 (풀이 그림 9.10.2)에서 지반에 작용하는 압력은 다음과 같다.

지반에 작용하는 압력 $\bar{q}$는

$\bar{q}=\gamma_{con'c}\cdot z-$수압

$=24\times0.5-9.81\times10$

$=-86.1\text{kN/m}^2(\uparrow)$

즉, 수압의 과다로 상방향으로 86.1kN/m^2 압력이 발생된다. 부력으로 인하여 구조물이 떠오르는 문제에 대한 검토가 필요하다.

한편, 순하중은

$q_{net}=q-\gamma_{sat}D$

$=\gamma_{con'c}\cdot z-\gamma_{sat}D$(굴착한(포화된) 흙 무게)

$=24\times0.5-20\times10=-188\text{kN/m}^2(\uparrow)$

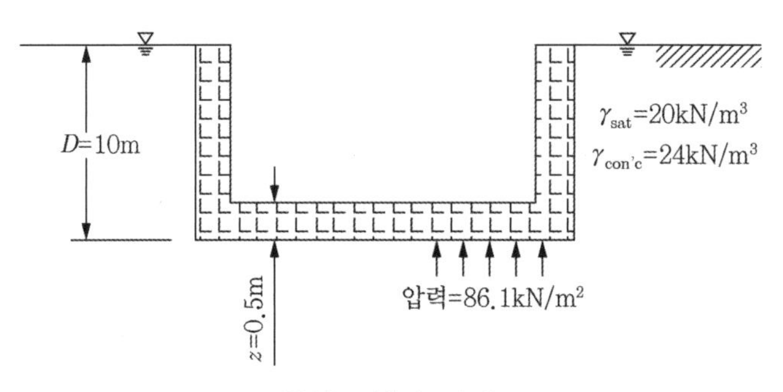

풀이 그림 9.10.2

3 다음 (풀이 그림 9.10.3)에서

지반에 작용하는 압력 $\bar{q}$는

$\bar{q} = \gamma_w H_1 + \gamma_{con'c} z - \gamma_w D_2$

$= 9.81 \times 2 + 24 \times 0.5 - 9.81 \times 8$

$= -46.86 \text{kN/m}^2 (\uparrow)$

즉, 지반에 상방향으로 46.86kN/m²의 양압력이 작용된다.

한편, 순하중은

$q_{net} = q - (\gamma_1 D_1 + \gamma_{sat} D_2)$(굴착한 흙 무게)

$= \gamma_w H_1 + \gamma_{con'c} z - (\gamma_1 D_1 + \gamma_{sat} D_2)$

$= 9.81 \times 2 + 24 \times 0.5 - (18 \times 2 + 20 \times 8)$

$= -164.38 \text{kN/m}^2 (\uparrow)$

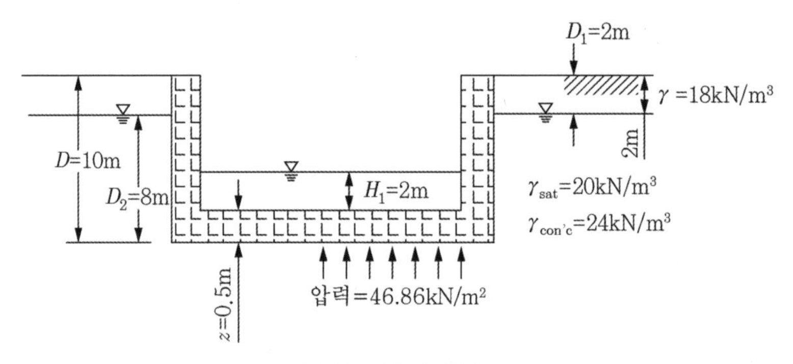

풀이 그림 9.10.3

Note

지반에 직접 작용하는 압력 $\bar{q}$과 순하중 q_{net}를 잘 구별할 것.

예를 들어서, **2**번 문제에서 탱크의 부력을 방지하기 위해서는 반드시 Δq=86.1kN/m^2 이상의 추가 하중을 작용시켜야 한다.

순하중 q_{net}=−188kN/m^{2}가 의미하는 바는, 구조물이 물탱크가 아니라 고층빌딩인 경우 고층빌딩에 의한 하중이 Δq=188kN/m^{2}가 되어도, 지반에 작용하는 압력은 없기 때문에 침하 걱정을 하지 않아도 된다.

문제 11 지름 12m인 유류 저장탱크가 두께 33m인 점토 퇴적층의 표면 아래 3m 깊이에 위치하고 있다. 이 유류저장탱크의 무게는 12,000kN이다. 점토의 아래에는 단단한 층이 존재한다. 점토에 대한 C_c값은 0.35이다. 또한 이 점토의 탄성계수는 40MN/m²이다. 탱크 중심하의 전체 침하량을 구하라. 지하수위는 지표 아래 3m에 위치하고 있으며, 점토의 $e_o=0.8$, $\gamma=17\text{kN/m}^3$, $\gamma_{sat}=17\text{kN/m}^3$이다.

풀이

문제의 개요를 (풀이 그림 9.11.1)에 그려 놓았다.

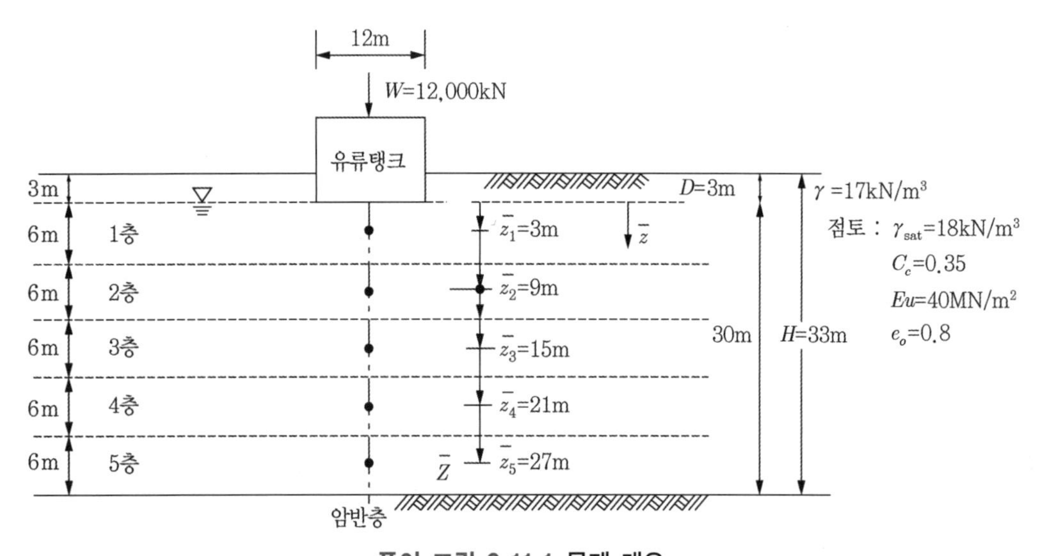

풀이 그림 9.11.1 문제 개요

우선, 순하중은

$$q_{net}=\frac{W}{A}-\gamma D$$

$$=\frac{12,000}{\frac{\pi}{4}\times 12^2}-17\times 3=55.16\text{kN/m}^2\text{이다.}$$

■ 즉시 침하

Janbu의 공식

$S_i = \mu_o \cdot \mu_1 \dfrac{q_{net} \cdot B}{E_u}$ 을 이용한다.

(풀이 그림 9.11.2)에서

$\dfrac{D}{B} = \dfrac{3}{12} = 0.25$, $\dfrac{H}{B} = \dfrac{30}{12} = 2.5$, 원형 기초일 때

$\mu_o = 1.0$, $\mu_1 \cong 0.6$

$$S_i = \mu_o \cdot \mu_1 \frac{q_{net} \cdot B}{E_u}$$

$$= 1.0 \times 0.6 \times \frac{55.16 \times 12}{40 \times 10^3} \times 10^2 = 0.99\text{cm}$$

$$\approx 1\text{cm}$$

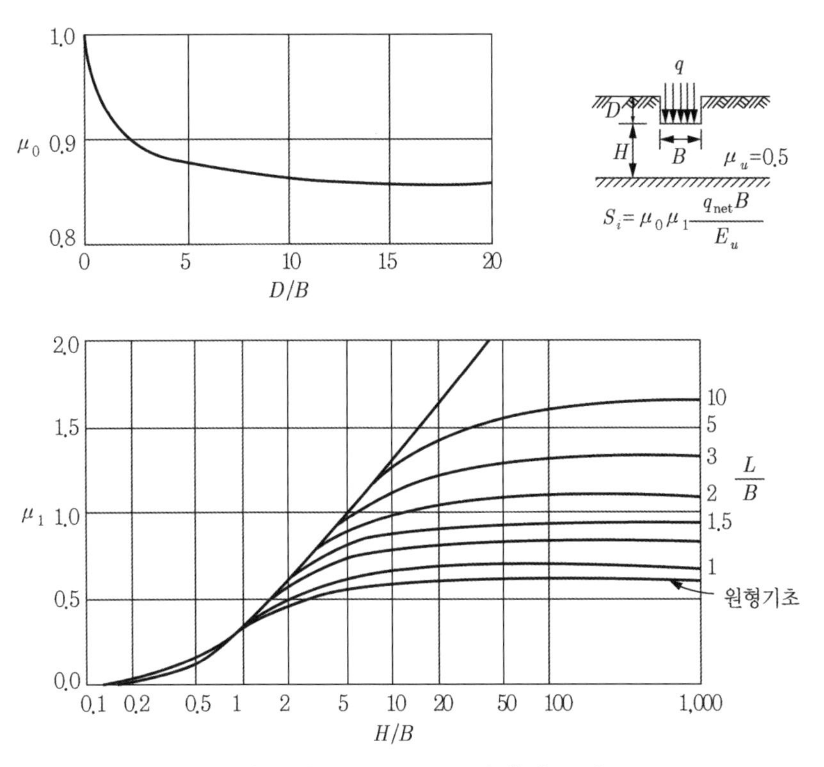

풀이 그림 9.11.2 Janbu의 침하 공식

2 압밀침하

점토층의 두께가 매우 두꺼우므로 탱크하의 30m 점토층을 5층으로 나누어서 각 층에서의 압밀침하량을 구하여 합산한다.

① 1층에서의 압밀침하량은 다음과 같이 구한다.

초기응력 $\sigma'_{vo(1)} = \gamma D + \gamma' \bar{z}_1 = 17 \times 3 + (18 - 9.81) \times 3$

$= 75.57 \mathrm{kN/m^3}$

응력의 증가량

$$\Delta\sigma_{v(1)} = q\left[1 - \frac{\bar{z}_1^{\,3}}{(b^2 + \bar{z}_1^{\,2})^{3/2}}\right]$$

$$= 55.16\left[1 - \frac{3^3}{(6^2 + 3^2)^{3/2}}\right] = 50.23 \mathrm{kN/m^2}$$

$$\Delta S_{c(1)} = \frac{C_c \cdot H_1}{1 + e_o} \log\left(\frac{\sigma'_{vo(1)} + \Delta\sigma_{v(1)}}{\sigma'_{vo(1)}}\right)$$

$$= \frac{0.35 \times 6}{1 + 0.8} \times \log\left(\frac{75.57 + 50.23}{75.57}\right)$$

$= 0.258 = 25.8 \mathrm{cm}$

② 2층

$\sigma'_{vo(2)} = 17 \times 3 + (18 - 9.81) \times 9 = 124.71 \mathrm{kN/m^2}$

$$\Delta\sigma_{v(2)} = 55.16\left[1 - \frac{9^3}{(6^2 + 9^2)^{3/2}}\right] = 23.38 \mathrm{kN/m^2}$$

$$\Delta S_{c(2)} = \frac{0.35 \times 6}{1 + 0.8} \times \log\left(\frac{124.71 + 23.38}{124.71}\right) = 0.087 \mathrm{m} = 8.7 \mathrm{cm}$$

③ 3층

$\sigma'_{vo(3)} = 17 \times 3 + (18 - 9.81) \times 15 = 173.85 \mathrm{kN/m^2}$

$$\Delta\sigma_{v(3)} = 55.16\left[1 - \frac{15^3}{(6^2 + 15^2)^{3/2}}\right] = 11.01 \mathrm{kN/m^2}$$

$$\Delta S_{c(3)} = \frac{0.35 \times 6}{1 + 0.8} \times \log\left(\frac{173.85 + 11.01}{173.85}\right) = 0.03 \mathrm{m} = 3 \mathrm{cm}$$

④ 4층

$\sigma'_{vo(4)} = 17 \times 3 + (18 - 9.81) \times 21 = 222.99 \text{kN/m}^2$

$$\Delta\sigma_{v(4)} = 55.16\left[1 - \frac{21^3}{(6^2 + 21^2)^{3/2}}\right] = 6.13 \text{kN/m}^2$$

$$\Delta S_{c(4)} = \frac{0.35 \times 6}{1 + 0.8} \times \log\left(\frac{222.99 + 6.13}{222.99}\right) = 0.014\text{m} = 1.4\text{cm}$$

⑤ 5층

$\sigma'_{vo(5)} = 17 \times 3 + (18 - 9.81) \times 27 = 272.13 \text{kN/m}^2$

$$\Delta\sigma_{v(5)} = 55.16\left[1 - \frac{27^3}{(6^2 + 27^2)^{3/2}}\right] = 3.85 \text{kN/m}^2$$

$$\Delta S_{c(5)} = \frac{0.35 \times 6}{1 + 0.8} \times \log\left(\frac{272.13 + 3.85}{272.13}\right) = 0.0007\text{m} = 0.7\text{cm}$$

전체 압밀침하량

$$S_c = \sum_1^5 \Delta S_c = 25.8 + 8.7 + 3.0 + 1.4 + 0.7$$

$= 39.6\text{cm}$

전체 침하량=즉시 침하량+압밀침하량

$= S_i + S_c$

$= 1.0 + 39.6\text{cm}$

$= 40.6\text{cm}$

즉시 침하는 극소하며, 압밀침하가 주된 침하원인임을 알 수 있다.

문제 12 반 밀폐된 포화 점토층의 두께가 8m이며 이 점토의 $C_h = C_v$라고 가정한다. 지름 300mm이고 정사각형으로 배치된 중심 간격 3m인 연직 샌드드레인이 제방축조로 인한 증가된 연직응력 하에서의 점토의 압밀속도를 증가시키기 위해 사용되었다. 샌드드레인이 없는 상태의 임의 시간에 대한 압밀도는 25%로 계산되었다. 샌드드레인이 사용되었을 때 동일시간에 대한 압밀도는 얼마인가?

풀이

문제의 개요는 (풀이 그림 9.12.1)에 표시되어 있다.

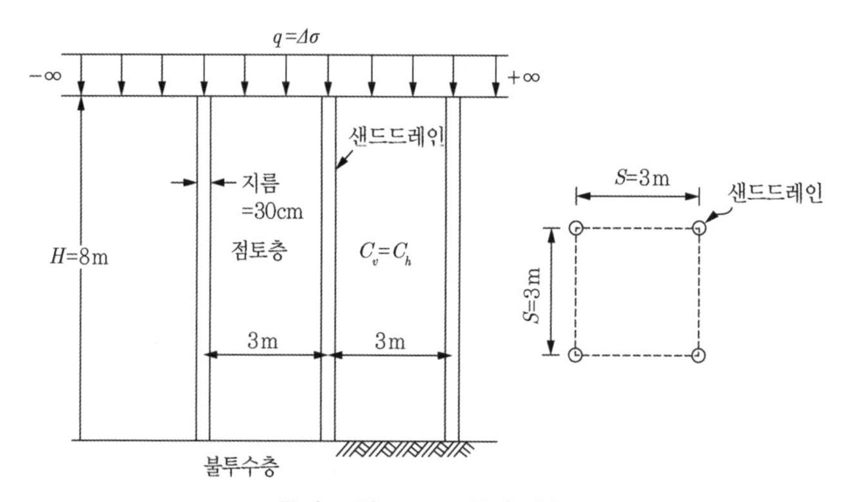

풀이 그림 9.12.1 문제 개요

① 샌드드레인을 설치하지 않은 경우

1면 배수이므로 $H_{dr} = H = 8\text{m}$

압밀도 25%일 때의 $T_{v(25)}$를 구하려면

$$T_{v(25)} = \frac{\pi}{4}\left(\frac{U_{avg}}{100}\right)^2, \ 0 \le U_{avg} \le 60 \qquad (9.52a)$$

으로부터

$$T_{v(25)} = \frac{\pi}{4}\left(\frac{25}{100}\right)^2 = 0.049$$

25% 압밀에 소요되는 시간은

$$t=\frac{T_{v(25)}\cdot H_{dr}^2}{C_v}=\frac{0.049\times 8^2}{C_v}=\frac{3.14}{C_v}$$

② 샌드드레인을 설치하였을 동일시간에서의 압밀도

정사각형 배치이므로 $R=0.564S=0.564\times3=1.692\text{m}$

$r_d=0.15\text{m}$

$$n=\frac{R}{r_d}=\frac{1.692}{0.15}=11.28$$

$$T_r=\frac{C_h\cdot t}{4R^2}=\frac{C_v}{4\times(1.692)^2}\times\frac{3.14}{C_v}=0.274$$

$(\because\ C_h=C_v)$

(풀이 그림 9.12.2)로부터

$n=11.28$, $T_r=0.274$일 때의 $U_{avg(r)}\simeq0.75$

전체 압밀도

$$(1-U_{avg})=(1-U_{avg(v)})\cdot(1-U_{avg(r)})$$
$$=(1-0.25)(1-0.75)=0.19$$

$\therefore\ U_{avg}\doteq1-0.19=0.81=81\%$

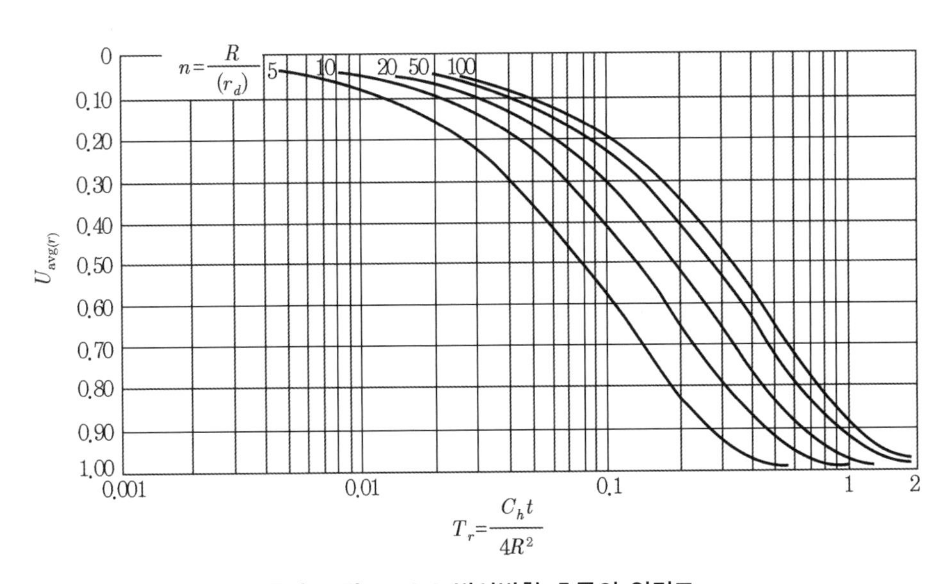

풀이 그림 9.12.2 방사방향 흐름의 압밀도

문제 13 10m 두께의 포화점토층의 하부 경계는 불투수층이다. 제방은 점토층 위에 축조되었다. 점토층의 90% 압밀에 필요한 시간을 구하라. 지름 300mm이고 직사각형으로 설치된 중심 간격 4m인 샌드드레인을 사용할 때 동일 압밀도에 이르는 데 필요한 시간을 구하라. 수직과 수평방향의 압밀계수는 각각 9.6m²/년과 14.0m²/년이다.

풀이

① 샌드드레인 없이 90% 압밀에 소요되는 시간

$T_{v(90)}=0.848$, $H_{dr}=H=10\text{m}$(1면 배수)

$$t=\frac{T_{v(9)}\cdot H_{dr}^2}{C_v}=\frac{0.848\times 10^2}{9.6}=8.83\text{yr}$$

즉, 샌드드레인을 설치하지 않는다면 90% 압밀에 소요되는 시간은 약 8.83년이다.

② 샌드드레인 설치 시 90% 압밀에 소요되는 시간

(샌드드레인 개요)

- $r_d=0.15\text{m}$
- $S=4\text{m}$, 정사각형 배치이므로

  유효반지름 $R=0.564\times S=0.564\times 4$

  $=2.256\text{m}$
- $n=\dfrac{R}{r_d}=\dfrac{2.256}{0.15}=15$

(연직방향 흐름에 대한 해)

90% 압밀에 소요되는 시간을 t라고 하면, 연직방향 흐름으로 인한 압밀도는 다음의 식 (9.52a)를 이용하여 구한다(단, $U_{avg(v)}$는 60% 이하로 가정).

$$T_v=\frac{\pi}{4}\left(\frac{U_{avg}}{100}\right)^2,\ o\le U_{avg}\le 60\text{인 경우} \qquad (9.52\text{a})$$

$$T_v=\frac{C_v\cdot t}{H_{dr}^2}=\frac{9.6\times t}{10^2}=0.096t$$

식 (9.52a)로부터 $U_{avg(v)} = \sqrt{\frac{4}{\pi} T_v} = \sqrt{\frac{4}{\pi} \times 0.096t} = 0.35\sqrt{t}$ … ①

(방사방향 흐름에 대한 해)

$U_{avg(r)} = f(T_r)$, $n = 15$

$$T_r = \frac{C_h \cdot t}{4R^2} = \frac{14 \times t}{4 \times 2.256^2} = 0.688t \quad \cdots ②$$

(풀이 그림 9.12.2)를 이용하여 $U_{avg(r)}$을 구한다.

(평균 압밀도)

평균 압밀도는 위의 두 흐름의 조합에 의하여 이루어지며,

$U_{avg} = 0.9$이어야 한다. 즉,

$$\begin{aligned}(1 - U_{avg}) &= (1 - 0.9) = 0.1 \\ &= (1 - U_{avg(v)}) \cdot (1 - U_{avg(r)})\end{aligned}$$

90% 압밀에 소요되는 시간 t를 가정한 후, 시행착오법으로 평균 압밀도 90%가 될 때까지 구한다. 다음 (풀이 표 9.13.1)에 시행착오법 적용결과를 나타내었다.

풀이 표 9.13.1 U_{avg}

소요시간 t(yr)	T_r (②식 이용)	$U_{avg(v)}$ (①식 이용)	$U_{avg(r)}$ ((풀이 그림 9.12.2) 이용)	$(1-U_{avg(v)}) \cdot (1-U_{avg(r)})$
0.5년	0.344	0.25	0.78	0.17
0.6년	0.413	0.27	0.82	0.13
0.7년	0.482	0.29	0.86	$0.099 \approx 0.1$

$\therefore$ $U_{avg} = 90\%$에 이르는 데 필요한 소요시간은 0.7년이다.

Note

문제 12 및 문제 13에서 풀이로 제시한 방사방향 압밀도는 스미어 효과 및 우물저항 효과를 고려하지 않은 경우의 해이다. 위의 두 효과를 고려한 압밀도는 『토질역학 특론』 6.3절을 참조하라.

제10장

전단강도

제10장 전단강도

문제 1 어느 흙의 파괴기준(failure criterion)이 다음과 같다.

$$F = \sqrt{(\sigma_1 - \sigma_2)^2 + (\sigma_2 - \sigma_{3)}^2 + (\sigma_3 - \sigma_1)^2} - 700 = 0,\ \text{단위}(\mathrm{kN/m^2})$$

다음 그림과 같이 만일 세 개의 주응력이 각각 200kN/m^2, 300kN/m^2, 460kN/m^{2}라면 이 입자의 파괴 여부를 판단하라.

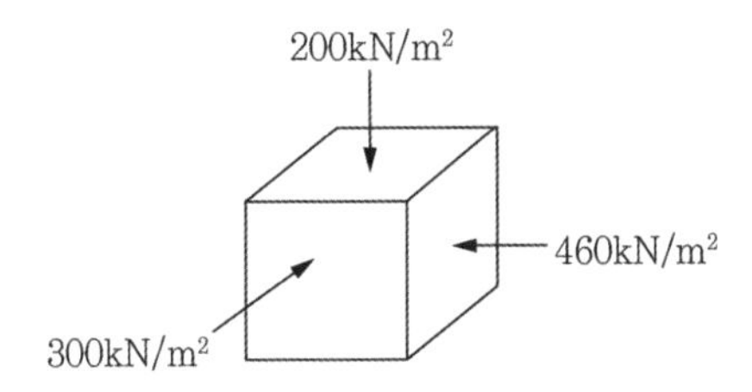

풀이

$F \geq 0$이면 파괴에 이른다.

$$\begin{aligned} F &= \sqrt{(\sigma_1 - \sigma_2)^2 + (\sigma_2 - \sigma_3)^2 + (\sigma_3 - \sigma_1)^2} - 700 \\ &= \sqrt{(460 - 300)^2 + (300 - 200)^2 + (200 - 460)^2} - 700 \\ &= -378.75 < 0 \end{aligned}$$

∴ 이 입자는 파괴가 일어나지 않을 것이다.

문제 2 삼축압축시험 중에서 압밀배수시험(CD Test) 결과는 아래와 같다(단, 정규압밀 점토). 즉, 구속압력=110kN/m^2 파괴 시 축차응력=175kN/m^{2}일 때 다음 물음에 답하라.

1. 전단저항각(ϕ')
2. 최대 주응력면과 파괴면이 이루는 각도
3. 파괴면에서의 수직응력 및 전단응력
4. 최대전단응력과 그때의 수직응력
5. 파괴가 최대전단응력에서 일어나지 않고 3번의 면에서 일어나는 이유는 무엇인가?

풀이

정규압밀점토이므로 $c' \approx 0$으로 가정할 수 있다.

실험결과를 그림으로 나타내면 다음과 같다.

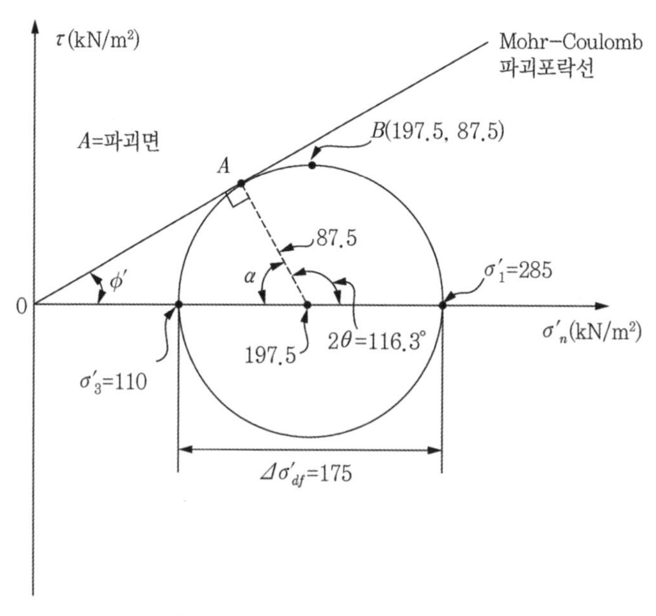

풀이 그림 10.2.1 *CD* 삼축시험결과

$\sigma'_3 = 110\text{kN/m}^2$

$\Delta\sigma'_{1f} = 175\text{kN/m}^2$이므로

$\sigma'_{1f} = \sigma'_3 + \Delta\sigma'_{df} = 110 + 175 = 285\text{kN/m}^2$

1 전단 저항각

$$\sin\phi' = \frac{\dfrac{\sigma'_{1f} - \sigma'_3}{2}}{\dfrac{\sigma'_{1f} + \sigma'_3}{2}}$$

$$= \frac{\dfrac{285 - 110}{2}}{\dfrac{285 + 110}{2}} = \frac{87.5}{197.5}$$ 이므로, ϕ'은

$$\phi' = \sin^{-1}\left(\frac{87.5}{197.5}\right) \approx 26.3°$$

2 최대 주응력과 파괴면이 이루는 각도

$$\theta = 45° + \frac{\phi'}{2} = 45° + \frac{26.3°}{2} = 58.15°$$

3 파괴면에서의 수직응력과 전단응력

파괴면은 (풀이 그림 10.2.1)에서 A점을 의미한다.

$\alpha = 180° - 2\theta = 180° - 116.3° = 63.7°$

파괴면에서의

$$\sigma_n = \frac{\sigma'_{1f} + \sigma'_3}{2} - \frac{\sigma'_{1f} - \sigma'_3}{2} \cdot \cos\alpha$$

$$= 197.5 - 87.5\cos(63.7°) = 158.7\text{kN/m}^2$$

$$\tau = \frac{\sigma'_{1f} - \sigma'_3}{2}\sin\alpha = 87.5\sin(63.7°) = 78.4\text{kN/m}^2$$

4 최대전단응력과 그때의 수직응력

(풀이 그림 10.2.1)에서 B점에서 최대전단응력이 발생한다.

B점 :

$$\tau_{max} = q' = \frac{\sigma'_{1f} - \sigma'_3}{2} = \frac{285 - 110}{2} = 87.5\text{kN/m}^2$$

$$\sigma'_n = p' = \frac{\sigma'_{1f} + \sigma'_3}{2} = \frac{285 + 110}{2} = 197.5\text{kN/m}^2$$

5 파괴가 B점에서 발생되지 않고 A점에서 발생되는 이유

전단강도는 constant가 아니라 파괴가능면에 작용되는 수직응력, σ_n에 비례한다.

즉,

$\tau_f = c' + \sigma'_n \tan\phi'$이다.

① B점은

$\tau = \tau_{max} = 87.5\text{kN/m}^2$이나 이면에서의 전단강도는

$\tau_f = \sigma'_n \tan\phi' = 197.5 \times \tan(26.3°) = 97.6\text{kN/m}^2$이다.

즉, 이면에서는 $\tau_{max}(=87.5\text{kN/m}^2) < \tau_f(=97.6\text{kN/m}^2)$이므로

전단파괴가 발생하지 않는다.

② 반면 A점에서는

$\tau_f = \sigma'_n \tan\phi' = 158.7 \times \tan(26.3°) = 78.4\text{kN/m}^2$

즉, 이면에서는 $\tau = 78.4\text{kN/m}^2 = \tau_f$이므로

파괴가 발생된다.

'전단강도는 constant가 아니라 그 면에 작용되는 수직응력(σ_n)에 비례함'을 명심하자.

문제 3 압밀배수 삼축압축시험을 실시하여 다음의 결과를 얻었다.

(단위 : kN/m²)

σ_3	50	100	200
파괴 시의 축차응력	150	210	350

1 각 실험의 응력경로를 그려라.

2 c', ϕ'을 구하라.

풀이

1 각 실험의 응력경로

각각의 실험에 대하여 파괴 시 최대 주응력, 그때의 p', q'값을 구하여 표로 나타내면 (풀이 표 10.3.1)과 같다.

단,

$$\sigma'_{1f} = \sigma'_3 + \Delta\sigma_{df}$$

$$p' = \frac{\sigma'_{1f} + \sigma'_3}{2}$$

$$q = \frac{\sigma'_{1f} - \sigma'_3}{2}$$

풀이 표 10.3.1 (단위 : kN/m²)

σ'_3	50(실험 ①)	100(실험 ②)	200(실험 ③)
$\Delta\sigma'_{df}$	150	210	350
σ'_{1f}	200	310	550
p'	125	205	375
q'	75	105	175

각 실험의 응력경로는 (풀이 그림 10.3.1)과 같다.

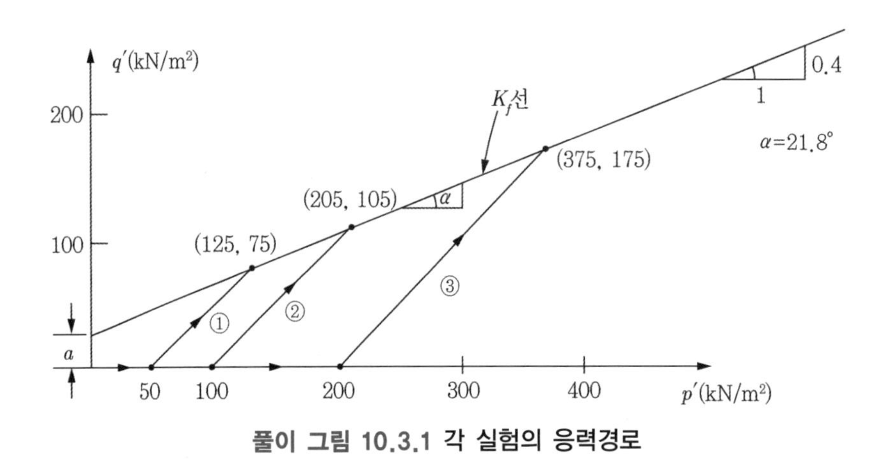

풀이 그림 10.3.1 각 실험의 응력경로

그림으로부터 K_f선의 각도 $\alpha \approx 21.8°$, 절편 $a = 25\text{kN/m}^2$를 얻을 수 있다(즉, 기울기 $\tan\alpha \approx 0.4$).

2 c', ϕ'을 구하기 위해 각각의 실험결과를 Mohr 원으로 나타내면 다음 (풀이 그림 10.3.2)와 같다.

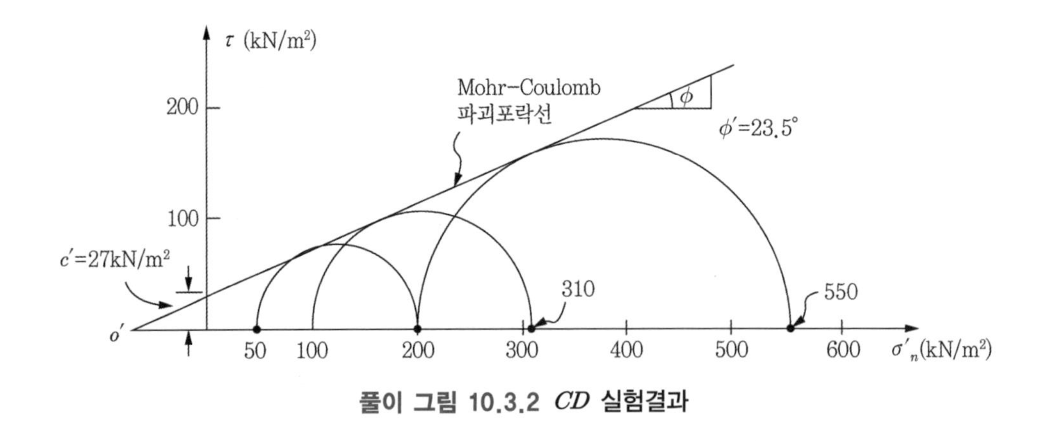

풀이 그림 10.3.2 *CD* 실험결과

그림으로부터 $\phi' = 23.5°$. $c' \approx 27\text{kN/m}^2$를 구한다.

Note

복잡하게 수식으로 구하려고 하지 말고, 각도와 절편을 직접 구하면 된다.

K_f선의 α와 a는 다음 식으로 구할 수 있다.

$\alpha = \tan^{-1}(\sin\phi) = \tan^{-1}(\sin 23.5°)$

$\doteqdot 21.8°$

$a = c \cdot \cos\phi$

$= 27 \times \cos(23.5°)$

$\doteqdot 25\text{kN/m}^2$

역시 ❷번 답과 같은 결과를 얻는다.

문제 4 200kN/m²의 구속응력을 가하여 시료를 완전히 압밀시킨 다음 비배수 상태로 구속응력을 350kN/m²로 증가시켰더니 간극수압이 144kN/m²였다. 이후에 축차응력을 가하여 비배수 전단시켜 다음의 결과를 얻었다.

연직방향 변형률(%)	축차응력(kN/m²)	간극수압(kN/m²)
0	0	144
2	201	244
4	252	240
6	275	222
8	282	212
10	283	209

1 과잉간극수압계수 B를 구하라.

2 과잉간극수압계수 A의 변화 및 파괴 시의 계수 A_f를 구하라.

풀이

1

$\sigma_3=200\text{kN/m}^2$로 압밀완료시키면 $\sigma'_3=200\text{kN/m}^2$의 유효응력을 입자는 갖게 된다. 추가로 비배수 조건에서 $\Delta\sigma_3=350-200=150\text{kN/m}^2$를 가한다(등방압밀하중).

$\Delta u_c = B\Delta\sigma_3$으로부터 (단, Δu_c는 등방압밀하중 시의 과잉간극수압)

$\Delta u_c=144=B\times150$이므로 B값은

$B=\dfrac{144}{150}=0.96$이다.

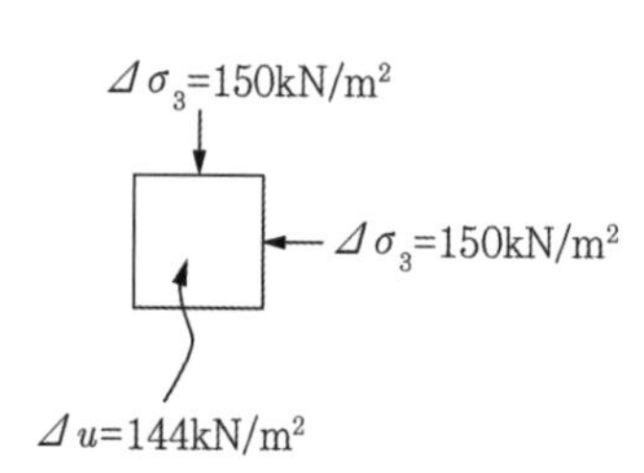

2 축차 하중 $\Delta\sigma_d$를 증가시킬 때의 $\Delta\sigma_d \sim \epsilon_z$ 관계는 다음 (풀이 그림 10.4.1)과 같다.

등방압밀하중하의 과잉간극수압 $= \Delta u_c$이므로

축차응력 시의 과잉간극수압 Δu_d는

$\Delta u_d = \Delta u - \Delta u_c$, 여기서 Δu는 계측된 과잉간극수압

$\Delta u_d = B \cdot A\Delta\sigma_d = 0.96A\Delta\sigma_d$이므로

$A = \dfrac{\Delta u_d}{0.96\Delta\sigma_d}$, $A_f = \dfrac{\Delta u_{df}}{0.96\Delta\sigma_{df}}$ 로 각 축차응력 시의 A계수를 구할 수 있으며, 구한 결과를 (풀이 표 10.4.1)에 나타내었다.

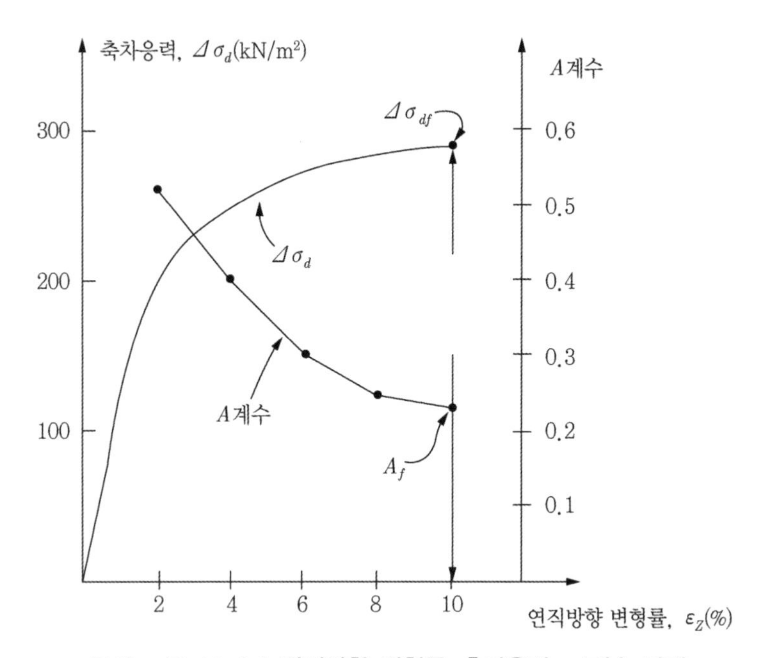

풀이 그림 10.4.1 연직방향 변형률-축차응력, A계수 관계

풀이 표 10.4.1 과잉간극수압계수 A 및 A_f

ϵ_z(%)	$\Delta\sigma_d$(kN/m^2)	Δu_d(kN/m^2)	A	비고
0	0	0	0	
2	201	100	0.52	
4	252	96	0.40	
6	275	78	0.30	
8	282	68	0.25	
10	283	65	0.24*	전단파괴 시점

* 전단파괴 시의 A계수, $A_f=0.24$

A계수 또한 (풀이 그림 10.4.1)에 표기하였다. 축차응력이 증가할수록 A계수값은 감소함을 알 수 있다. 즉, A계수는 흙의 성질뿐만 아니라, 가해준 축차응력에 따라 변한다.

문제 5 동일한 깊이에서 시료를 채취하여 삼축압축시험을 수행하였다. 별도로 압밀시험을 하여 선행압밀압력을 결정하였는데 그 값은 160kN/m^{2}라는 것을 알았다. CD 삼축압축시험 결과는 다음과 같다.

시료 No. 1: $\sigma_3{}' = 200\text{kN/m}^2$, $\sigma_{1f}{}' = 704\text{kN/m}^2$

시료 No. 2: $\sigma_3{}' = 278\text{kN/m}^2$, $\sigma_{1f}{}' = 979\text{kN/m}^2$

동일한 점토에 대하여 유효압밀압력이 330kN/m^{2}로 되도록 압밀시킨 다음, 축차응력을 가하여 *CU* 시험을 행하고 다음과 같은 자료를 얻었다.

축차응력(kN/m^2)	연직방향 변형률(%)	간극수압(kN/m^2)
0	0	0
30	0.06	15
60	0.15	32
90	0.30	49
120	0.53	73
150	0.90	105
180	1.68	144
210	4.40	187
240	15.5	238

1 *CD* 시험으로부터 파괴 시의 Mohr 원을 그리고 파괴포락선의 정규압밀부분에 대하여 전단저항각을 결정하여라.

2 *CU* 시험에 대하여 변형률에 대한 축차응력 및 간극수압의 관계곡선을 그려라.

3 *CD* 및 *CU* 시험에 대한 응력경로를 그려라.

4 *CU* 시험의 결과가 선행 압밀하중 이상에 대한 것이라고 가정하고, 전응력과 유효응력으로 전단강도정수를 구하여라.

풀이

1 *CD* 삼축압축시험은 등방하중을 가할 때도, 축차하중을 가할 때도 공히 배수를 시키므로 가해준 하중은 그대로 유효응력 증가를 가져온다. 즉, $\sigma = \sigma'$이다.

두 시료에 대한 Mohr 원을 그리면 (풀이 그림 10.5.1)과 같다.

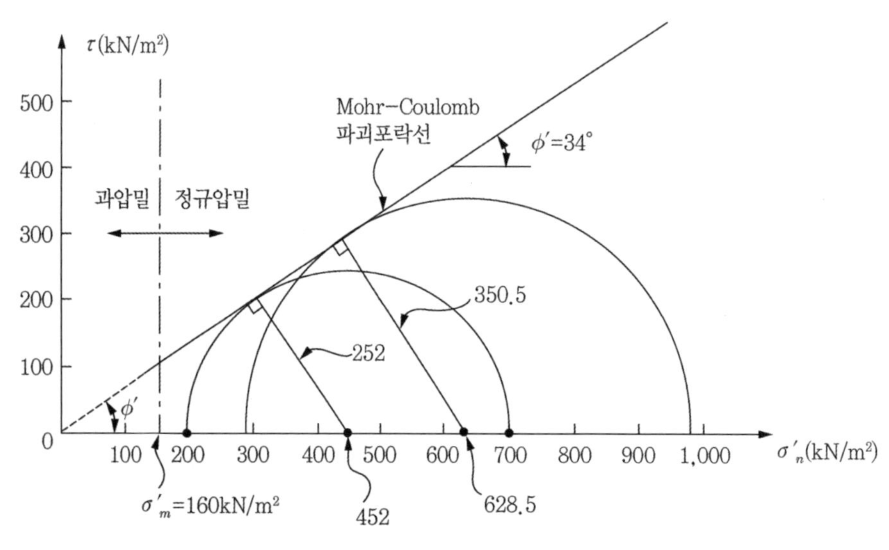

풀이 그림 10.5.1 *CD* 실험결과

그림으로부터 두 Mohr 원에 접하는 파괴포락선을 긋고, 각도를 재면 $\phi'=34°$를 얻을 수 있다.

또는

$\sin\phi' \approx \dfrac{252/452+350.5/628.5}{2} \approx 0.5576$으로부터

$\phi'=33.89° \approx 34°$를 얻을 수도 있다.

실제로 3~4회 실시하는 삼축압축시험 결과로부터 Mohr 원에 최대한 공통으로 접하는 파괴포락선을 그리고는, ϕ'은 각도를 직접 재서 구하는 것이 현업에서 이루어지는 방법이다.

2 *CU* 시험결과 그래프는 다음 (풀이 그림 10.5.2)와 같다.

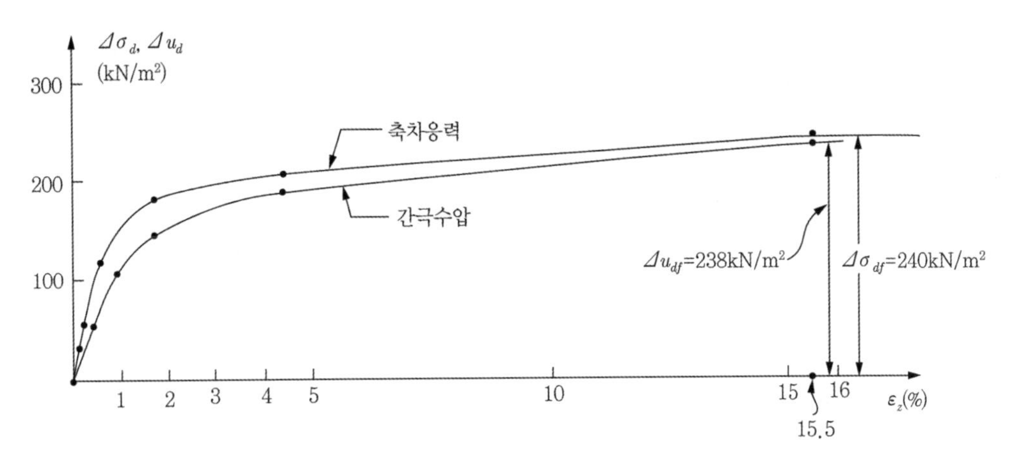

풀이 그림 10.5.2 연직변형률-축차응력, 과잉간극수압 관계그래프(*CU* 시험)

3 응력경로

① *CD* 실험

– No.1 시료

$\sigma'_3 = 200\text{kN/m}^2$, $\sigma'_{1f} = 704\text{kN/m}^2$

파괴 시의
$$\begin{cases} p' = \dfrac{\sigma'_{1f} + \sigma'_3}{2} = \dfrac{704 + 200}{2} = 452\text{kN/m}^2 \\ q' = \dfrac{\sigma'_{1f} - \sigma'_3}{2} = \dfrac{704 - 200}{2} = 252\text{kN/m}^2 \end{cases}$$

초기응력 $R_o(200,\ 0) \rightarrow$ 파괴 시 $R_f(452,\ 252)$

– No.2 시료

$\sigma'_3 = 278\text{kN/m}^2$, $\sigma'_{1f} = 979\text{kN/m}^2$

파괴 시의
$$\begin{cases} p' = \dfrac{\sigma'_{1f} + \sigma'_3}{2} = \dfrac{979 + 278}{2} = 628.5\text{kN/m}^2 \\ q' = \dfrac{\sigma'_{1f} - \sigma'_3}{2} = \dfrac{979 - 278}{2} = 350.5\text{kN/m}^2 \end{cases}$$

초기응력 $R_o(278,\ 0) \rightarrow$ 파괴 시 $R_f(628.5,\ 350.5)$

② *CU* 실험

– 초기응력은 $\sigma'_3 = 330\text{kN/m}^2$이다. $R_o(330,\ 0)$

– 축차응력을 가할 시의 p, q(전응력)값과 p', q'(유효응력)값은 (풀이 표 10.5.1)과 같다.

단, 축차응력 $\Delta\sigma_d$에 대하여

$$p = \sigma_3 + \frac{\Delta\sigma_d}{2} = 330 + \frac{\Delta\sigma_d}{2} \cdots ①$$

$$q = \frac{\Delta\sigma_d}{2} \cdots ②$$

$$p' = \sigma_3 + \frac{\Delta\sigma_d}{2} - \Delta u_d = 330 + \frac{\Delta\sigma_d}{2} - \Delta u_d \cdots ③$$

$$q' = \frac{\Delta\sigma_d}{2}\left(\because q' = \frac{(\sigma_3 + \Delta\sigma_d - \Delta u_d) - (\sigma_3 - \Delta u_d)}{2}\right) \cdots ②$$

풀이 표 10.5.1 $p-q$, $p'-q'$ 계산결과

$\Delta\sigma_d$(kN/m²)	Δu_d(kN/m²)	p(kN/m²)(① 식)	p'(kN/m²)(③ 식)	q, q'(kN/m²)(② 식)
0	0	330	330	0
30	15	345	330	15
60	32	360	320	30
90	49	375	326	45
120	73	390	317	60
150	105	405	300	75
180	144	420	276	90
210	187	435	248	105
240	238	450	212	120

CD 실험 두 시료와 *CU* 실험결과 각각에 대한 응력경로를 나타내면 다음 (풀이 그림 10.5.3)과 같다.

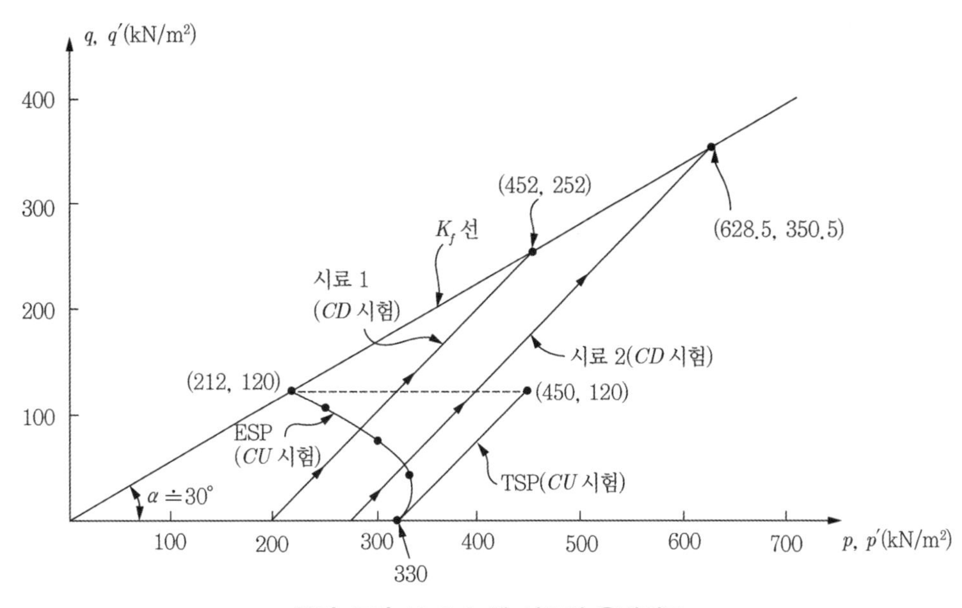

풀이 그림 10.5.3 세 시료의 응력경로

> **Note**
>
> TSP(Total Stress Path)=전응력 경로, ESP(Effective Stress Path)=유효응력 경로

그림에서 보듯이 *CD* 시험을 한 두 시료뿐만 아니라, *CU* 시험을 한 시료의 유효응력경로(ESP)의 끝점(파괴점)은 같은 K_f 선상에 있음을 알 수 있다.

$\alpha = \tan^{-1}(\sin\phi') = \tan^{-1}(\sin 34°) \approx 30°$

4 정규압밀로 가정하고 강도정수를 구하면 되며, 우선 $c' = c_{cu} = o$로 가정할 수 있다. $\sigma_3 = 330\text{kN/m}^2$, $\Delta\sigma_{df} = 240\text{kN/m}^2$, $\Delta u_{df} = 238\text{kN/m}^2$이다.

$$\therefore\ \sigma_{1f} = 330 + 240 = 570\text{kN/m}^2$$

$$\sigma'_{1f} = \sigma_{1f} - \Delta u_{df} = 570 - 238 = 332\text{kN/m}^2$$

$$\sigma'_{3f} = \sigma_3 - \Delta u_{df} = 330 - 238 = 92\text{kN/m}^2$$

실험결과를 Mohr 원으로 나타내면 (풀이 그림 10.5.4)와 같다.

$$\phi' = \sin^{-1}\left(\frac{120}{212}\right) \approx 34°$$

$$\phi_{cu} = \sin\left(\frac{120}{450}\right) \approx 19°$$

또는 직접 각도를 재어서 구해도 무방하다.

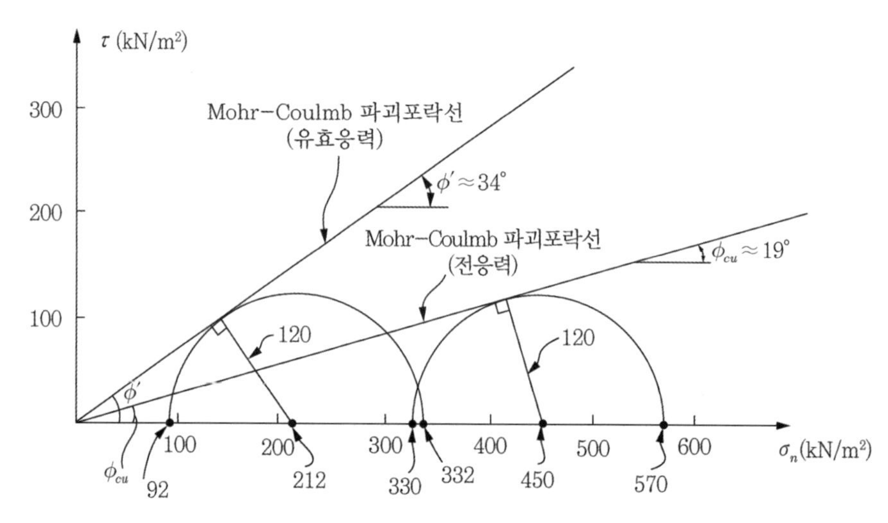

풀이 그림 10.5.4 *CU* 시험결과

문제 6 정규압밀점토의 CU 시험 결과의 $p-q$ 다이아그램이 다음과 같을 때 다음의 값을 구하라.

1 $q=35\text{kPa}$일 때의 σ_1, σ_1', σ_3, σ_3'

2 파괴가 발생했을 때의 σ_1, σ_1', σ_3, σ_3'

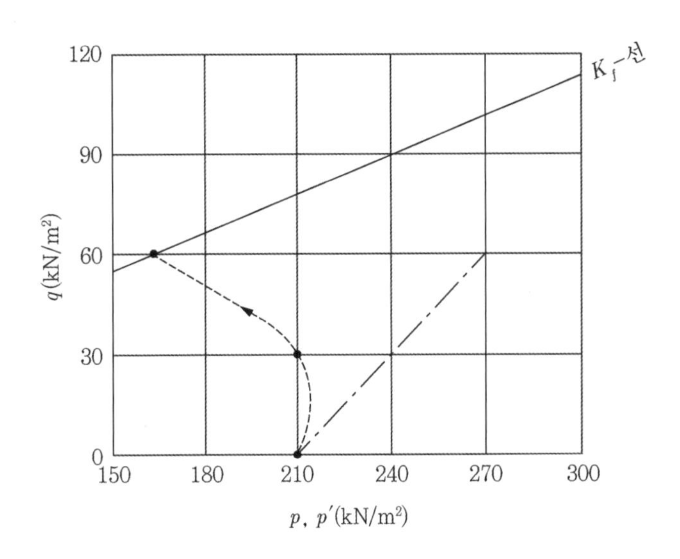

풀이

다음 (풀이 그림 10.6.1)을 참조하여 답을 구한다.

1 $q=35\text{kPa}$

그림에서 $\sigma_3=210\text{kN/m}^2$

$q=35\text{kN/m}^2$일 때 $p=245\text{kN/m}^2$, $p'=205\text{kN/m}^2$

$\sigma_1=\sigma_3+2q=210+2\times35=280\text{kN/m}^2$

또한 $\begin{cases} p'=\dfrac{\sigma'_1+\sigma'_3}{2}=205\text{kN/m}^2 \\ q'=\dfrac{\sigma'_1-\sigma'_3}{2}=35\text{kN/m}^2 \end{cases}$ 으로부터

$\sigma'_1 = 240\text{kN/m}^2$, $\sigma'_3 = 170\text{kN/m}^2$

$\Delta u_d = \sigma_1 - \sigma'_1 = 280 - 240 = 40\text{kN/m}^2$

2 파괴 시의 $q = 60\text{kN/m}^2$, $p = 270\text{kN/m}^2$,

$p' = 163\text{kN/m}^2$이다(그림 참조).

$\sigma_3 = 210\text{kN/m}^2$이므로

$\sigma_{1f} = 210 + 2q = 210 + 2\times60 = 330\text{kN/m}^2$

또한 $\begin{cases} p' = \dfrac{\sigma'_{1f} + \sigma'_3}{2} = 163\text{kN/m}^2 \\ q' = \dfrac{\sigma'_{1f} - \sigma'_3}{2} = 60\text{kN/m}^2 \end{cases}$ 으로부터

$\sigma'_{1f} = 223\text{kN/m}^2$, $\sigma'_3 = 103\text{kN/m}^2$

$\Delta u_{df} - \sigma_{1f} - \sigma'_{1f} = 330 - 223 = 107\text{kN/m}^2$이다.

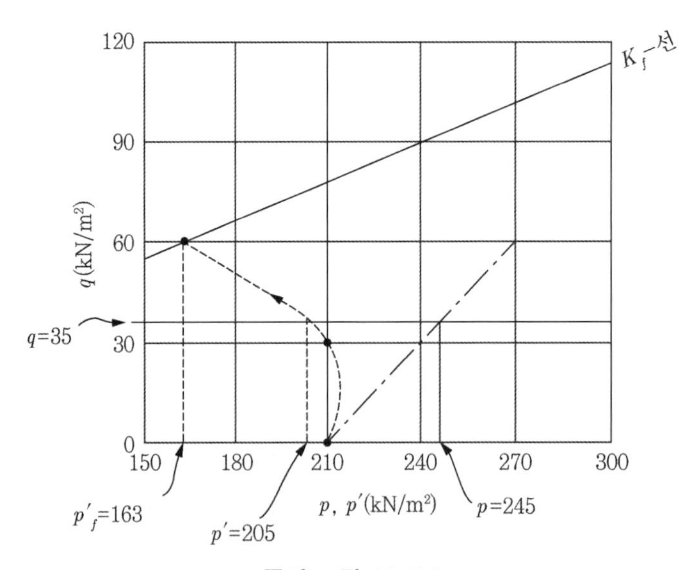

풀이 그림 10.6.1

문제 7 강도정수가 $c'=5\text{kN/m}^2$, $\phi'=25°$인 지반 위에 제방을 축조하고자 한다. 제방의 높이를 2m 쌓았을 때 $z=5\text{m}$에서 바닥면과 45°를 이루는 면에서의(원지반) 전단응력 및 전단강도를 구하여라. 단, 제방을 쌓는 도중에 원지반에서의 배수는 원활하고, 횡방향 토압계수 $K_o=0.5$로 가정하라(제방흙 $\gamma=19\text{kN/m}^3$, 원지반 $\gamma_{sat}=19\text{kN/m}^3$).

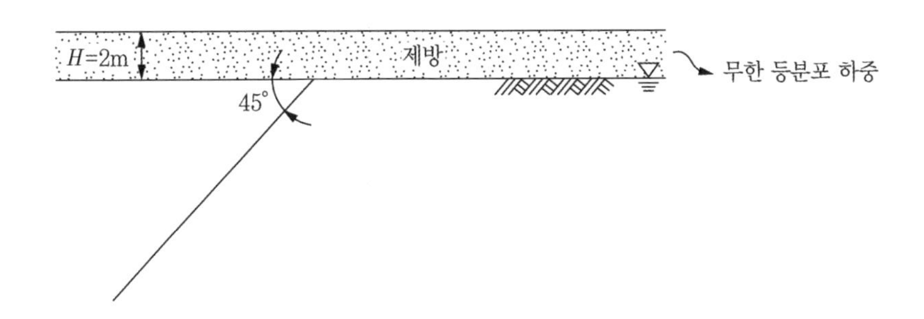

풀이

(풀이 그림 10.7.1)에 개요를 그려 놓았다.

전단강도 $\tau_f = c' + \sigma'_n \tan\phi'$에서 σ'_n은 파괴가능면에서의 수직응력이다.

(A 입자에서의 초기응력)

$\sigma'_{vo} = \gamma' z = (19-9.81)\times 5 = 45.95\text{kN/m}^2$

$\sigma'_{ho} = K_o \sigma'_{vo} = 0.5\times 45.95 = 22.98\text{kN/m}^2$

(응력의 증가량) 무한 등분포 하중이므로

$\Delta\sigma_v = \gamma \cdot H = 19\times 2 = 38\text{kN/m}^2$

$\Delta\sigma_h = K_o \Delta\sigma_v = 0.5\times 38 = 19\text{kN/m}^2$

제방축조 중 배수는 원활하므로, 과잉간극수압은 발생하지 않는다.

(제방축조 후의 응력)

$\sigma'_v = \sigma'_{vo} + \Delta\sigma_v = 45.95 + 38$

$= 83.95\text{kN/m}^2$

$\sigma'_h = \sigma'_{ho} + \Delta\sigma_h = 22.98 + 19 = 41.98\text{kN/m}^2$

입자에 작용되는 유효응력이 (풀이 그림 10.7.1(b))와 같을 때, $\theta=45°$면에 작용되는 σ'_n, τ는

$$\sigma'_n = \frac{\sigma'_v + \sigma'_h}{2} + \frac{\sigma'_v - \sigma'_h}{2}\cos 2\theta = \frac{83.95 + 41.98}{2} = 62.97\text{kN/m}^2$$

$$\tau = \frac{\sigma'_v - \sigma'_h}{2}\sin 2\theta = \frac{83.95 - 41.98}{2} = 20.99\text{kN/m}^2$$

전단강도

$\tau_f = c' + \sigma'_n \tan\phi'$

$\quad = 5 + 62.97\tan 25° = 34.36\text{kN/m}^2$

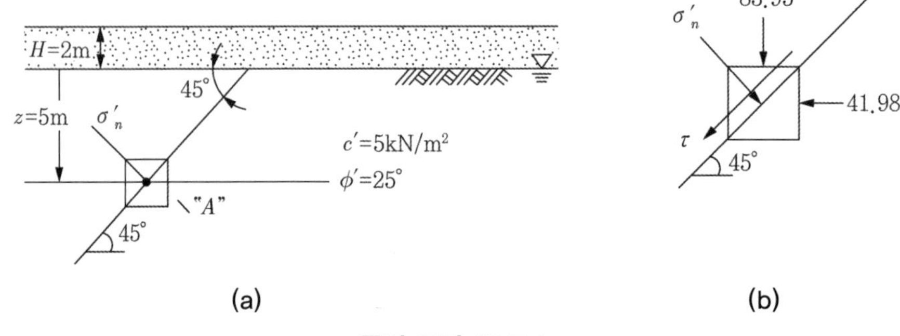

풀이 그림 10.7.1

> **Note**
>
> 이 문제는 파괴 가능면에서의 전단강도를 구하는 원리를 이해시키는 목적으로의 문제이며, 무한 등분포 하중에서 전단파괴는 일어날 수가 없다.

문제 8 다음 연약점토의 비배수 전단강도는 선형적으로 증가하며(정규압밀점토임) A점에서의(UU Test로 구한) 비배수 전단강도는 $c_u = 25\text{kN/m}^2$였다. 지표면에 무한 등분포하중 $\Delta\sigma = 15\text{kN/m}^2$가 작용되었다. 압밀이 완료된 시점에서 A점에서의 비배수 전단강도를 구하라.

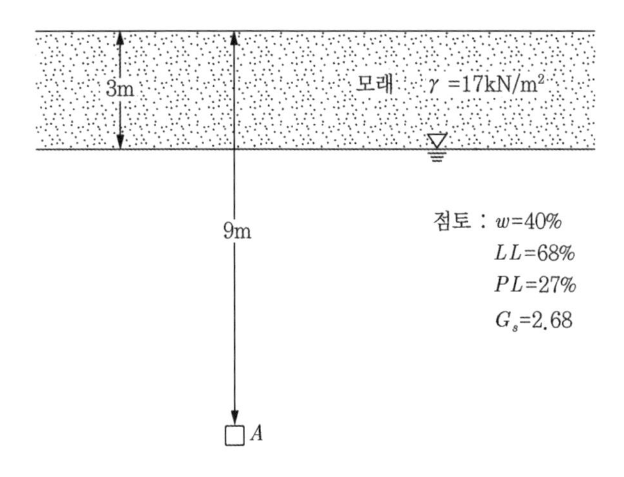

풀이

원지반 점토의 비배수 전단강도 $c_u = 25\text{kN/m}^2$이다. 압밀이 완료되면 비배수 전단강도는 상승할 것이나, 압밀된 시료에 대한 UU 시험결과는 없으므로 Skempton이 제안한 공식을 이용하여 강도 증가를 예측한다.

$$\Delta c_u = [0.11 + 0.0037PI] \cdot \Delta\sigma'_v$$

$PI = LL - PL = 68 - 27 = 41\%$, $\Delta\sigma'_v = \Delta\sigma = 15\text{kN/m}^2$이므로

$$\Delta c_u = [0.11 + 0.0037 \times 41] \times 15 = 3.93\text{kN/m}^2$$

∴ 압밀이 완료된 시점에서의 비배수 전단강도 $= c_u + \Delta c_u$

$$= 25 + 3.93 \fallingdotseq 29\text{kN/m}^2$$

문제 9 그림과 같이 지하실 옆의 'K' 부분을 쥐가 파서 지하실로 흙을 나른 관계로 '$ABCD$' 부분이 가라앉게 되었다.

1 'X' 지점에서의 전단강도를 구하라.

2 'CD' 부분에 걸리는 총 전단력은 얼마인가?

3 'CD' 부분에 걸리는 총 저항력은 얼마인가?

(단, 'AB' 부분의 저항력 계수는 $c_a = 5\text{kN/m}^2$, $\delta = 32°$로서 'CD' 부분과 같다.)

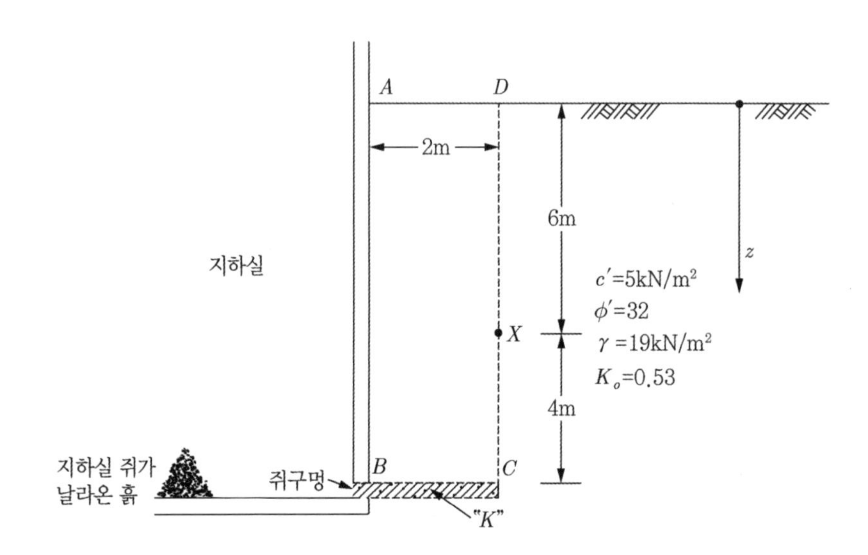

풀이

1 다음 그림과 같이 X입자에서의 파괴 가능면은 연직면('CD'면)이므로 이 면에서의 수직응력 σ_n은 수평응력이다. 즉,

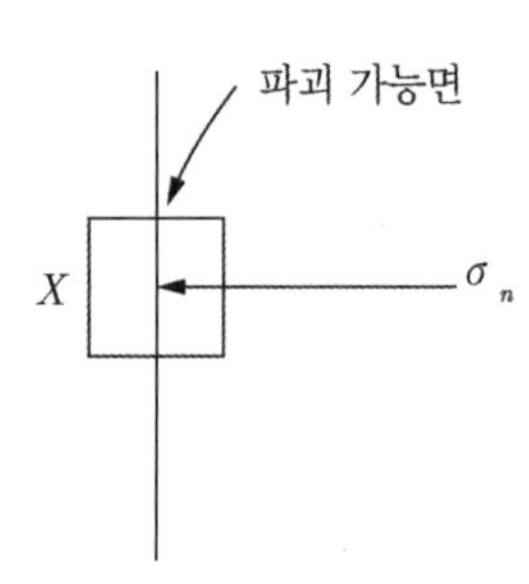

$\sigma_n = \sigma_h = K_o \sigma_v = 0.53 \times 19 \times 6$

$= 60.42\text{kN/m}^2$

$\therefore \tau_f = c + \sigma_n \tan\phi$

$= 5 + 60.42\tan 32°$

$= 42.75\text{kN/m}^2$

2 바닥면인 "K" 부분의 흙이 제거됨으로 '$ABCD$' 부분의 흙이 일체로 거동한다고 가정한다.

'$ABCD$'의 무게 $W = \gamma \cdot V = 19 \times 2 \times 10$

$= 380\text{kN}$/단위폭당

$= 380\text{kN/m}$

이 무게로 인하여 'AB'면과 'CD'면에 공히 전단력으로 작용되므로
'CD' 부분의 총 전단력 T는 $T_{(CD)} = W/2 = 380/2 = 190\text{kN/m}$

3 'CD'면 상의 임의의 점 z에서,

$\sigma_n = \sigma_h = K_o \sigma_v = K_o \gamma z = 0.53 \times 19 \times z$

$= 10.07z\,\text{kN/m}^2$

$\tau_f = c + \sigma_n \tan\phi$

$= 5 + (10.07z)\tan 32° = 5 + 6.29z$

'CD'면에서의 총 전단 저항력 T_f는

$$T_{f(CD)} = \int_0^{10} \tau_f dz = \int_0^{10} (5 + 6.27z) dz = 363.5\text{kN/m}$$

$T_{(CD)} < T_{f(CD)}$이므로 '$ABCD$' 흙 전체가 일체로 가라앉는 경우는 없을 것이다.
단, "K" 부분의 흙의 손실로 인하여, 'BC'면부터 단계적으로의 침하는 가능하다(이를 Progressive Failure라고 한다).

문제 10 다음 그림과 같이 지하수위는 지표면에 있고 평행으로 침투가 발생한다.

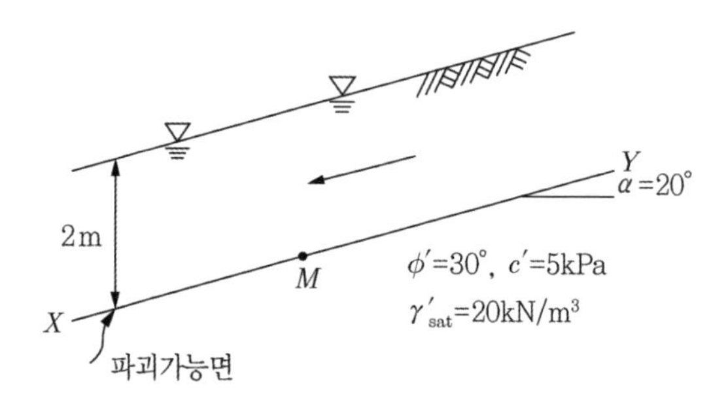

1 M점에 작용하는 수직응력(전응력)과 수압을 구하라.

2 파괴가능면을 $X-Y$면이라고 할 때, M점에서의 전단응력 τ, 전단강도 τ_f를 구하고 파괴 가능성을 판단하다.

풀이

> **Note**
>
> 먼저 『토질역학의 원리』 예제 7.8을 숙지할 것.

1 M점을 포함하는 $ABCD$ 입자를 생각하자(다음 그림 참조).

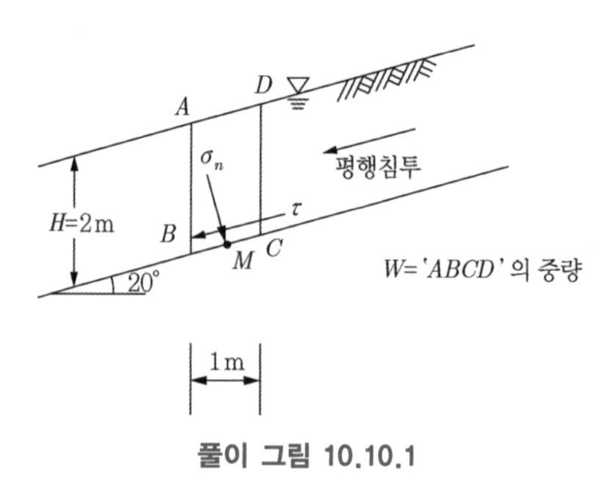

풀이 그림 10.10.1

수압 $u = \gamma_w H \cos^2\alpha$(평행 침투 시)

$= 9.81 \times 2 \times \cos^2 20°$

$= 17.33 \text{kN/m}^2$

수직응력 $\sigma_n = \dfrac{W \cdot \cos\alpha}{\overline{BC}} = \dfrac{W\cos\alpha}{\dfrac{1}{\cos\alpha}} = W\cos^2\alpha = 20 \times 1 \times 2 \times \cos^2 20°$

$= 35.32 \text{kN/m}^2$

2 $\tau = \dfrac{W\sin\alpha}{\overline{BC}} = \dfrac{W \cdot \sin\alpha}{\dfrac{1}{\cos\alpha}} = \dfrac{20 \times 1 \times 2 \times \sin 20°}{\dfrac{1}{\cos 20°}}$

$= 12.86 \text{kN/m}^2$

$\tau_f = c' + \sigma'_n \tan\phi' = c' + (\sigma_n - u)\tan\phi'$

$= 5 + (35.32 - 17.33)\tan 30°$

$= 15.39 \text{kN/m}^2$

$\tau < \tau_f$이므로 전단파괴는 발생되지 않을 것이다.

Note

평행 침투가 발생되는 경우는 침투 수력으로 말미암아 전단응력 계산 시에는 전 중량을, 수직응력 계산 시에는 유효중량을 사용해야 함을 명심하자.

문제 11 CD 삼축압축시험의 하중재하방법을 다음과 같이 3가지 다른 방법으로 실시하였을 때 물음에 답하라.

1 전단강도정수 $c' = 10\text{kPa}$, $\phi' = 35°$인 포화된 시료에 대하여, CD 삼축압축시험을 다음의 조건으로 실시하였다.

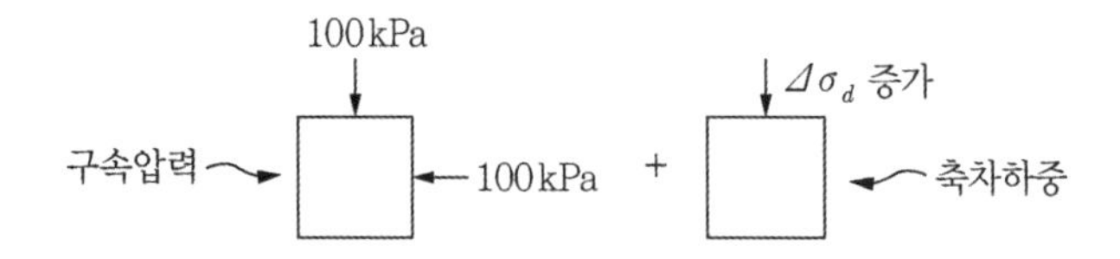

① 파괴가 되었을 때의 최대주응력을 구하라.

② 위의 실험에서 파괴면을 그리고, 파괴면에서의 수직응력 σ_n과 전단응력 τ(또는 전단강도 τ_f)를 구하라.

2 강도정수가 위와 동일한 시료에 대하여 구속압력을 100kPa로 가한 후, 연직응력을 증가시키는 대신에 수평응력을 감소시켜서 전단파괴가 발생하도록 하였다.

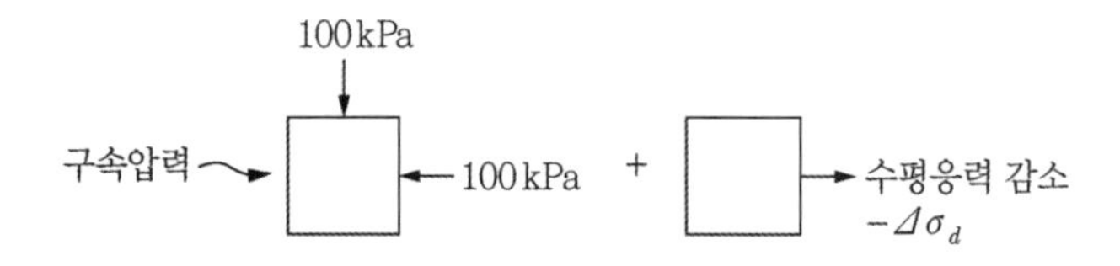

① 파괴가 되었을 때의 최소 주응력을 구하라.

② 위의 실험에서 파괴면을 그리고, 파괴면에서의 수직응력 σ_n과 전단응력 τ(또는 전단강도 τ_f)를 구하라.

3 강도 정수가 위와 동일한 시료에 대해서 구속압력 100kPa을 가한 후 연직응력을 감소시켜서 전단파괴가 발생하도록 하였다.

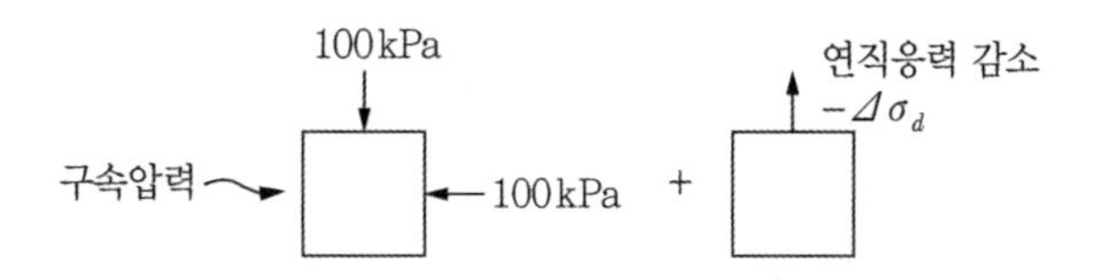

① 파괴가 되었을 때의 최소 주응력을 구하라.

② 위의 실험에서 파괴면을 그리고, 파괴면에서의 수직응력 σ_n과 전단응력 τ(또는 전단강도 τ_f)를 구하라.

풀이

1 먼저 응력을 나타내면 다음과 같다.

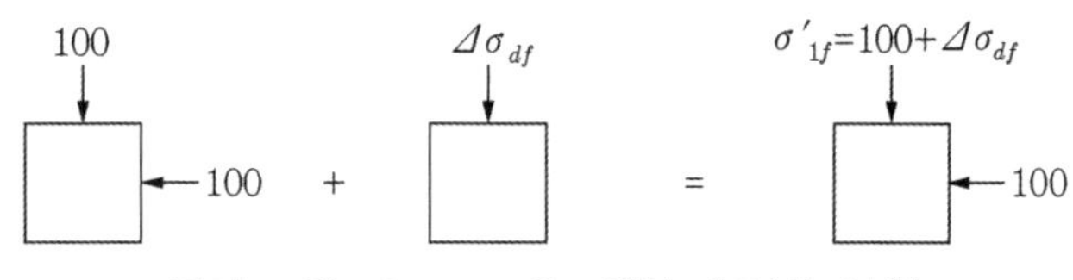

풀이 그림 10.11.1 *CD* 시험 개요(축 압축)

그림으로부터 연직응력이 최대 주응력, 수평응력이 최소 주응력이 된다. 이를 근거로 Mohr 원을 그려보면 다음 (풀이 그림 10.11.2)와 같다.

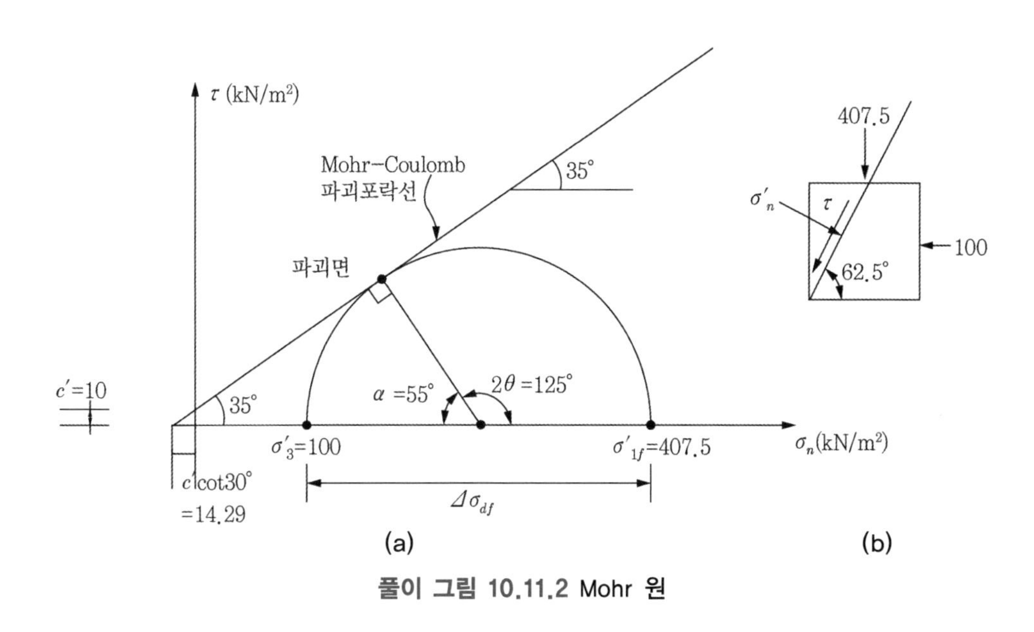

풀이 그림 10.11.2 Mohr 원

그림으로부터

$$\sin 35° = \frac{\dfrac{\sigma'_{1f} - 100}{2}}{10\cot 35° + \dfrac{\sigma'_{1f} + 100}{2}}$$ 을 풀면

$\therefore\ \sigma'_{1f} = 407.5\text{kN/m}^2$를 얻는다.

파괴면과 주응력면이 이루는 각도 θ는

$\theta = 45° + \dfrac{\phi}{2} = 45° + \dfrac{35°}{2} = 62.5°$(풀이 그림 10.11.2(b) 참조)

그림(a)에서 $2\theta = 125°$이므로, $\alpha = 180 - 125 = 55°$

파괴면에서의 $\sigma'_n = \dfrac{407.5 + 100}{2} - \dfrac{407.5 - 100}{2}\cos 55°$

$= 165.6\text{kN/m}^2$

$\tau = \dfrac{407.5 - 100}{2}\sin 55° = 125.7\text{kN/m}^2$

또는 $\tau_f = \tau = c' + \sigma'_n \tan\phi' = 10 + 165.6 \times \tan 35° = 125.7\text{kN/m}^2$

2 응력의 개요는 다음과 같다.

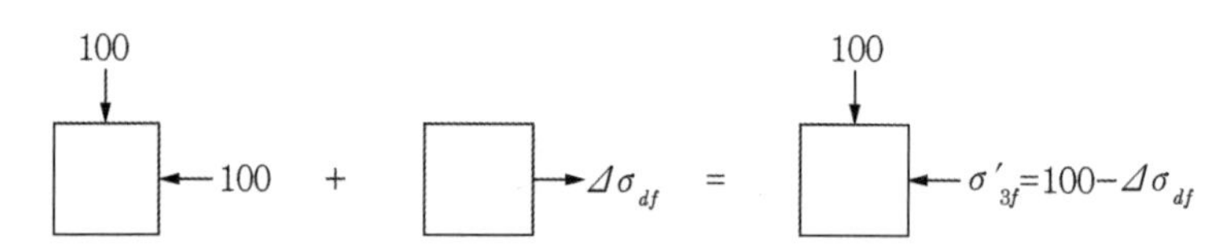

풀이 그림 10.11.3 *CD* 시험 개요(수평 인장)

연직방향으로 축차하중을 증가시키는 대신, 수평응력을 감소시켜서 파괴에 이르게 하는 방법으로, 연직응력이 최대 주응력, 수평응력이 최소 주응력이다. Mohr 원을 그려보면 다음 (풀이 그림 10.11.4)와 같다.

그림으로부터

$$\sin 35° = \frac{\dfrac{100-\sigma'_{3f}}{2}}{10\cot 35° + \dfrac{100+\sigma'_{3f}}{2}}$$ 을 풀면

$\sigma'_{3f} = 16.68\text{kN/m}^2$를 얻는다.

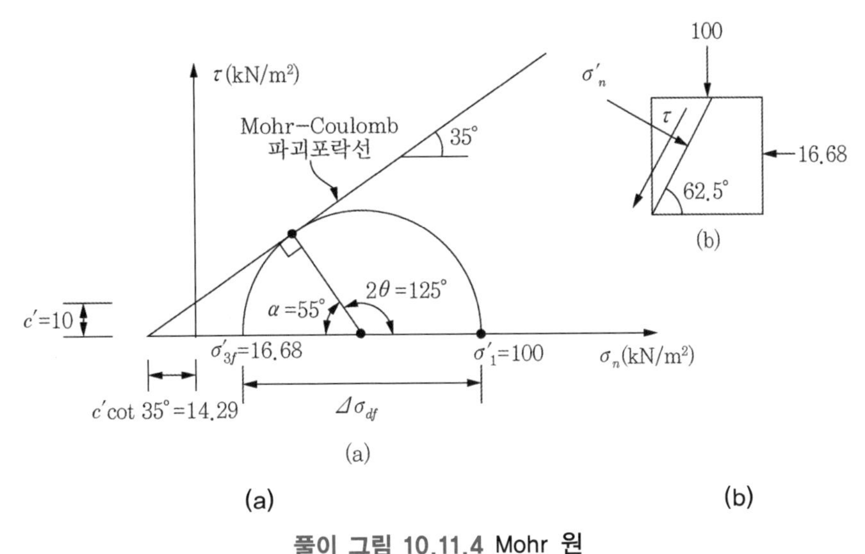

(a) (b)

풀이 그림 10.11.4 Mohr 원

파괴면과 주응력면이 이루는 각도는 **1**번과 동일하다.

즉, $\theta = 62.5°$(풀이 그림 10.11.4(b) 참조), $2\theta = 125°$, $\alpha = 55°$이다.

$$\text{파괴면에서의 } \sigma'_n = \frac{100+16.68}{2} - \frac{100-16.68}{2}\cos 55°$$

$$= 34.44\text{kN/m}^2$$

$$\tau = \frac{100-16.68}{2}\sin 55° = 34.13\text{kN/m}^2$$

또는 $\tau_f = \tau = c + \sigma'_n \tan\phi' = 10 + 34.44\tan 35° = 34.13\text{kN/m}^2$

3 응력의 개요는 다음과 같다.

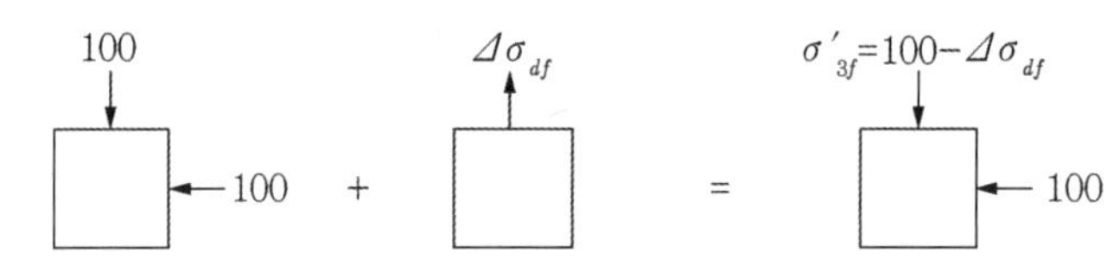

풀이 그림 10.11.5 *CD* 시험 개요(축 인장)

축차응력을 감소시켜서 축차응력이 파괴에 이르도록 함에는 ❷번 문제와 동일하다. 단, 한 가지 차이는 ❷번에서는 연직방향이 최대 주응력, 수평방향이 최소 주응력 방향이었으나, 이번 문제에서는 최대 주응력이 수평방향, 최소 주응력이 연직방향이라는 점이다.

따라서 Mohr 원은 (풀이 그림 10.11.6)과 같이 원점 아래에 그려진다. 이를 수동상태라고 한다.

$$\sin(-35°) = \frac{\dfrac{\sigma'_{3f} - 100}{2}}{10 \cdot \cot 35° + \dfrac{\sigma'_{3f} + 100}{2}}$$ 으로부터

$\sigma'_{3f} = 16.68\text{kN/m}^2$이다.

(풀이 그림 10.11.6(b))에서 보여주는 바와 같이 파괴면은 최대 주응력면(연직면)과 시계방향으로 62.5°의 각도를 이룬다. 또는 최소 주응력면(수평면)과 반시계 방향으로 27.5°의 각도를 이룬다.

파괴면에서의

$$\sigma'_n = \frac{100 + 16.68}{2} - \frac{100 - 16.68}{2}\cos 55°$$

$$= 34.44\text{kN/m}^2$$

$$\tau = -\frac{100 - 16.68}{2}\sin 55° = -34.13\text{kN/m}^2$$

(시계 회전 방향)

또는

$$\tau_f = -[c' + \sigma'_n \tan 35°] = -10 - 34.44 \times \tan 35°$$

$$= -34.13\text{kN/m}^2$$

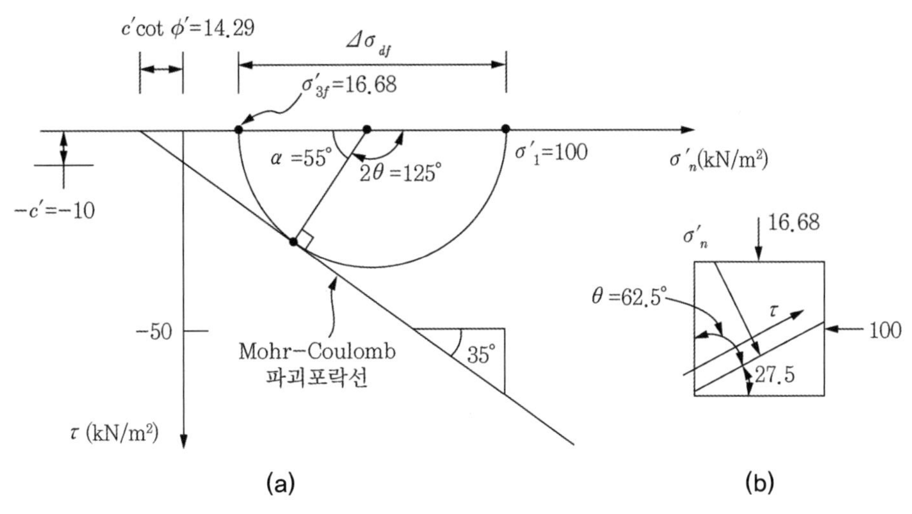

풀이 그림 10.11.6 Mohr 원

문제 12 다음 그림과 같이 연직응력 $\sigma_{vo}=\gamma z$, 수평응력 $\sigma_{ho}=K_o\gamma z$를 받고 있는 지반에 원형 터널을 뚫었을 때, A, B입자에 작용하는 접선응력은 다음과 같다.

$\sigma_{\theta A}=3\sigma_{ho}-\sigma_{vo}$, $\sigma_{\theta B}=3\sigma_{vo}-\sigma_{ho}$

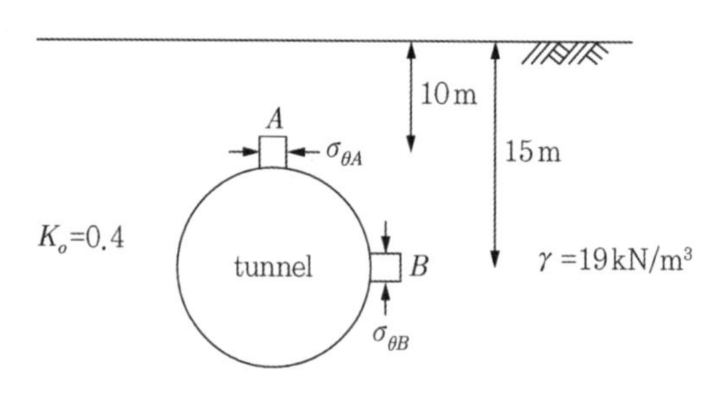

1. 만일 지반 자체가 전단저항각 $\phi=0°$이고, 점착력만 존재한다면, 터널시공 직후 전단파괴가 일어나지 않으려면 A, B입자 각각에 대하여 점착력이 얼마나 커야 하나?
2. 만일, $\phi=30°$라면 점착력은 얼마나 커야 하나?

풀이

> **Note**
> 이 문제는 제5장의 연습문제 9번의 연장이다.

시공 후의 A 및 B입자에 대한 터널시공 직후의 응력상태를 (풀이 그림 10.12.1)에 나타내었다.

(A 입자)

$\sigma_v=0$(공기압)

$\sigma_h=\sigma_{\theta A}=3\sigma_{ho}-\sigma_{vo}=3\times0.4\times19\times10-19\times10$

$=38\text{kN/m}^2$

(B입자)

$\sigma_h=0$(공기압)

$\sigma_v = \sigma_{\theta B} = 3\sigma_{vo} - \sigma_{ho}$ =3×19×15−0.4×19×15

=741kN/m^2

1 A, B입자 공히 최소 주응력=0이므로, 지반에 점착력이 없으면 전단파괴는 일어날 수밖에 없다.

만일 ϕ=0이라면

(A 입자)

$c_A = q = \frac{38}{2}$ =19kN/m^{2}보다 커야 한다.

(B입자)

$c_B = q = \frac{741}{2}$ =370.5kN/m^{2}보다 커야 한다.

2 ϕ=30°이므로, $\theta = 45° + \frac{30°}{2}$ =60° → 2θ =120°

→ α =60°이다(풀이 그림 10.12.1 참조).

(A 입자)

$$-\sin 30° = \frac{\frac{0-38}{2}}{c \cdot \cot 30° + \frac{38+0}{2}}$$ 로부터

c를 구하면 c=11.0kN/m^{2}보다 커야 한다.

(B입자)

$$\sin 30° = \frac{\frac{741-0}{2}}{c \cdot \cot 30° + \frac{741+0}{2}}$$ 로부터

c를 구하면 c=213.8kN/m^{2}보다 커야 한다.

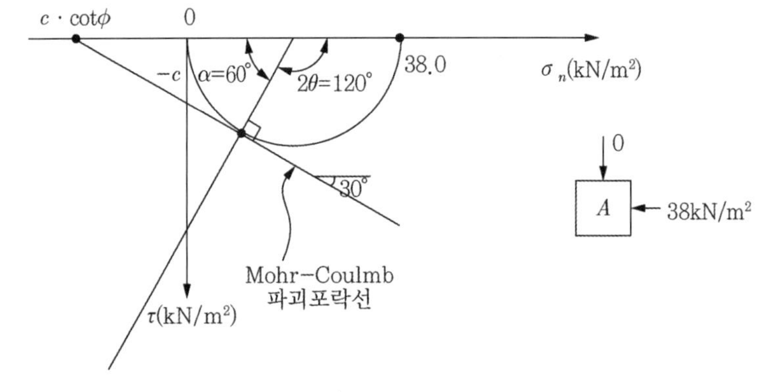

(a) *A* 입자

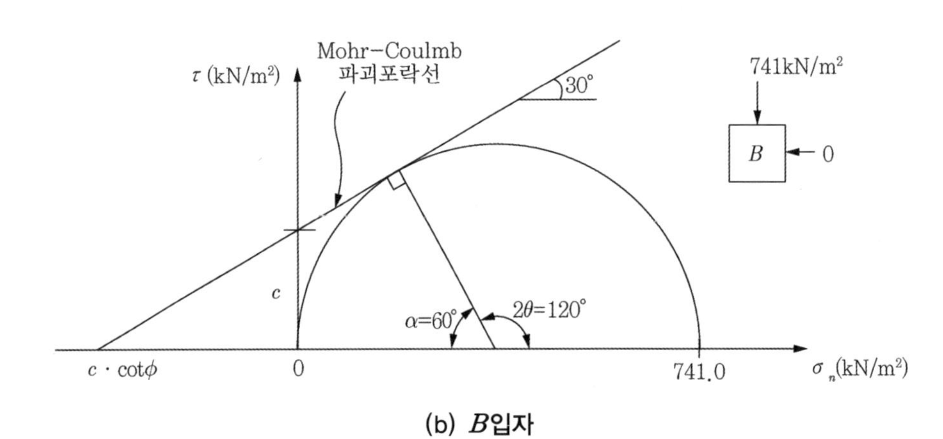

(b) *B*입자

풀이 그림 10.12.1 Mohr 원

문제 13 다음 그림과 같이 지하 10m에 있는 점토를 채취(sampling)하였다.

1 Perfect sampling을 가정하였을 때, 샘플에 작용하는 유효응력을 구하라.

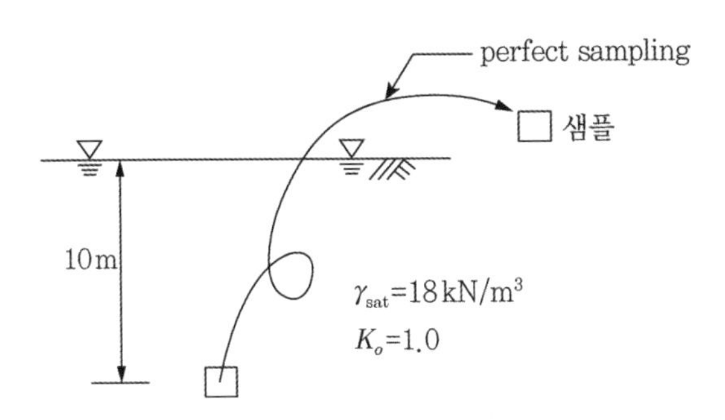

2 만일 $K_o=0.5$, $A=0.33$(Skempton의 과잉간극수압계수)라면, 샘플의 유효응력은 얼마일까(Challenging Question)?

풀이

1 Perfect sampling은 현장에서 채취한 샘플이 시료교란도 없고 함수비도 그대로 보전된 경우의 시료를 말한다.
현장 흙과 샘플 흙의 전응력은 다음 그림과 같다.

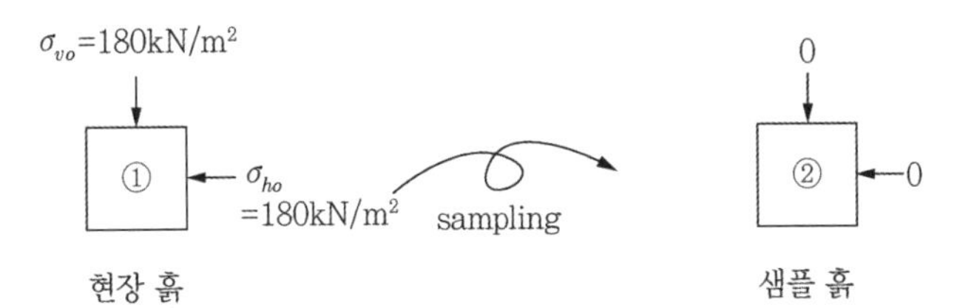

① 현장 흙

$K_o=1$로 가정했으므로 $\sigma_{vo}=\gamma_{sat}\cdot z=18\times10=180\text{kN/m}^2$

$\sigma_{ho}=\sigma_{vo}=180\text{kN/m}^2$

② 샘플 흙

샘플 흙은 공기압만 받고 있으므로 $\sigma_v = \sigma_h = 0$이다.

③ 전응력 증감 $\sigma_{vo} = \sigma_{ho} = 180\text{kN/m}^2$에서 0으로 바뀌었으므로

$$\Delta\sigma_v = \Delta\sigma_h = \sigma_{②} - \sigma_{①}$$
$$= 0 - 180 = -180\text{kN/m}^2$$

전응력 변화로 인한 과잉간극수압 Δu는

$\Delta u = B\Delta\sigma = 1 \times (-180) = -180\text{kN/m}^2$

즉, 수압이 180kN/m^2이나 감소한다.

샘플된 시료의 수압은 '초기수압+과잉간극수압'이므로

$u_{(\text{sample})} = u_o + \Delta u$ (u_o는 현장 흙의 정수압)

$$= \gamma_w z + \Delta u$$
$$= 9.81 \times 10 + (-180)$$
$$= -81.9\text{kN/m}^2$$

샘플의 유효응력은 '전응력-수압'이므로

$$\sigma'_{(\text{sample})} = \sigma - u$$
$$= 0 - (-81.9) = 81.9\text{kN/m}^2$$

한편, 현장 흙의 유효응력은

$\sigma' = \sigma'_v = \gamma' z = (18 - 9.81) \times 10 = 81.9\text{kN/m}^2$

즉, $K_o = 1$이고 perfect sampling이 이루어지면 샘플 흙의 유효응력은 현장 흙의 유효응력과 같다.

2 $K_o = 0.5$, $A = 0.33$인 경우

Note

이 문제는 학부수준은 넘는 문제이다. 상세한 이론을 알기 원하는 독자는 저자의 저서 『토질역학 특론』 1.2절을 숙지하기 바란다.

현장 흙의 전응력, 수압, 유효응력은 다음과 같다.

$\sigma_{vo} = \gamma_{sat} \cdot z = 18 \times 10 = 180\text{kN/m}^2$

$u_o = \gamma_w \cdot z = 9.81 \times 10 = 98.1\text{kN/m}^2$

$\sigma'_{vo} = \sigma_{vo} - u_o = 180 - 98.1 = 81.9\text{kN/m}^2$

또는 $\sigma'_{vo} = \gamma' z = (18 - 9.81) \times 10 = 81.9\text{kN/m}^2$

$\sigma'_{ho} = K_o \sigma'_{vo} = 0.5 \times 81.9 = 40.95\text{kN/m}^2$

$\sigma_{ho} = \sigma'_{ho} + u_o = 40.95 + 98.1 = 139.05\text{kN/m}^2$

Perfect sampling 시 현장 흙과 샘플 흙의 전응력은 다음과 같다.

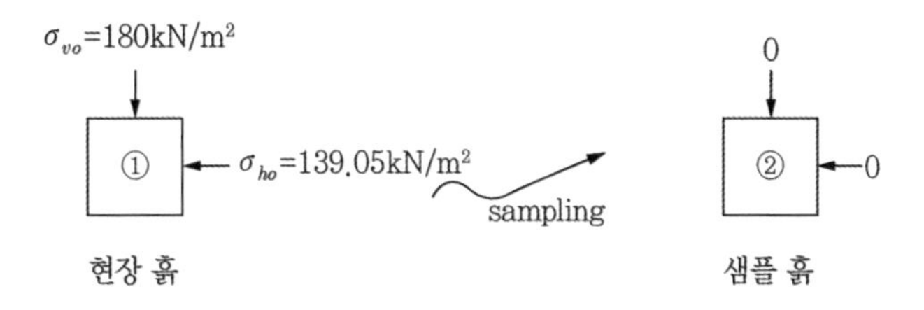

① 현장 흙 $\sigma_{vo} = 180\text{kN/m}^2$, $\sigma_{ho} = 139.05\text{kN/m}^2$

② 샘플 흙 $\sigma_v = \sigma_h = 0$

③ 전응력 증감

- 연직응력 '$\sigma_{vo} = 180 \rightarrow \sigma_v = 0$'이므로

$$\Delta\sigma_v = \sigma_v - \sigma_{vo} = 0 - 180 = -180\text{kN/m}^2$$

- 수평응력 '$\sigma_{ho} = 139.05 \rightarrow \sigma_h = 0$'이므로

$$\Delta\sigma_h = \sigma_h - \sigma_{ho} = 0 - 139.05 = -139.05\text{kN/m}^2$$

전응력 감소로 인한 과잉간극수압 Δu는

$$\Delta u = B[\Delta\sigma_3 + A(\Delta\sigma_1 - \Delta\sigma_3)]$$
$$= \Delta\sigma_h + A(\Delta\sigma_v - \Delta\sigma_h) \ (\because B=1)$$
$$= -139.05 + 0.33[-180 - (-139.05)]$$
$$= -152.56\text{kN/m}^2$$

즉, 수압 감소를 유발한다.

샘플된 시료에서의 수압은

$$u_{\text{sample}} = u_o + \Delta u$$

$$= 98.1 + (-152.56) = -54.46\text{kN/m}^2$$

샘플의 유효응력은

$$\sigma'_{\text{sample}} = \sigma_v^{\approx 0} - u_{\text{sample}} (\text{또는 } \sigma_h^{\approx 0} - u_{\text{sample}})$$

$$= 0 - (-54.46)$$

$$= 54.46\text{kN/m}^2$$

이를 정리하면 perfect sampling 시 현장 흙과 샘플 흙은 다음과 같다.

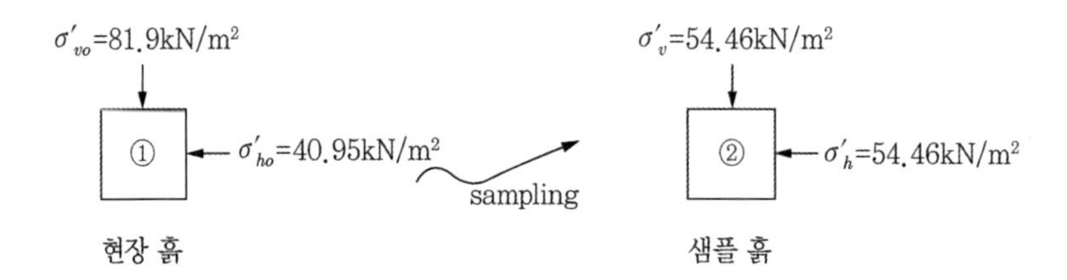

즉,

이방상태의 현장 흙은 sampling과 동시에 등방상태로 바뀐다(즉, $\sigma'_{\text{sample}} = \sigma'_v = \sigma'_h$).

문제 14 다음 그림과 같이 삼각형 암석블록(Block) 밑을 두더지가 파내어 암석블록이 무너지게 되었다. 단, 암석과 흙 사이의 전단저항력은 사질토의 경우와 동일하다고 가정한다. 또한, $\gamma_{rock} = 27\text{kN/m}^3$이다.

1. 'K' 입자에서의 전단강도를 구하라.
2. 'K' 입자에서의 전단응력을 구하라.
3. 두더지 구멍이 없다고 가정하고, AB면에 작용하는 전단응력의 합을 구하라.
4. 같은 조건하에서 AB면에 작용하는 전단강도의 합을 구하라.
5. 두더지 구멍을 몇 m 팠을 때 바위가 무너질까?
6. 만일 두더지 구멍을 A점에서부터 파서 올라간다면 얼마나 파야 무너질까?

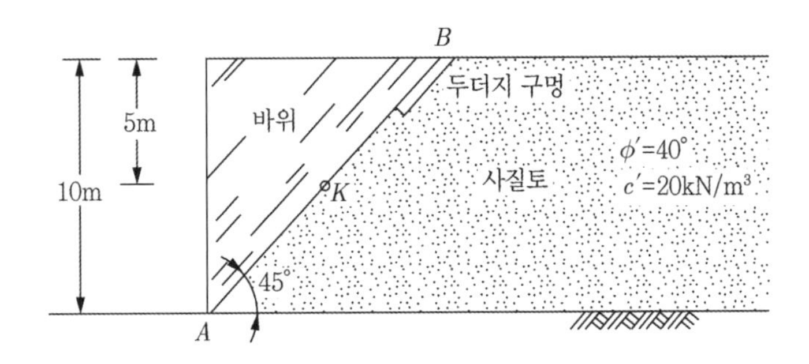

풀이

다음 (풀이 그림 10.14.1)에서와 같이 임의의 깊이 z에서 (1m×1m) 각주에 대하여 (그림 (b))

$$W = \gamma_{rcok}(1 \times 1 \times z) = \gamma_{rock} \cdot z$$

이 무게의 수직방향 힘

$$N = W\cos\alpha = \gamma_{rock} z \cos\alpha$$

이 무게의 전단력

$$T = W\sin\alpha = \gamma_{rock} z \sin\alpha$$

응력으로 나타내면,

$$\sigma_n = \frac{N}{A} = \frac{\gamma_{\text{rock}} z \cos\alpha}{1/\cos\alpha} = \gamma_{\text{rock}} z \cos^2\alpha$$

$$\tau = \frac{T}{A} = \frac{\gamma_{\text{rock}} z \sin\alpha}{1/\cos\alpha} = \gamma_{\text{rock}} z \cos\alpha \cdot \sin\alpha$$

전단강도는

$$\tau_f = c + \sigma_n \tan\phi$$

$$= c + (\gamma_{\text{rock}} z \cdot \cos^2\alpha) \cdot \tan\phi$$

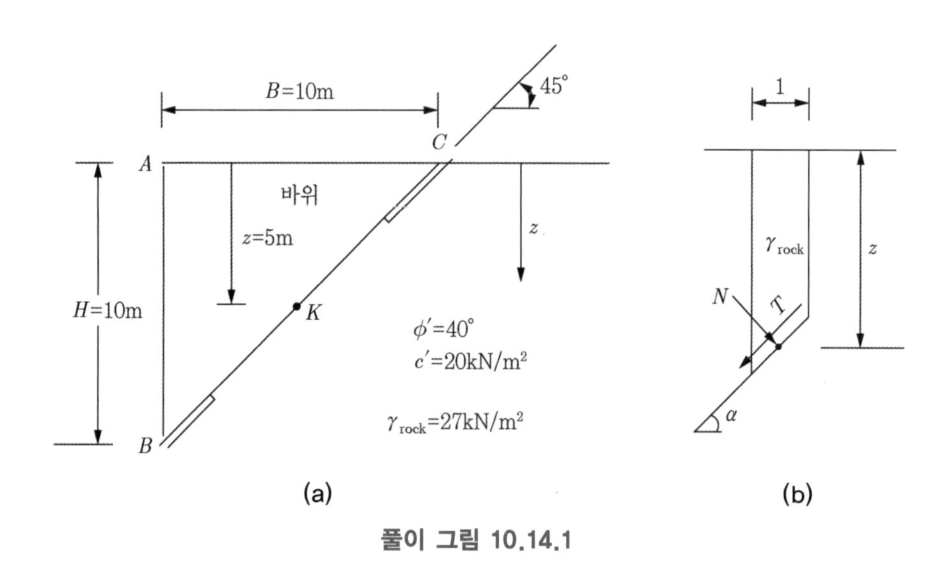

풀이 그림 10.14.1

1, **2** K입자 $z=5\text{m}$에서

$$\sigma_n = \gamma_{\text{rock}} \cdot z \cos^2\alpha = 27 \times 5 \times \cos^2 45° = 67.50\text{kN/m}^2$$

$$\tau = \gamma_{\text{rock}} \cdot z \cos\alpha \cdot \sin\alpha = 27 \times 5 \times \cos 45° \times \sin 45°$$

$$= 67.50\text{kN/m}^2$$

$$\tau_f = c + \sigma_n \tan\phi$$

$$= 20 + 67.50 \times \tan 40° = 76.64\text{kN/m}^2$$

3, **4** $T = \int_0^{\frac{H}{\cos\alpha}} \tau d\ell = \int_0^{\frac{H}{\cos\alpha}} \gamma_{\text{rock}} z \cos\alpha \cdot \sin\alpha \, d\ell$

$$= \int_0^H \gamma_{rock} z cos\alpha \sin\alpha \frac{dz}{\cos\alpha}$$

$$= \int_0^H \gamma_{rock} z sin\alpha \, dz$$

$$= (27 \times \sin 45°) \int_0^{10} z dz$$

$$= 27 \times \sin 45° \times \frac{1}{2} \times 10^2$$

$$= 954.6\text{kN/m당}$$

$$T_f = \int_0^{\frac{H}{\cos\alpha}} \tau_f d\ell = \int_0^{\frac{H}{\cos\alpha}} [c + \gamma_{rock} \cdot z \cdot \cos^2\alpha \tan\phi] d\ell$$

$$= \int_0^H [c + \gamma_{rock} z \cos^2\alpha \tan\phi] \frac{dz}{\cos\alpha}$$

$$= \int_0^{10} [20 + 27 \times \cos^2 45° \times \tan 40° \times z] \frac{1}{\cos 45°} dz$$

$$= \int_0^{10} [28.28 + 16.02z] dz$$

$$= 28.28z + \frac{1}{2} \times 16.02 \times z^2 \Big|_0^{10}$$

$$= 282.8 + \frac{1}{2} \times 16.02 \times 10^2 = 1{,}083.8\text{kN/m당}$$

별해

T 및 T_f를 암반블록의 무게 W를 이용하여 다음과 같이 구할 수도 있다(풀이 그림 10.14.2 참조).

$$N = W\cos\alpha = \frac{1}{2}\gamma_{rock} HB\cos\alpha$$

$$T = W \cdot \sin\alpha = \frac{1}{2}\gamma_{rock} HB\sin\alpha$$

$$T_f \doteq c \cdot \ell + N\tan\phi$$

위의 각 식에 수치를 대입하면

$$N = \frac{1}{2} \times 27 \times 10 \times 10 \times \cos 45° = 954.6\text{kN/m}$$

$$T = \frac{1}{2} \times 27 \times 10 \times 10 \times \sin 45° = 954.6\text{kN/m}$$

$$T_f = 20 \times \frac{10}{\cos 45°} + 945.6 \times \tan 40°$$

$$= 1083.8\text{kN/m}$$

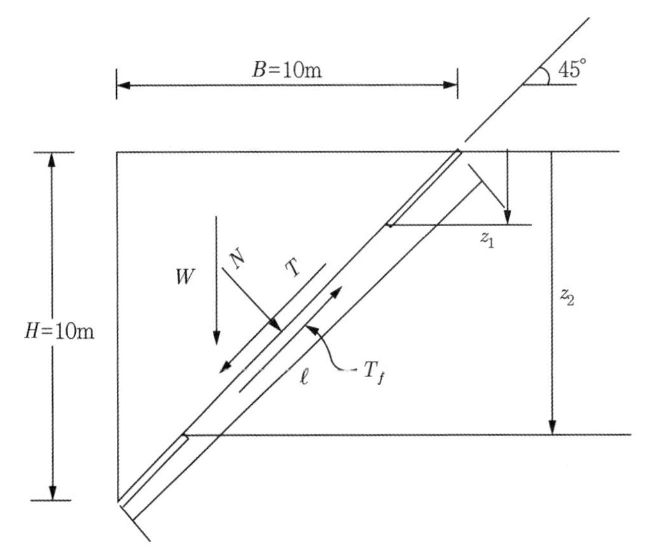

풀이 그림 10.14.2

5 두더지 구멍으로 인하여, 전단강도의 합이 감소하여 T_f가 T에 다다르면 전단파괴가 발생한다. 이때의 구멍 깊이를 z_1이라고 하면 (풀이 그림 10.14.2 참조)

$$T_f = \int_{z_1}^{10} \tau_f \cdot \frac{dz}{\cos\alpha} = T = 954.6\text{kN/m}\text{이면 파괴.}$$

$$T_f = \int_{z_1}^{10} [c + \gamma_{\text{rock}} z \cos^2\alpha \tan\phi] \cdot \frac{dz}{\cos\alpha}$$

$$= \int_{z_1}^{10} [28.28 + 16.02z] dz$$

$$= (28.28z + 8.01z^2)\Big|_{z_1}^{10} = 954.6 \cdots ①$$

① 식을 정리하면,

$$8.01z_1^2 + 28.28z_1 - 129.2 = 0 \cdots ②$$

② 식을 풀면

$z_1 = 2.62\text{m}$

두더지 구멍길이 $\Delta\ell = \dfrac{z_1}{\sin\alpha} = \dfrac{2.62}{\sin 45°} = 3.7\text{m}$

6 아래쪽의 두더지 구멍까지의 깊이를 z_2라고 하면,

$T_f = \int_0^{z_2} \tau_f \cdot \dfrac{dz}{\cos\alpha} = T = 954.6\text{kN/m}$에 다다르면 파괴.

$$T_f = \int_0^{z_2} [c + \gamma_{\text{rock}} \cdot z \cdot \cos^2\alpha \tan\phi] \cdot \frac{dz}{\cos\alpha}$$

$$= \int_0^{z_2} (28.28 + 16.02z)dz$$

$$= (28.28z + 8.01z^2)\Big|_0^{z_2} = 954.6 \cdots ③$$

③ 식을 정리하면,

$8.01z_2^2 + 28.28z_2 - 954.6 = 0 \cdots ④$

④ 식을 풀면

$z_2 = 9.29\text{m}$

두더지 구멍길이는 $\Delta\ell = \dfrac{H - z_2}{\sin\alpha} = \dfrac{10 - 9.29}{\sin 45°}$

$= 1\text{m}$

하부로 갈수록 전단강도가 증가하므로 지상에서는 3.7m 구멍이 나야 전단파괴가 이르나, 바닥부에서는 1m 구멍에도 파괴된다.

문제 15 PE 하수관을 묻기 위하여 다음과 같이 트렌치를 파고, 관을 묻고 되메우기를 하였다. PE관 옆 부분의 되메우기를 엉성하게 하여 PE관이 거의 찌그러지는 파괴가 일어났다.

1 깊이 z인 P점에서의 전단강도를 구하라.

2 AB, CD면에서의 총 전단저항력은 얼마인가?

3 그렇다면 $ABCD$ 부분의 흙의 무게로 인한 힘은 얼마나 될까? 즉, 'BC'면에 작용되는 힘을 구하라.

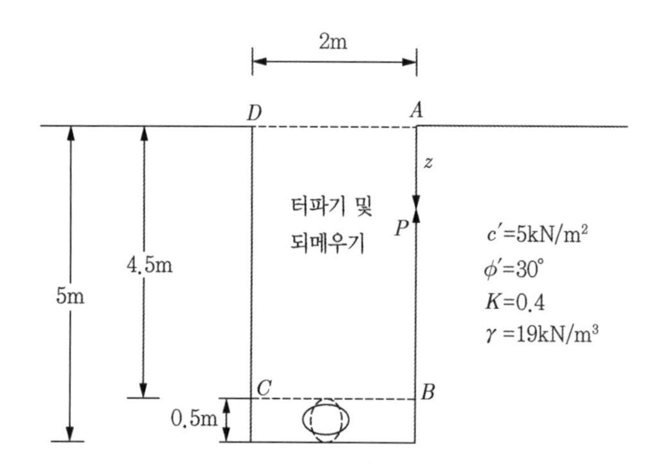

풀이

1 P점에서의 수직응력 σ_n은 $\sigma_n = K_0 \cdot \gamma z$이다.

$\sigma_n = K_o \gamma z = 0.4 \times 19 \times z = 7.6z$

$\tau_f = c + \sigma_n \tan\phi = 5 + 7.6z \tan 30° = 5 + 4.39z$

2 총 저항력(AB면$+CD$면)

$$T_f = 2 \cdot \int \tau_f dz = 2\int_0^{4.5} (5 + 4.39z)dz$$

$= 111.4$kN/m당

3 BC면에 작용되는 힘, F

$F = W - T_f = 19 \times 4.5 \times 2 - 111.4$

$= 59.6$kN/m당

Note

'$ABCD$' 부분이 침하되면서 'BC'면에 작용되는 힘 F를 Terzaghi의 이완하중이라고 한다.

문제 16 강관주면에서의 저항력을 다음의 두 조건 각각에 대하여 구하라.

1 다음 그림처럼 직경 D=512mm인 강관이 화강풍화토에 7m 깊이로 박혀 있다. 강관과 주변지반 사이의 δ=18°라고 할 때, 강관주면에서 저항할 수 있는 힘을 구하라(건조 조건).

2 지하 3m 깊이에 지하수가 존재한다고 할 때 저항력을 구하라.

(단, 지반의 $\gamma=\gamma_{sat}=20\text{kN/m}^3$, 수평방향 토압계수 K=0.8로 가정하라).

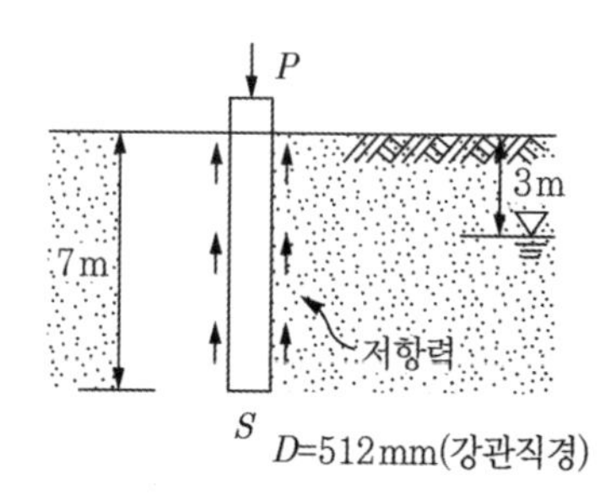

풀이

1 임의의 깊이 z에서의 부착력 τ_f는

$\tau_f = c_a + \sigma_n \tan\delta$이다.

여기서, $\sigma_n = K_o \sigma_v = K_o \gamma z$

즉, $\tau_f = 0 + 0.8 \times 20 \times z \times \tan 18° = 5.20z$

강관 주면 마찰력

$$T_f = (\pi D) \cdot \int_0^7 \tau_f dz$$

$$= (\pi \times 0.512) \times \int_0^7 5.2z dz$$

$$= 204.8\text{kN}$$

2 부착력 τ_f는 $\begin{cases} (0\sim3\text{m})\text{에서는 } \tau_{f1} = \sigma_n \tan\delta \\ (3\sim7\text{m})\text{에서는 } \tau_{f2} = \sigma'_n \tan\delta \end{cases}$ 이다.

즉, $\begin{cases} 0 \sim 3\text{m} : \tau_{f1} = 5.20\text{z} \\ 3\text{m} \sim 7\text{m} : \tau_{f2} = K_o \gamma' z \tan\delta \\ \qquad\qquad\quad = 0.8 \times (20 - 9.81) \times z \times \tan 18° \\ \qquad\qquad\quad = 2.65z \end{cases}$

강관 주면 마찰력

$$T_f = (\pi D)\left[\int_0^3 \tau_{f1} dz + \int_3^7 \tau_{f2} dz\right]$$

$$= (\pi \times 0.512)\left[\int_0^3 (5.2z) dz + \int_3^7 (2.65z) dz\right]$$

$$= 122.8\text{kN}$$

제11장

토압의 원리

제11장
토압의 원리

문제 1 다음 그림과 같은 조건에서 옹벽에 작용되는 압력의 분포와 총 압력 및 작용점을 구하라. 단, 옹벽과 흙 사이에 마찰력은 없다고 가정하라.

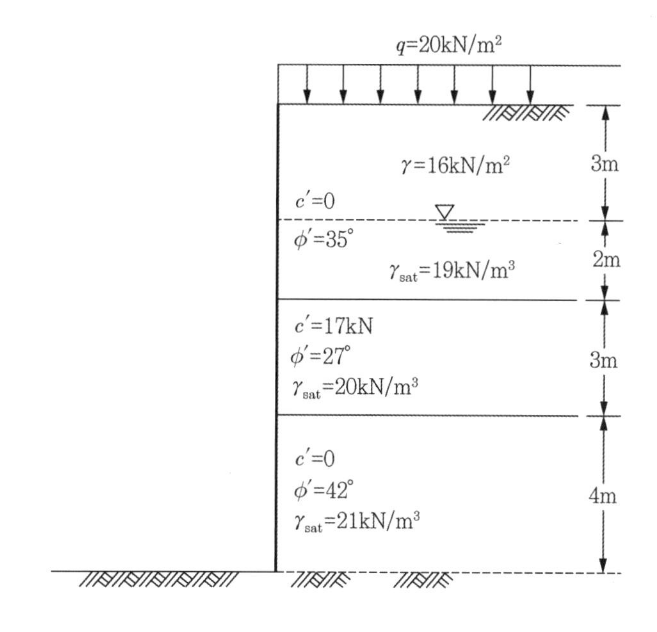

풀이

토압을 먼저 계산하고 수압을 차후에 더한다. 토압은 주동토압이다.
(풀이 그림 11.1.1 참조)

(토압계수)

① I, II층

$$K_{a(\mathrm{I})} = K_{a(\mathrm{II})} = \tan^2\left(45° - \frac{\phi}{2}\right) = \tan^2\left(45° - \frac{35°}{2}\right) = 0.271$$

② III층

$$K_{a(\mathrm{III})} = \tan^2\left(45° - \frac{27°}{2}\right)$$
$$= 0.376$$

③ IV층

$$K_{a(\mathrm{IV})} = \tan^2\left(45° - \frac{42°}{2}\right) = 0.198$$

(주동토압)

① I층

$z = 0$ (A점) $\sigma_a = K_{a(\mathrm{I})} q = 0.271 \times 20 = 5.42\mathrm{kN/m^2}$

$z = 3\mathrm{m}$ (B점) $\sigma_a = K_{a(\mathrm{I})}(\gamma H_1) + K_{a(\mathrm{I})} q$

$= 0.271 \times 16 \times 3 + 5.42$

$= 18.43\mathrm{kN/m^2}$

② II층(지하수위 下)

I층의 상재하중

$q_{\mathrm{I}} = \gamma H_1 + q = 16 \times 3 + 20 = 68\mathrm{kN/m^2}$

$z = 5^-\mathrm{m}$(C^- 점)

$\sigma_a = K_{a(\mathrm{II})}(\gamma' H_2 + q_{\mathrm{I}})$

$= 0.271[(19 - 9.81) \times 2 + 68]$

$= 23.41\mathrm{kN/m^2}$

③ III층

II층의 상재하중

$q_{\mathrm{II}} = \gamma_{\mathrm{I}} H_1 + \gamma'_{\mathrm{II}} H_2 + q = 16 \times 3 + (19 - 9.81) \times 2 + 20$

$= 86.38\mathrm{kN/m^2}$

$z = 5^+\mathrm{m}$(C^+ 점)

$\sigma_a = K_{a(\mathrm{III})} q_{\mathrm{II}} - 2c\sqrt{K_{a(\mathrm{III})}}$

$= 0.376 \times 86.38 - 2 \times 17 \times \sqrt{0.376}$

$= 11.63\mathrm{kN/m^2}$

$z = 8^-\mathrm{m}$(D^- 점)

$$\sigma_a = K_{a(III)}[\gamma'_{III} \cdot H_3 + q_{II}] - 2c\sqrt{K_{a(III)}}$$

$$= 0.376[(20-9.81)\times 3 + 86.38] - 2\times 17\times \sqrt{0.376}$$

$$= 23.12\text{kN/m}^2$$

④ IV층

III층의 상재하중

$$q_{III} = \gamma_I H_1 + \gamma'_{II} H_2 + \gamma'_{III} H_3 + q$$

$$= 16\times 3 + (19-9.81)\times 2 + (20-9.81)\times 3 + 20$$

$$= 116.95\text{kN/m}^2$$

$z = 8^+\text{m}$(D^+점)

$$\sigma_a = K_{a(IV)} q_{III} = 0.198\times 116.95 = 23.16\text{kN/m}^2$$

$z = 12\text{m}$(E점)

$$\sigma_a = K_{a(IV)}[\gamma'_{IV} \cdot H_4 + q_{III}]$$

$$= 0.198[(21-9.81)\times 4 + 116.95]$$

$$= 32.02\text{kN/m}^2$$

(수압)

$z = 3\text{m}$　$u = 0$

$z = 5\text{m}$　$u = \gamma_w H_1 = 9.81\times 2 = 19.62\text{kN/m}^2$

$z = 8\text{m}$　$u = \gamma_w (H_1 + H_2) = 9.81\times(2+3) = 49.05\text{kN/m}^2$

$z = 12\text{m}$　$u = \gamma_w (H_2 + H_3 + H_4)$

$$= 9.81(2+3+4) = 88.29\text{kN/m}^2$$

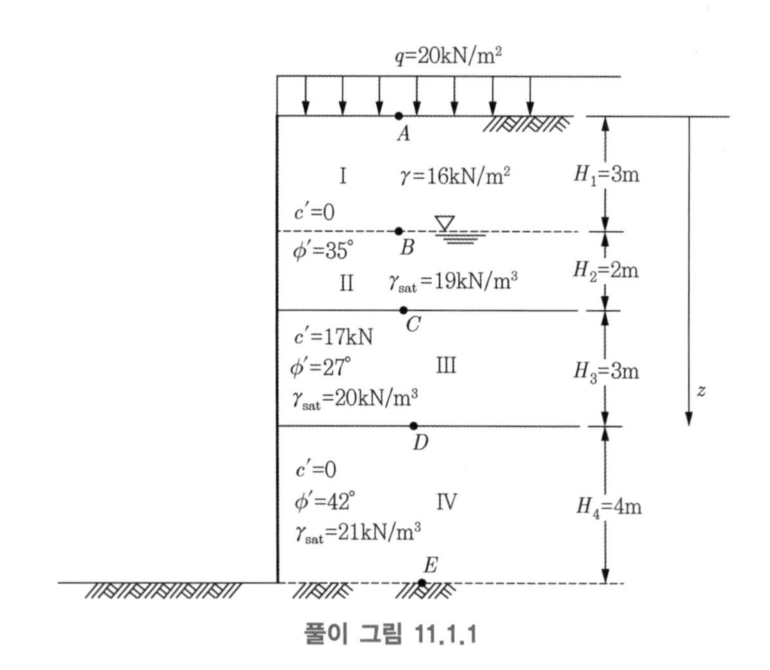

풀이 그림 11.1.1

주동토압과 수압을 다이아그램으로 나타내면 (풀이 그림 11.1.2)와 같다. 그림으로부터 총 하중은 다음과 같다.

(주동토압)

I층 : $\dfrac{5.42+18.43}{2}\times 3=35.78\text{kN/m}$

II층 : $\dfrac{18.43+23.41}{2}\times 2=41.84\text{kN/m}$

III층 : $\dfrac{11.63+23.12}{2}\times 3=52.13\text{kN/m}$

IV층 : $\dfrac{23.16+32.02}{2}\times 4=110.36\text{kN/m}$

$\sum=240.11\text{kN/m}$

(수압) $\dfrac{1}{2}\times 9\times 88.29=397.31\text{kN/m}$

총 수평하중 $=240.11+397.31$

$=637.42\text{kN/m}(\leftarrow)$

(작용점)

① 토압/작용점 I층 : $\dfrac{5.42\times3\times\dfrac{3}{2}+\left(\dfrac{1}{2}\times13.01\times3\right)\times\dfrac{3}{3}}{35.78}+9=10.23\text{m}$

II층 : $\dfrac{(18.43\times2)\times\dfrac{2}{2}+\left(\dfrac{1}{2}\times4.98\times2\right)\times\dfrac{2}{3}}{41.84}+7=7.96\text{m}$

III층 : $\dfrac{(11.63\times3)\times\dfrac{3}{2}+\left(\dfrac{1}{2}\times11.49\times3\right)\times\dfrac{3}{3}}{52.13}+4=5.33\text{m}$

IV층 : $\dfrac{(23.16\times4)\times\dfrac{4}{2}+\left(\dfrac{1}{2}\times8.86\times4\right)\times\dfrac{4}{3}}{110.36}+7=1.89\text{m}$

② 수압/작용점 $\dfrac{1}{3}\times9\text{m}=3\text{m}$

전체 작용점

$$h=\frac{35.78\times10.23+41.84\times7.96+52.13\times5.33+110.36\times1.89+397.31\times3}{637.42}$$

$=3.73$m(옹벽 하단으로 3.73m 위에 작용점이 있다).

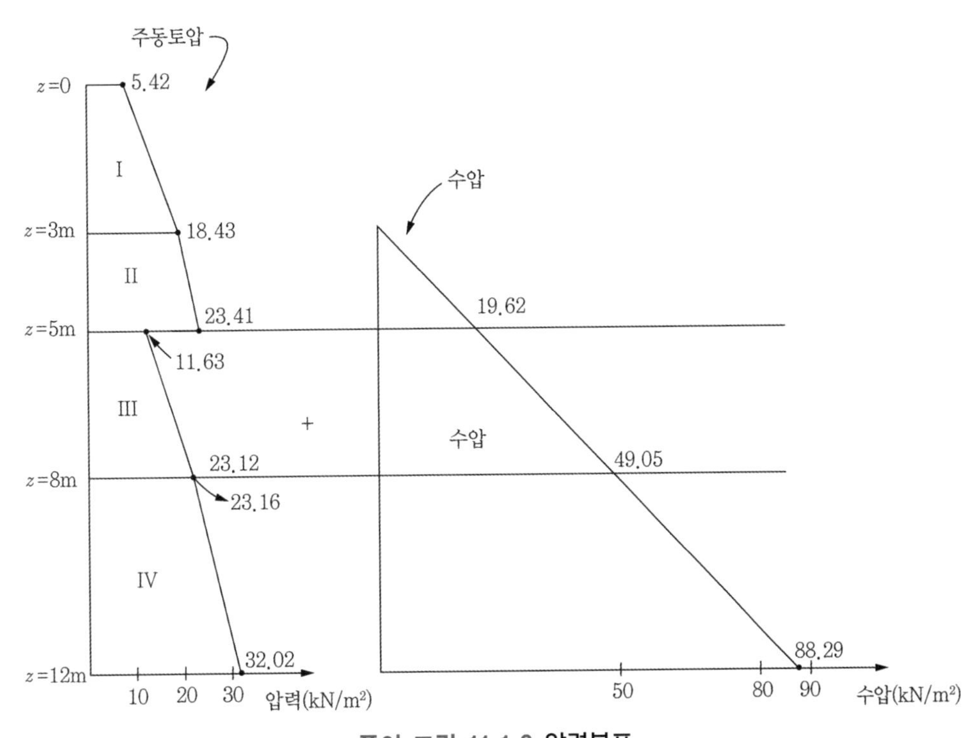

풀이 그림 11.1.2 압력분포

문제 2 6m 높이의 옹벽의 뒤채움재가 $\beta=20°$로 경사져 있다(다음 그림 참조).

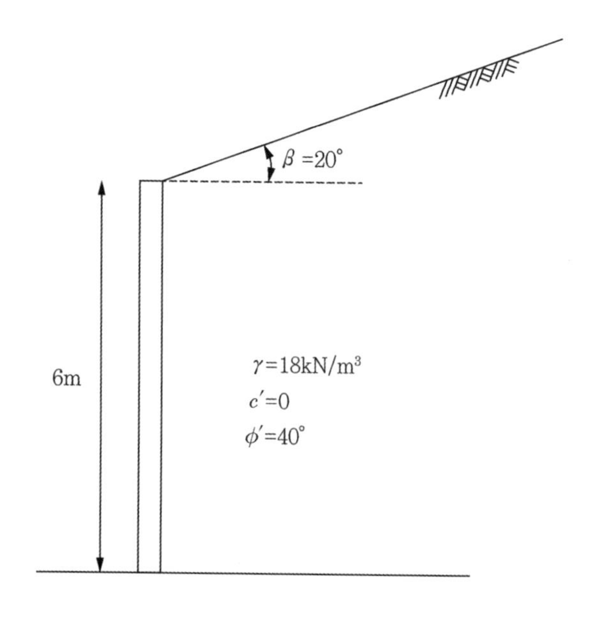

1 Rankine의 이론으로 수동토압의 합력과 작용방향을 구하라.

① 공식 이용

② Mohr 원 이용

2 파괴면이 수평면과 이루는 각도를 구하라.

풀이

1 수동토압

① 공식 이용

$$K_p = \frac{\cos\beta + \sqrt{\cos^2\beta - \cos^2\phi}}{\cos\beta - \sqrt{\cos^2\beta - \cos^2\phi}}$$

$$= \frac{\cos 20° + \sqrt{\cos^2 20° - \cos^2 40°}}{\cos 20° - \sqrt{\cos^2 20° - \cos^2 40°}}$$

$$= 3.75$$

$$P_p = \frac{1}{2}K_p \gamma H^2 \cos\beta$$

$$=\frac{1}{2}\times 3.75\times 18\times 6^2\times \cos 20°$$

$$=1,141.73\text{kN/m}$$

(작용방향) 아래 그림과 같이 $\beta=20°$이다.

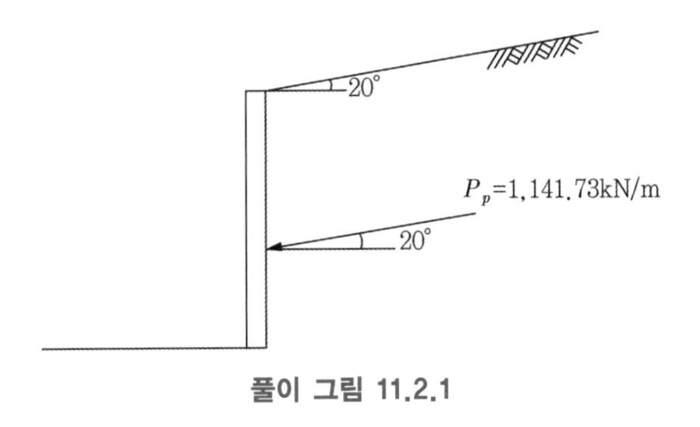

풀이 그림 11.2.1

② Mohr 원 이용

$H=6$m에서

$\sigma_v=\gamma H\cos\beta=18\times 6\times \cos 20°=101.5\text{kN/m}^2$

$\sigma_n=\sigma_v\cos\beta=101.49\times \cos 20°=95.4\text{kN/m}^2$

$\tau=\sigma_v\sin\beta=101.49\times \sin 20°=34.6\text{kN/m}^2$

다음 (풀이 그림 11.2.2)에서

OB 길이$=\sigma_v=101.5\text{kN/m}^2$

OA' 길이가 수동토압을 나타내는 점이다.

$\sigma_p=OA'=380.6\text{kN/m}^2$

$$P_p=\frac{1}{2}\cdot\sigma_p\cdot H=\frac{1}{2}\times 380.6\times 6=1,142\text{kN/m}$$

2 파괴면과 수평면이 이루는 각도

① $\angle AGA'\doteq=50°$, ② $FA=0°$

두 평면이 이루는 각도는 $90°-\phi=50°$이다(즉, $\angle FCG=50°\times 2=100°$이다).

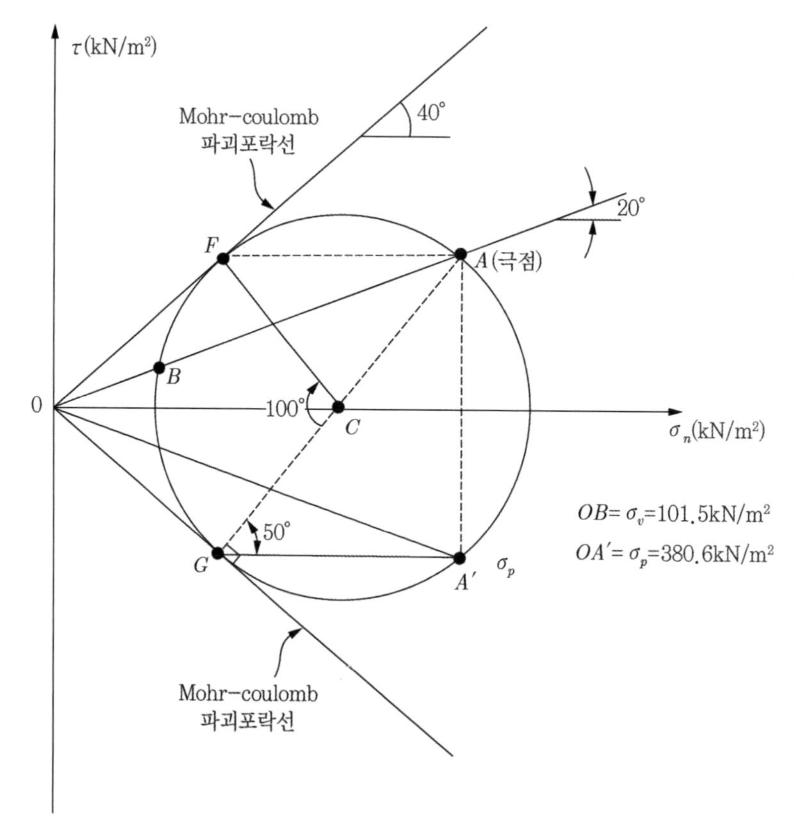
τ(kN/m²)
Mohr−coulomb
파괴포락선
40°
20°
F
A(극점)
B
0
100°
C
σ_n(kN/m²)
OB= σ_v=101.5kN/m²
OA′= σ_p=380.6kN/m²
50°
G
A′
σ_p
Mohr−coulomb
파괴포락선

풀이 그림 11.2.2

문제 3 다음 옹벽에 작용하는 토압을 구하라.

1 Rankine의 이론을 이용하여 다음과 같이 경사진 뒤채움이 있는 옹벽에 작용하는 토압의 합력을 구하라.

2 Coulomb의 이론을 이용하여 위의 문제를 풀어라.

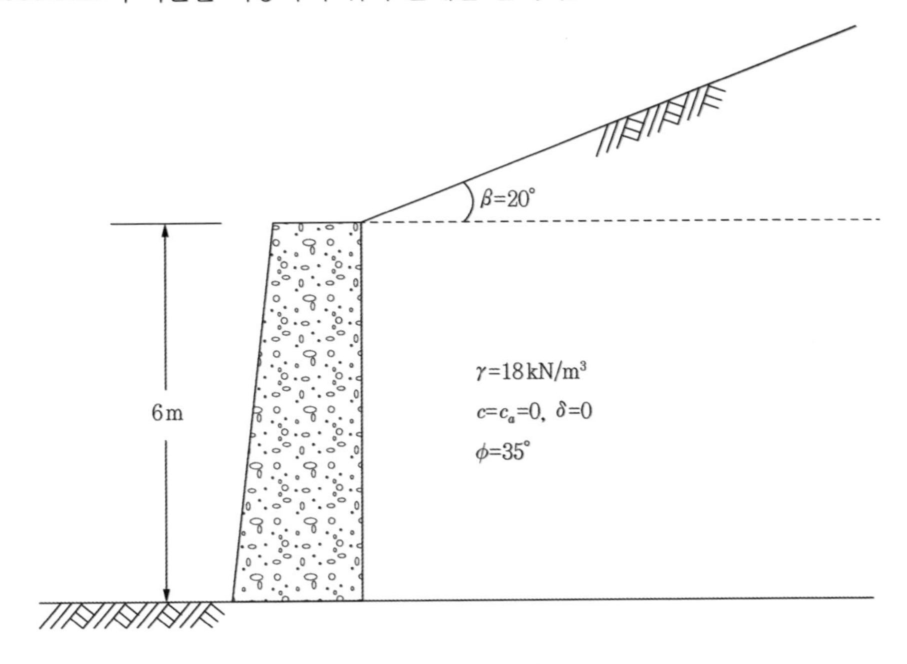

풀이

1 Rankine 토압에서는 벽면 마찰각 $\delta=0$이라고 가정한다.

$$K_a = \frac{\cos\beta - \sqrt{\cos^2\beta - \cos^2\phi}}{\cos\beta + \sqrt{\cos^2\beta - \cos^2\phi}}$$

$$= \frac{\cos 20° - \sqrt{\cos^2 20° - \cos^2 35°}}{\cos 20° + \sqrt{\cos^2 20° - \cos^2 35°}}$$

$$= 0.343$$

$$P_a = \frac{1}{2}K_a \gamma H^2 \cos\beta$$

$$=\frac{1}{2}\times 0.343\times 18\times 6^2\times \cos 20°$$

$=104.4\text{kN/m}$(방향은 $\beta=20°$ 경사지게 작용)

2 Coulomb의 주동토압

$\alpha=0°$, $\beta=20°$, $\delta=0°$, $\phi=35°$이므로

$$K_a=\frac{\cos^2(\phi-\alpha)}{\cos^2\alpha\cos(\delta+\alpha)\left[1+\sqrt{\frac{\sin(\delta+\phi)\sin(\phi-\beta)}{\cos(\delta+\alpha)\cos(\alpha-\beta)}}\right]^2}$$

$$=\frac{\cos^2 35°}{\left[1+\sqrt{\frac{\sin 35°\times\sin(35°-20°)}{\cos(-20°)}}\right]^2}$$

$=0.343$

$$P_a=\frac{1}{2}K_a\gamma H^2\cos\beta=\frac{1}{2}\times 0.343\times 18\times 6^2\times\cos 20°$$

$=104.4\text{kN/m}$

Coulomb 토압이라도 $\delta=0°$이므로 주동토압계수는 Rankine 주동토압계수와 동일하다. 단, Coulomb 토압에서는 하중작용방향을 δ로 가정하므로 작용방향은 수평이다.

참고

만일 $\delta=15°$로 가정한다면

$$K_a=\frac{\cos^2(\phi-\alpha)}{\cos^2\alpha\cos(\delta+\alpha)\left[1+\sqrt{\frac{\sin(\delta+\phi)\sin(\phi-\beta)}{\cos(\delta+\alpha)\cos(\alpha-\beta)}}\right]^2}$$

$$=\frac{\cos^2 35°}{\cos 15°\left[1+\sqrt{\frac{\sin(15°+35°)\cdot\sin(35°-20°)}{\cos(15°)\cdot\cos(-20°)}}\right]^2}$$

$=0.323$

으로 주동토압계수는 감소하며, 토압작용방향도 $\delta=15°$의 각도를 가지고 작용된다.

문제 4 그림과 같이 모래지반에 강말뚝 벽체를 박고 왼쪽으로 벽체를 밀어주었을 때 '*ad*'의 좌측 및 우측에 걸리는 토압을 흙쐐기 이론을 이용하여 구하라. 단, 벽체에는 마찰력이 전혀 전재하지 않는다고 가정하여라. 또한 벽체의 두께는 매우 얇다.

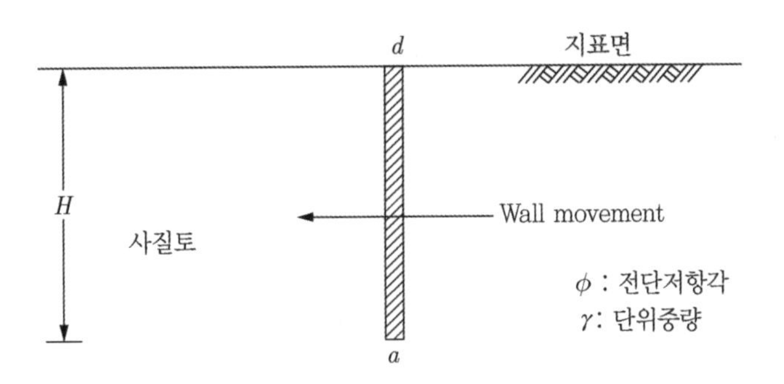

풀이

벽체를 좌측으로 밀었으므로 벽체 우측은 주동토압이, 벽체 좌측은 수동토압이 작용될 것이다(아래 (풀이 그림 11.4.1)을 참조).

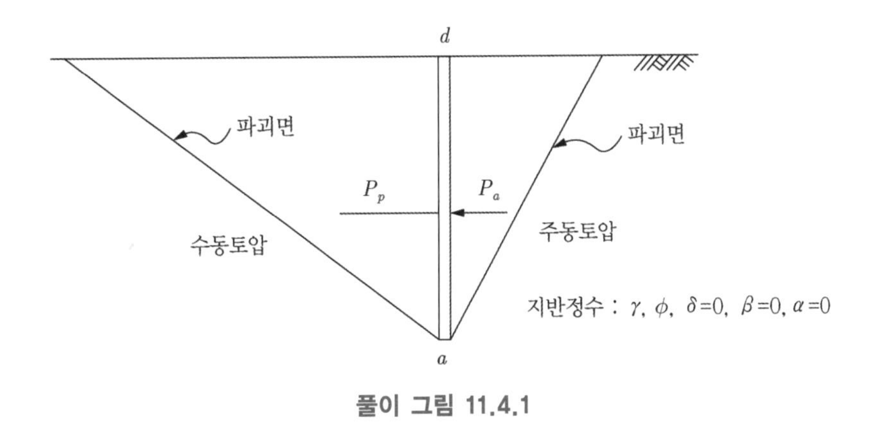

풀이 그림 11.4.1

$\alpha=\beta=\delta=0$이므로 흙쐐기 이론으로 구한 해는 Rankine 토압과 같을 것이다. 흙쐐기 이론을 이용하여 토압을 구한 해는 『토질역학의 원리』 예제 11.8에 자세히 서술되어 있으니, 독자들은 이를 참조하길 바란다.

문제 5 다음 두 경우에 대하여 토압을 구하라.

1 그림(a)와 같은 옹벽에 작용하는 주동토압의 크기 및 작용 위치를 구하라.

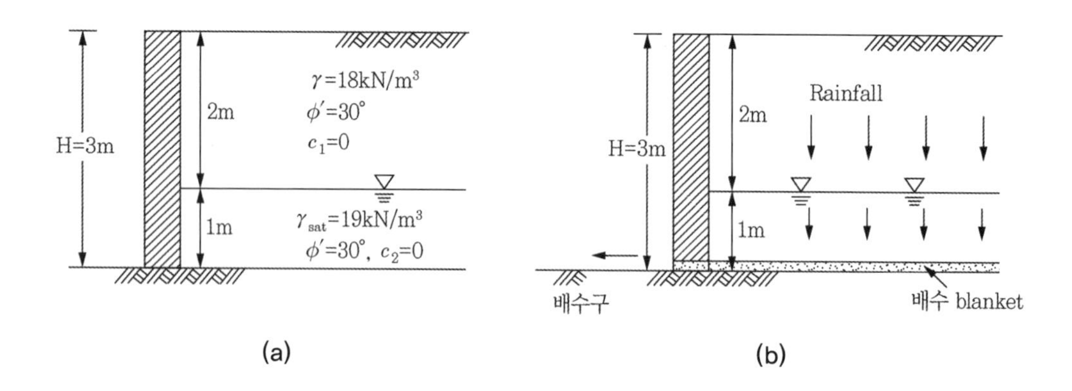

(a) (b)

2 그림(b)와 같이 배수 blanket를 저부에 깔아 하방향 침투가 일어날 때의 토압을 구하라. 단, 지반정수는 (a)와 동일하다.

풀이

이 문제는 (a)와 같이 정수압이 작용될 때와, (b)와 같이 비록 수위는 같은 위치에 있을지라도 하(下)방향 침투가 발생될 때의 옹벽에 작용되는 하중을 비교해 보기 위한 문제이다.

(토압계수)

$$K_a = \tan^2\left(45° - \frac{\phi'}{2}\right) = \tan^2\left(45° - \frac{30°}{2}\right) = \frac{1}{3}$$

1 (a) (토압) 경우 (풀이 그림 11.5.1 참조)

① I층

$z = 0 \ \sigma_a = 0$

$z = 2^- \text{m} \ \sigma_a = K_a \gamma H_1 = \frac{1}{3} \times 18 \times 2 = 12\text{kN/m}^2$

② II층 (I층 상재압력$= q_{\text{I}} = \gamma H_1 = 18 \times 2 = 36\text{kN/m}^2$)

$z = 2^{+}\text{m}\ \sigma_a = 12\text{kN/m}^2$

$z = 3\text{m}\ \sigma_a = K_a(\gamma' H_2 + q_{\text{I}})$

$= \frac{1}{3}[(19-9.81)\times 1 + 36]$

$= 15.06\text{kN/m}^2$

(수압) $z = 3\text{m}\ u = \gamma_w H_2 = 9.81\times 1 = 9.81\text{kN/m}^2$

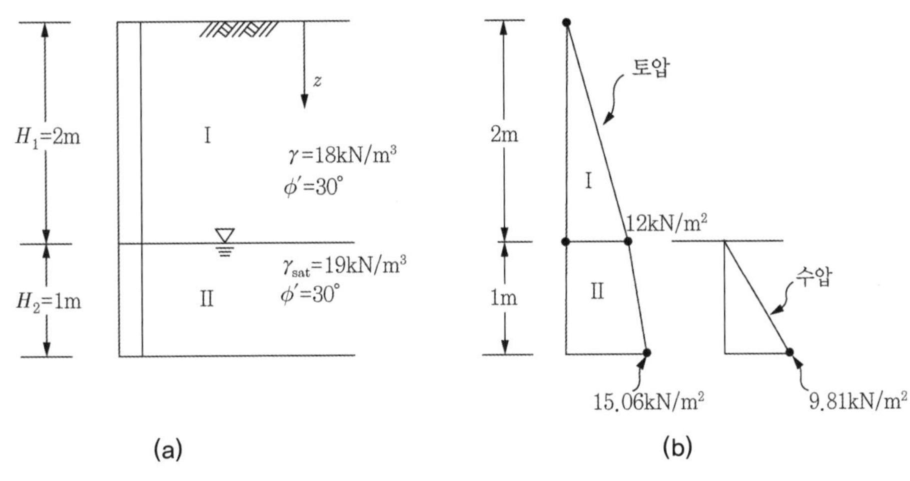

풀이 그림 11.5.1

(총 합력)

① 주동토압

I층 : $\frac{1}{2}\times 12\times 2 = 12\text{kN/m}$

II층 : $\frac{12+15.06}{2}\times 1 = 13.53\text{kN/m}$

$\Sigma = 25.53\text{kN/m}$

② 수압 $\frac{1}{2}\times 9.81\times 1 = 4.91\text{kN/m}$

총 수평하중 $= 25.53 + 4.91 = 30.44\text{kN/m}$

(작용점)

① 토압작용점

I층 : $\frac{1}{3}\times 2+1=1.67\text{m}$

II층 : $\dfrac{(12\times 1)\times\frac{1}{2}+\frac{1}{2}(3.06\times 1)\times\frac{1}{3}}{13.53}=0.48\text{m}$

② 수압작용점

$1/3=0.33\text{m}$

총 작용점

$$h=\frac{12\times 1.67+13.53\times 0.48+4.91\times 0.33}{30.44}$$

$=0.92\text{m}$(옹벽 하단으로부터 0.92m 상단에 위치)

2 (b)의 경우

비록 지하수위는 (a)와 같이 2m하에 존재하나, 하(下)방향 흐름으로 수압은 '0'이다(제6장 '문제 6의 **1**'을 참조하라).

지하수위의 지반도 침투가 (infiltration)이 이루어져 있으므로 지반은 포화되어 있다. 따라서 포화단위중량 γ_{sat}를 사용한다.

(토압)

$$P_a=\frac{1}{2}K_a\gamma_{sat}H^2$$

$=\frac{1}{2}\times\frac{1}{3}\times 19\times 3^2=28.5\text{kN/m}$

=총 수평하중

(작용점)

$h=\frac{H}{3}=\frac{3}{3}=1\text{m}$(옹벽 하단으로부터 1m 상단에 위치)

Note

수압의 영향이 없으므로 (a)의 경우보다 수평하중이 적다.

문제 6　다음의 옹벽에 대하여 물음에 답하라.

1 흙쐐기 이론을 이용하여 주동토압을 구하라.

2 A 입자의 응력경로를 그려라. (단, $K_o = 1 - \sin\phi$)

3 **1**번 문제에서 지하수위가 지표면까지 차올라서 정수압이 작용된다. 흙쐐기 기론을 이용하여 옹벽에 작용하는 총 압력을 구하라(수압 포함).

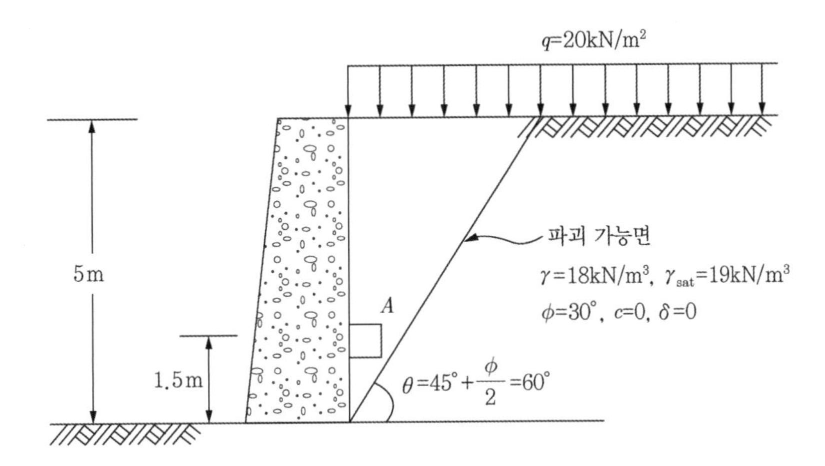

풀이

1 주동토압

(풀이 그림 11.6.1)을 참조하여 푼다.

$$W = \frac{1}{2}\gamma HB + q \cdot B = \frac{1}{2} \times 18 \times 5 \times 2.89 + 20 \times 2.89$$

$$= 187.85\text{kN/m}$$

힘의 다각형으로부터

$$\frac{P_a}{\sin 30°} = \frac{187.85}{\sin 60°}$$

$$P_a = \frac{\sin 30°}{\sin 60°} \times (187.85) = 108.5\text{kN/m}$$

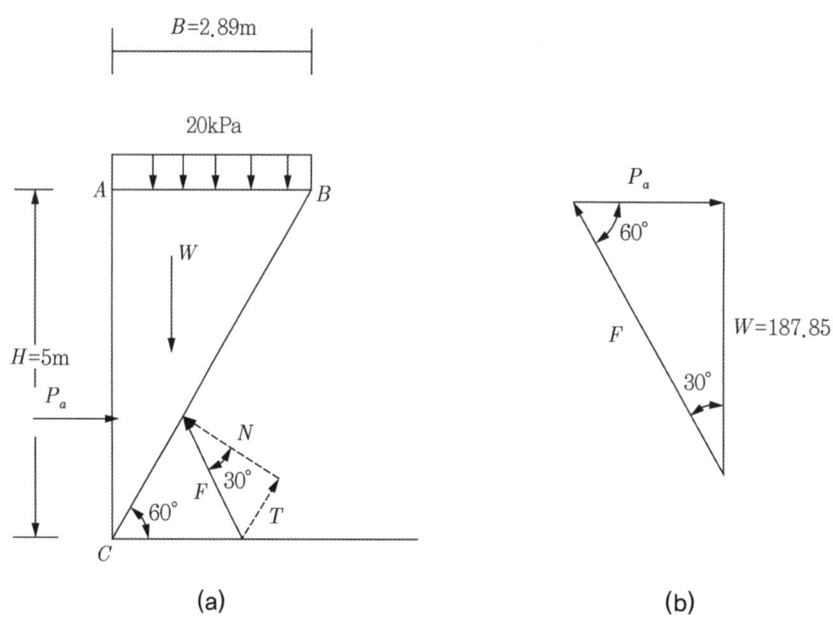

풀이 그림 11.6.1

2 A 입자

① 초기응력 $K_o = 1 - \sin30° = 0.5$, $K_a = \tan^2\left(45° - \dfrac{30°}{2}\right) = \dfrac{1}{3}$

$\sigma_{vo} = \gamma z + q = 18 \times 3.5 + 20 = 83\text{kN/m}^2$

$\sigma_{ho} = K_o \sigma_{vo} = 0.5 \times 83 = 41.5\text{kN/m}^2$

$$p_o = \frac{\sigma_{vo} + \sigma_{ho}}{2} = \frac{83 + 41.5}{2} = 62.25\text{kN/m}^2$$

$$q_o = \frac{\sigma_{vo} - \sigma_{ho}}{2} = \frac{83 - 41.5}{2} = 20.75\text{kN/m}^2$$

$R_o(62.25,\ 20.75)$

② 옹벽 설치 후

$\sigma_v = \sigma_{vo} = 83\text{kN/m}^2$(동일)

$$\sigma_h = K_a \sigma_{vo} = \frac{1}{3} \times 83 = 27.67\text{kN/m}^2$$

$$p = \frac{83 + 27.67}{2} = 55.34\text{kN/m}^2$$

$$q = \frac{83 - 27.67}{2} = 27.67\text{kN/m}^2$$

$R_f(55.34,\ 27.67)$

응력경로는 다음 그림과 같다.

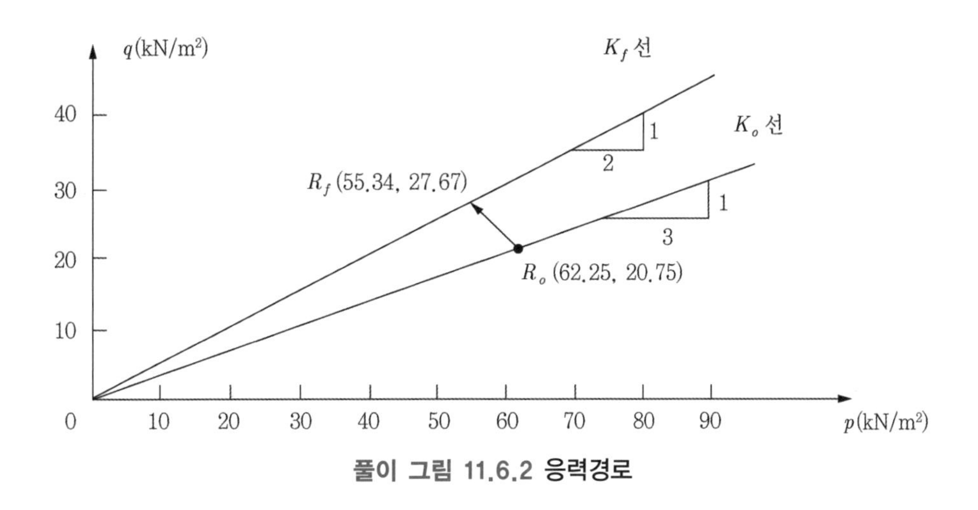

풀이 그림 11.6.2 응력경로

3 지하수위가 존재하는 경우 평형조건은 다음의 둘 중 하나의 방법으로 고려할 수 있다. 즉,

(1) 전중량+경계면 수압+경계면 유효응력을 고려하는 방법
(2) 유효중량+침투수력+경계면 유효응력을 고려하는 방법

이번 문제는 지하수가 지표면까지 차올라서 정수압으로 작용되는 경우 총 하중을 구하는 문제이다. 정수압인 경우 침투수력이 없으므로 위의 두 방법 중 (2)번으로 접근하는 것이 더 편하다. 유효중량에 의한 토압을 먼저 구하고, 차후에 수압을 추가하는 방법으로서 흔히 쓰이는 방법이다. 그러나 이번 여기에서는 전 중량과 경계면 수압으로 물체력을 표현하는 (1)번 방법으로 풀라는 뜻이다.

(풀이 그림 11.6.3)에서

전 중량

$$W = \frac{1}{2} \cdot \gamma_{sat} HB + qB$$

$$= \frac{1}{2} \times 19 \times 5 \times 2.89 + 20 \times 2.89 = 195.08\text{kN/m}$$

$$U = \frac{1}{2}(\gamma_w H)\frac{H}{\sin\theta} = \frac{1}{2}\times 9.81\times\frac{5^2}{\sin 60°} = 141.60\text{kN/m}$$

$$T' = N'\tan\phi' = N'\tan 30° = 0.577N'$$

$\Sigma V = 0$으로부터

$$W - T'\sin\theta - (N' + U)\cos\theta = 0$$

$$195.08 - (0.577N')\times\sin 60° - (N' + 141.6)\times\cos 60° = 0$$

$$\therefore\ N' = 124.28\text{kN/m}$$

$$T' = 0.577N'$$

$$= 0.577\times 124.28 = 71.7\text{kN/m}$$

$\Sigma H = 0$으로부터

$$P_a - (N' + U)\sin\theta + T'\cos\theta = 0$$

$$P_a - (124.28 + 141.60)\times\sin 60° + 71.7\times\cos 60° = 0$$

$$\therefore\ P_a = 194.41\text{kN/m}$$

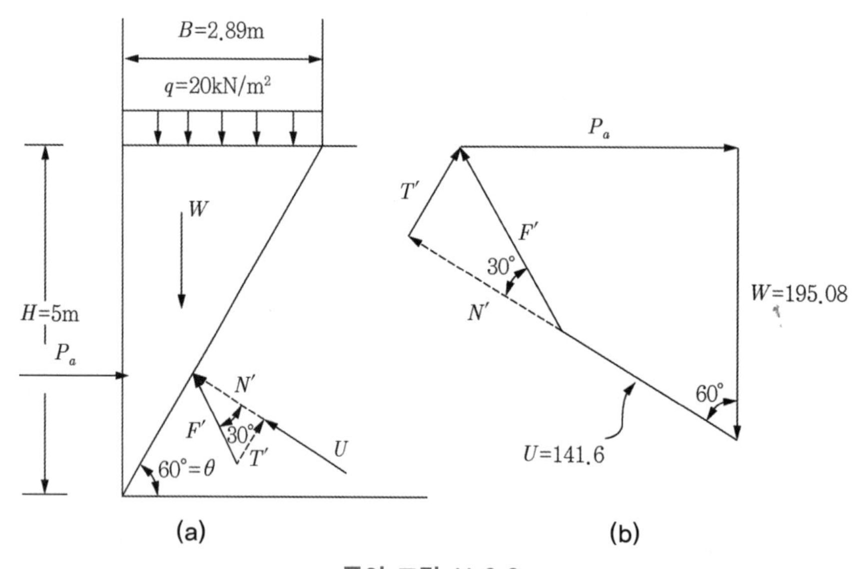

풀이 그림 11.6.3

Note

앞에서 서술한 대로 이 문제는 다음과 같이 토압과 수압을 분리해서 계산하고, 합하면 더 쉽게 구할 수 있다.

(토압) $P'_a = \frac{1}{2}K_a\gamma' H^2 + K_a qH$

$= \frac{1}{2}\times\frac{1}{3}\times(19-9.81)\times5^2+\frac{1}{3}\times20\times5$

$=71.63\text{kN/m}$

(수압) $U_H = \frac{1}{2}\gamma_w H^2 = \frac{1}{2}\times9.81\times5^2=122.63\text{kN/m}$

$P = P'_a + U_H = 71.63+122.63=194.3\text{kN/m}$

문제 7 다음 그림과 같이 점성토로 이루어진 옹벽에서 흙쐐기 이론을 이용하여 주동토압 P_a를 구하라(힌트 : 힘의 polygon 이용).

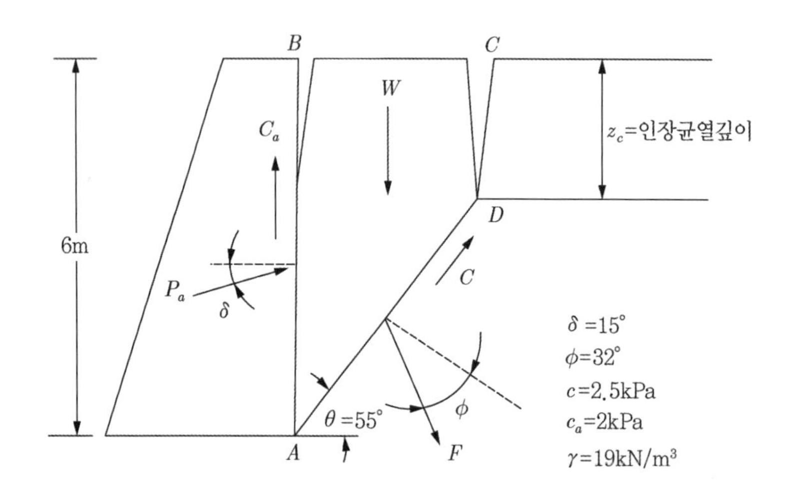

풀이

(주동토압계수)

$$K_a = \frac{\cos^2(\phi-\alpha)}{\cos^2\alpha\cos(\delta+\alpha)\left[1+\sqrt{\frac{\sin(\delta+\phi)\sin(\phi-\beta)}{\cos(\delta+\alpha)\cos(\alpha-\beta)}}\right]^2}$$

$$= \frac{\cos^2 32°}{\cos 15°\left[1+\sqrt{\frac{\sin(15°+32°)\sin(32°)}{\cos(15°)}}\right]^2}$$

$$=0.279$$

(인장균열깊이)

$$z_c = \frac{2\cdot c}{\gamma\sqrt{K_a}} = \frac{2\times 2.5}{19\times\sqrt{0.279}} = 0.5\text{m}$$

(주동토압)

(풀이 그림 11.7.1)(a)로부터

$$W = 19\times\left(0.5\times 3.85 + \frac{1}{2}\times 5.5\times 3.85\right) = 237.7\text{kN/m}$$

$C = c \cdot AD = 2.5 \times \dfrac{5.5}{\sin 55°} = 16.8\text{kN/m}$

$C_a = c_a \cdot (H - z_c) = 2 \times 5.5 = 11\text{kN/m}$

(풀이 그림 11.7.1)(b)에 표시한 힘의 다각형을 이용하여 주동토압을 구한다.

$\Sigma V = 0 \qquad W - F\cos 23° - C_a - C \cdot \sin 55° - P_a \sin 15° = 0$

$237.7 - 0.92F - 11 - 16.8 \times 0.82 - 0.259P_a = 0$

$0.92F + 0.259P_a = 212.9 \cdots ①$

$\Sigma H = 0 \qquad P_a \cos 15° + C \cdot \cos 55° - F \cdot \sin 23° = 0$

$0.966P_a - 0.391F = -16.8 \times 0.5736 = -9.64 \cdots ②$

①, ②를 연립하여 풀면

$P_a = 75.1\text{kN/m}^2$

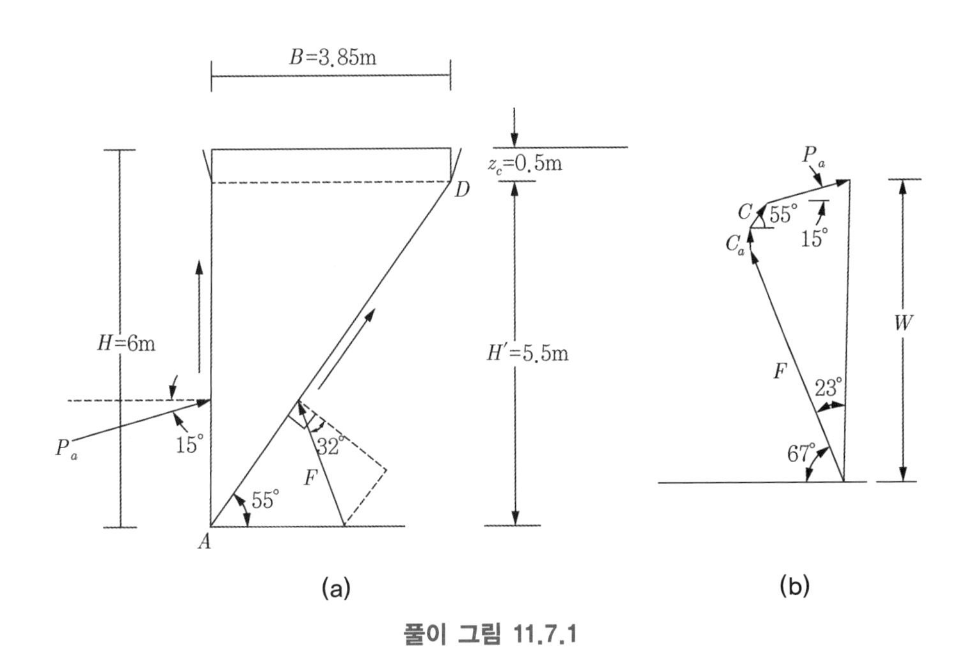

풀이 그림 11.7.1

문제 8 높이 H=7m인 옹벽의 뒤채움 흙의 토성은 다음과 같다.
$\phi'=35°$, $c'=0$, $\gamma=18kN/m^2$, $\gamma_{sat}=20kN/m^2$
$\delta=10°$, $\alpha=0$, $\beta=0$

다음의 각 조건에 대하여, 옹벽에 작용되는 수평방향 힘을 구하라.

1 건조한 경우
2 지하수위가 지표면까지 존재하는 경우
3 지하수위가 옹벽 뒤채움뿐만 아니라 옹벽 전면에도 존재하는 경우
4 옹벽 배면에 경사 배수재를 설치한 경우
5 옹벽 배면에 연직 배수재를 설치한 경우

풀이

(주동토압계수)

$$K_a=\frac{\cos^2(\phi-\alpha)}{\cos^2\alpha\cos(\delta+\alpha)\left[1+\sqrt{\frac{\sin(\delta+\phi)\sin(\phi-\beta)}{\cos(\delta+\alpha)\cos(\alpha-\beta)}}\right]^2}$$

$$=\frac{\cos^2 35°}{\cos10°\left[1+\sqrt{\frac{\sin(18+35°)\cdot\sin(35°)}{\cos(10°)\cdot\cos(0°)}}\right]^2}$$

$$=0.253$$

1 건조한 경우(풀이 그림 11.8.1 참조)

$$P_a=\frac{1}{2}K_a\gamma H^2$$

$$=\frac{1}{2}\times0.253\times18\times17^2$$

$$=111.6kN/m$$

$$P_{ah}=P_a\cdot\cos\delta=111.6\times\cos10°$$

$$=109.9kN/m$$

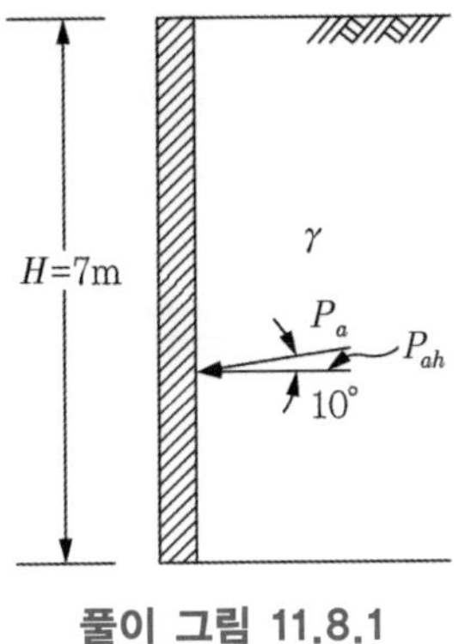

풀이 그림 11.8.1

2 지하수위가 지표면까지 존재하는 경우(풀이 그림 11.8.2 참조)

– 유효단위중량으로 인한 주동토압 외에 정수압으로 수압이 작용된다.

$$P_a = \frac{1}{2}K_a\gamma' H^2$$

$$= \frac{1}{2}\times 0.253\times(20-9.81)\times 7^2$$

$$=63.16\text{kN/m}$$

$$P_{ah} = P'_a \cdot \cos\delta$$

$$=63.16\times\cos 10°$$

$$=62.20\text{kN/m}$$

수압 $P_w = \frac{1}{2}\gamma_w H^2$

$$= \frac{1}{2}\times 9.81\times 7^2$$

$$=240.35\text{kN/m}$$

총 수평력$=P_{ah}+P_w=62.20+240.35=302.55\text{kN/m}$

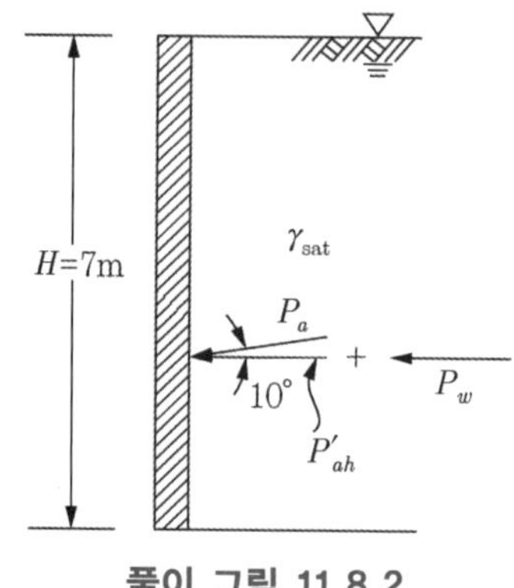

풀이 그림 11.8.2

3 지하수위가 옹벽 전/후 다 존재하는 경우(풀이 그림 11.8.3 참조)
수압은 서로 상쇄되어 유효중량에 의한 주동토압만 작용된다.

$$P_a = \frac{1}{2}K_a\gamma' H^2$$

$$= \frac{1}{2}\times 0.253\times(20-9.81)\times 7^2$$

$$=63.16\text{kN/m}$$

$$P_{ah} = P_a \cdot \cos\delta$$

$$=63.16\times\cos 10°$$

$$=62.20\text{kN/m}$$

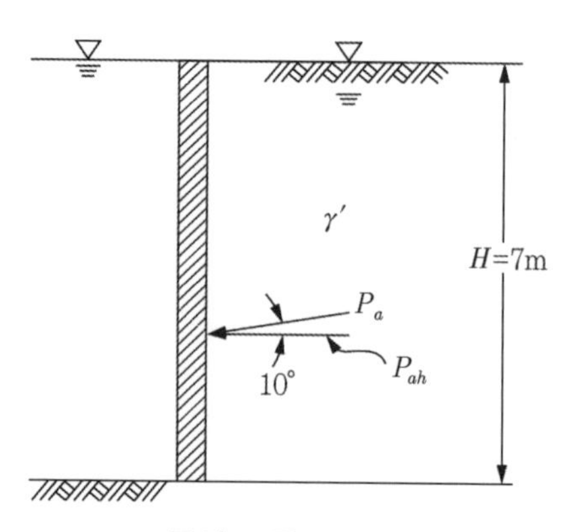

풀이 그림 11.8.3

4 옹벽 배면에 경사 배수재를 설치한 경우(풀이 그림 11.8.4 참조)

하(下)방향 흐름이 발생되므로 수압은 '0'이다. 단, 지반은 포화되어 있으므로 포화단위중량 γ_{sat}를 사용한다.

$$P_a = \frac{1}{2} K_a \gamma_{sat} H^2$$

$$= \frac{1}{2} \times 0.253 \times 20 \times 7^2$$

$$= 123.97 \text{kN/m}$$

$$P_{ah} = P_a \cdot \cos\delta$$

$$= 123.97 \times \cos 10°$$

$$= 122.09 \text{kN/m}$$

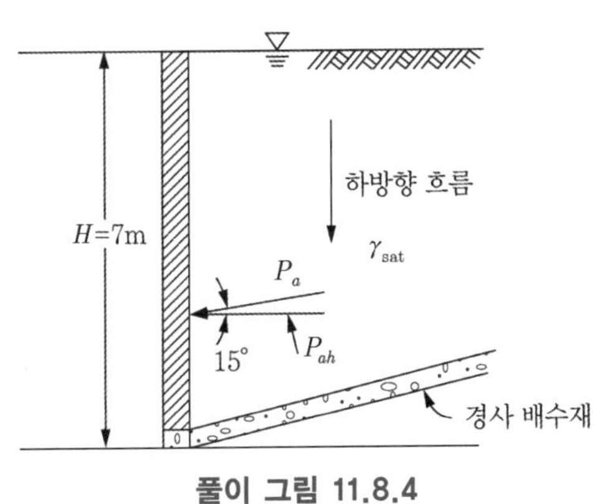

풀이 그림 11.8.4

5 옹벽 배면에 연직 배수재를 설치한 경우

옹벽 배면에 연직 배수재를 설치하고 지하수위는 지표면에 존재하는 경우 침투가 일어난다. 따라서 유선망을 그려보면 (풀이 그림 11.8.5)와 같다. 연직 배수재에서의 수압은 '0'이다. 따라서 연직 배수재 부분을 등간격 Δh =1m로 나누면, 각 등간격은 등수두선의 시작점이 된다.

Coulomb의 주동토압을 구하려면, 파괴면의 각도 θ를 여러 개 가정해서 토압을 구하고, 그 중 가장 큰 값을 주동토압으로 해야 한다. 여기에서는 편의상 θ =60°인 경우에 대한 토압을 구하고자 한다.

파괴 가능면 AC상에서 등수두선과 만나는 점을(a~f)라 할 때 각 점에서의 수압을 다음 (풀이 표 11.8.1)에 표시하였다.

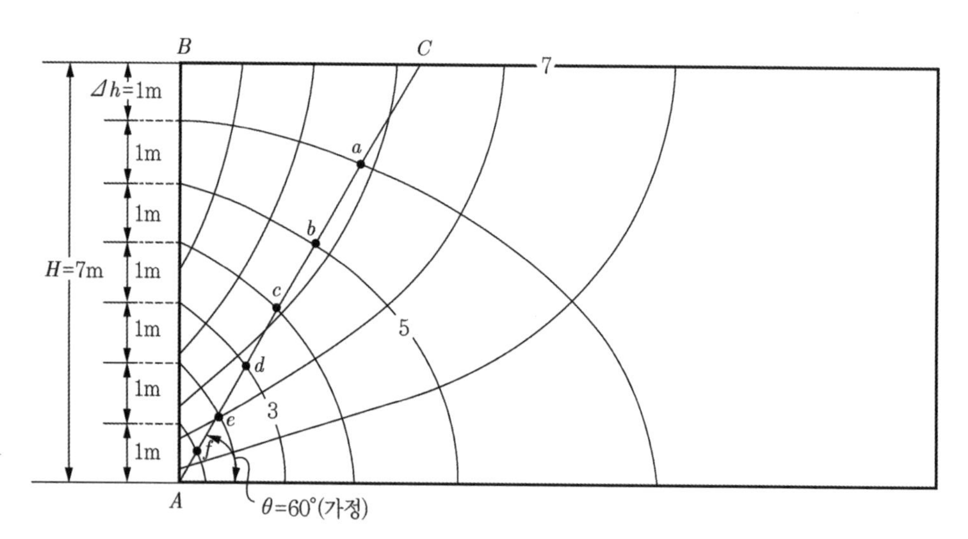

풀이 그림 11.8.5 유선망도

풀이 표 11.8.1 파괴면에 작용되는 수압

지점	전수두(m)	위치수두(m)	압력수두(m)	수압(kN/m²)	$\Delta\ell$(m)
C	7	7	0	0	0
a	6	5.3	0.7	6.87	1.95
b	5	4.1	0.9	8.83	1.39
c	4	2.9	1.1	10.79	1.39
d	3	2	1.0	9.81	1.04
e	2	1.2	0.8	7.85	0.92
f	1	0.5	0.5	4.91	0.81
A	0	0	0	0	0.58

$\ell = \sum \Delta\ell = 8.08\text{m}$

AC면에 작용되는 수압분포는 (풀이 그림 11.8.6)과 같다.

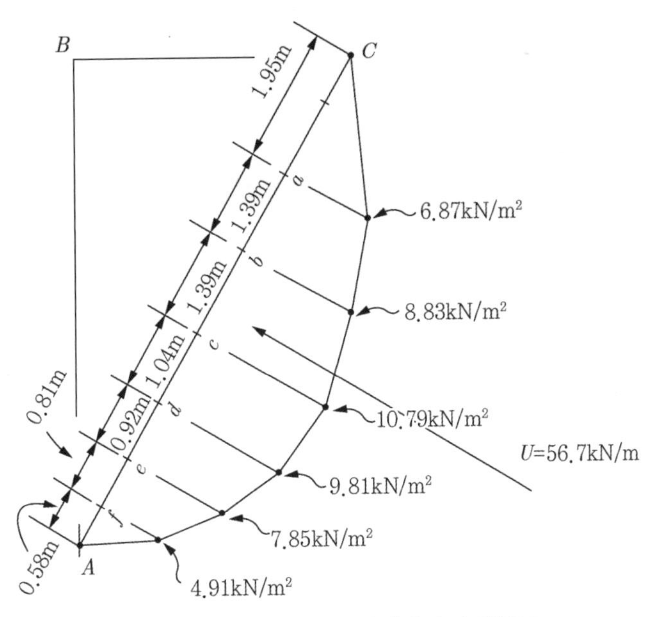

풀이 그림 11.8.6 파괴면에서의 수압분포

그림으로부터 수압의 합력을 구하면 다음과 같다.

$$U=\frac{1}{2}\times(6.87\times1.95)+\frac{1}{2}(6.87+8.83)\times1.39+\frac{1}{2}(8.83+10.79)\times1.39$$

$$+\frac{1}{2}(10.79+9.81)\times1.04+\frac{1}{2}(9.81+7.85)\times0.92$$

$$+\frac{1}{2}(7.85+4.91)\times0.81+\frac{1}{2}\times(4.91\times0.58)$$

$$=56.7\text{kN/m}$$

주동토압은 (1)=(전 중량+경계면 수압+경계면 유효응력) 개념으로 구한다. 힘의 종류와 다각형을 (풀이 그림 11.8.7)에 표시하였다.

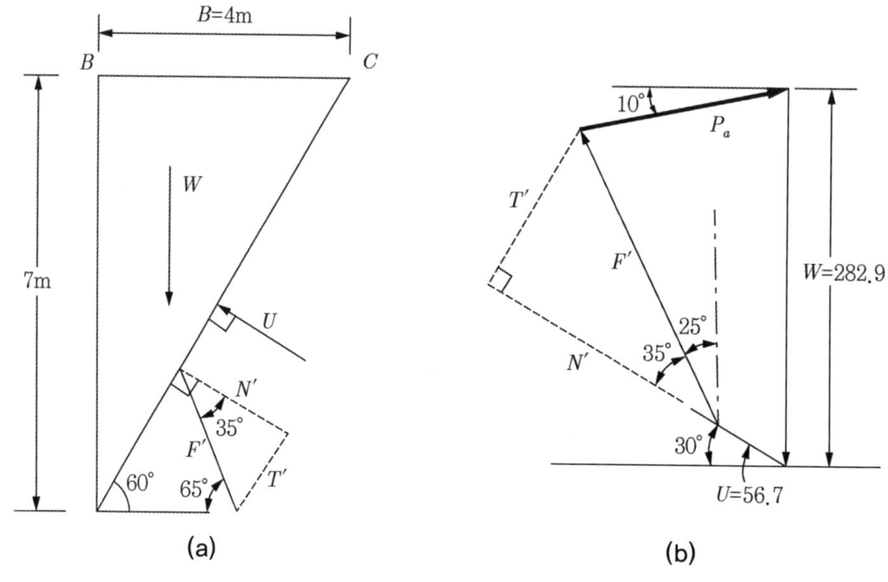

풀이 그림 11.8.7

그림의 (b)에서

$W = \frac{1}{2} \times 20 \times 7 \times (7 \times \tan 30°) = 282.9$kN/m(그림 (a) 참조)

$U = 56.7$kN/m

$\Sigma V = 0$으로부터

$W - P_a \sin 10° - F' \cos 25° - U \sin 30° = 0$

$282.9 - 0.174 P_a - 0.906 F' - 56.7 \times 0.5 = 0$ ⋯ ①

$\Sigma H = 0$으로부터

$P_a \cos 10° - F' \sin 25° - U \cos 30° = 0$

$0.985 P_a - 0.423 F' - 56.7 \times 0.866 = 0$ ⋯ ②

①과 ②를 연립하여 풀면 $P_a = 157.6$kN/m

$\therefore\ P_{ah} = P_a \cos 10° = 157.6 \times \cos 10°$

$= 155.2$kN/m

Note

연직 배수재를 설치한 경우 P_{ah}=155.2kN/m로서 정수압이 작용되는 **2**의 경우 (P_{ah}=302.55kN/m)보다는 작으나, 경사 배수재를 설치하여서 연직방향 투수가 발생되는 **4**의 경우 (P_{ah}=122.09kN/m)보다는 수평하중이 큼을 유의하자. 비록 연직 배수재로 인하여 옹벽 배면에서의 수압은 '0'이나, 침투수력으로 인한 영향은 존재하기 때문이다.

제12장

극한 지지력 이론

제12장
극한 지지력 이론

문제 1 다음 기초의 극한 지지력을 구하라.

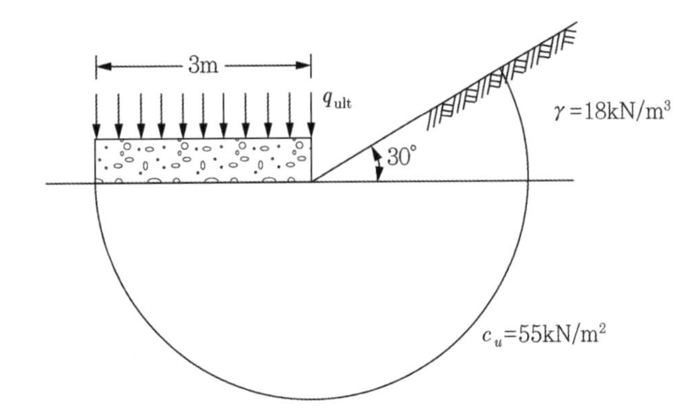

풀이

(풀이 그림 12.1.1)에서

작용모멘트

$$D.M. = \frac{B}{2} \cdot (q_{ult} \cdot B) = \frac{B^2}{2} q_{ult}$$

$$= \frac{3^2}{2} q_{ult} = 4.5 q_{ult}$$

저항모멘트=점착력에 의한 저항(①)+부채꼴 무게에 의한 저항(②)으로부터

$$R.M. = c_u\left(\pi B \cdot \frac{210°}{180°}\right) \cdot B + \gamma\left(\pi B^2 \cdot \frac{30°}{360°}\right) \cdot \frac{2}{3} B$$

$$= 55 \times \pi \times 3^2 \times \frac{7}{6} + 18\left(\pi \times 3^2 \times \frac{1}{12}\right) \times \frac{2}{3} \times 3$$

$$= 1{,}813.3 + 84.8 = 1{,}898.1 \text{kN} \cdot \text{m}$$

$D.M. = R.M.$으로부터

$$q_{ult} = \frac{1,898.1}{4.5} = 421.8\text{kN/m}^2$$

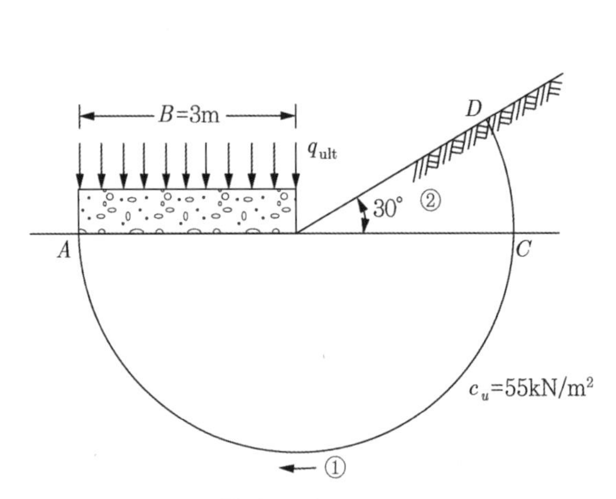

풀이 그림 12.1.1

문제 2 다음 기초의 극한 지지력을 구하라.

1

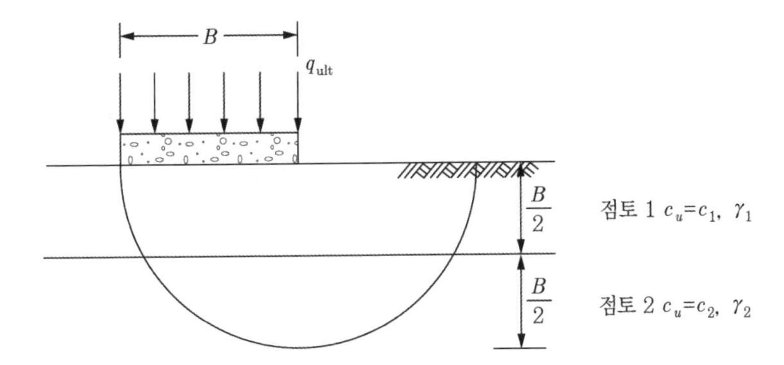

2

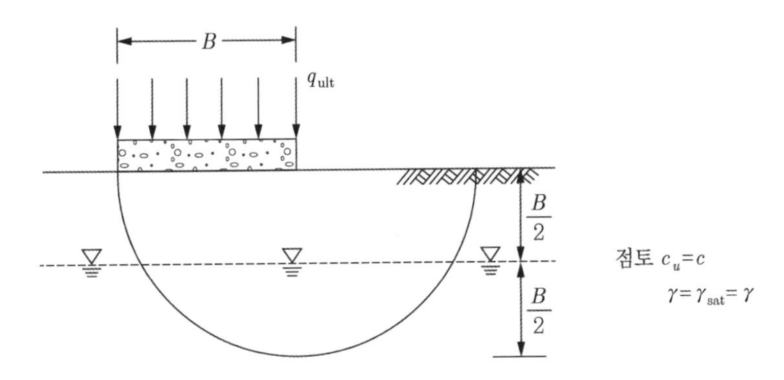

풀이

1 (풀이 그림 12.2.1)에서

점토층 1에서 호의 길이 $=\widehat{AC}+\widehat{DE}=2\cdot\left(\pi\cdot B\cdot\dfrac{30°}{180°}\right)=1.05B$

점토층 2에서 호의 길이 $=\widehat{CD}=\left(\pi\cdot B\cdot\dfrac{120°}{180°}\right)=2.09B$

$$R.M.=[(1.05)\cdot B\cdot c_1+(2.09)\cdot B\cdot c_2]\cdot B=(1.05c_1+2.09c_2)B^2$$

$$D.M.=\frac{1}{2}\cdot q_{ult}\cdot B^2$$

$D.M.=R.M.$으로부터, $q_{ult}=2.1c_1+4.18c_2$

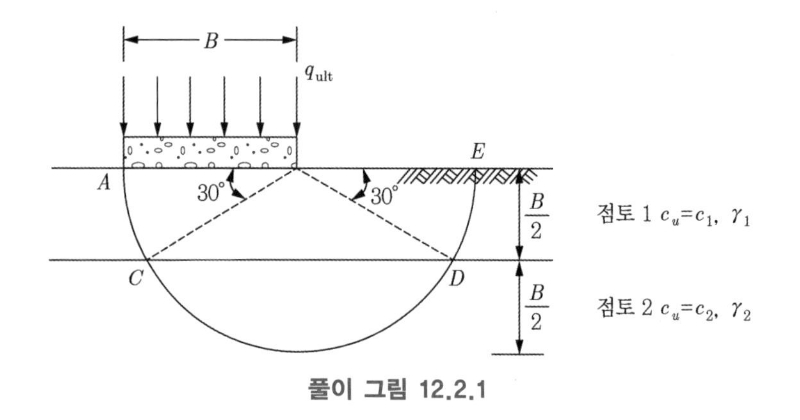

풀이 그림 12.2.1

2 비배수 전단강도 c_u는 $\phi_u=0$인 경우로서 지하수 유무에 관계없이 동일하다.

$$\therefore\ R.M.=(\pi cB)B=\pi cB^2$$

$$D.M.=\frac{1}{2}q_{ult}B^2$$

$D.M.=R.M.$으로부터

$$q_{ult}=2\pi c=6.28c$$

문제 3 $c=0$인 모래지반에 폭 $B(B=3\text{m})$인 줄기초를 설치하였다. 파괴 유형이 Bell의 해에 가깝다고 가정하고 극한지지력을 구하라(원리를 이용하여 풀 것).

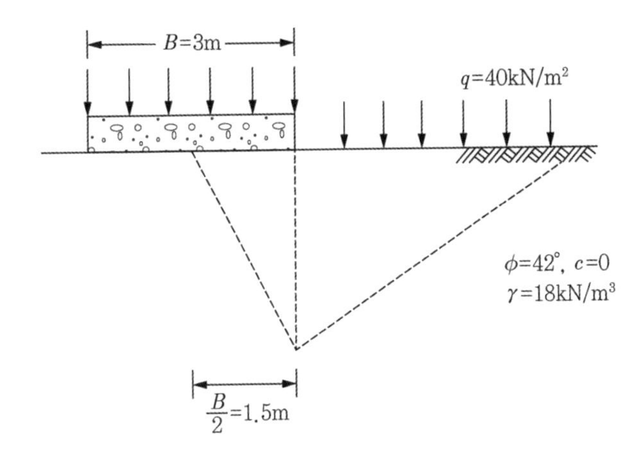

풀이

(풀이 그림 12.3.1)에서 I 구역은 주동, II 구역은 수동상태이다.

$$\theta_{\text{I}} = 45° + \frac{42°}{2} = 66°,\ \theta_{\text{II}} = 45° - \frac{42°}{2} = 24°$$

$$K_a = \tan^2\left(45° - \frac{42°}{2}\right) = 0.198,\ K_p = \frac{1}{K_a} = 5.045$$

IJ면에서

(I 구역) $P_{\text{I}} = P_a = \frac{1}{2}K_a\gamma H^2 + K_a \cdot q_{ult} \cdot H$

$$= \frac{1}{2} \times 0.198 \times 18 \times 3.37^2 + 0.198 \times q_{ult} \times 3.37$$

$$= 20.24 + 0.667 q_{ult}$$

(II 구역)

$$P_{\text{II}} = P_p = \frac{1}{2}K_p\gamma H^2 + K_p \cdot q \cdot H$$

$$= \frac{1}{2} \times 5.045 \times 18 \times 3.37^2 + 5.045 \times 40 \times 3.37$$

$$= 1{,}195.73\text{kN/m}^2$$

$P_{\text{I}} = P_{\text{II}}$로부터 $q_{ult} = 1{,}762.4\text{kN/m}^2$

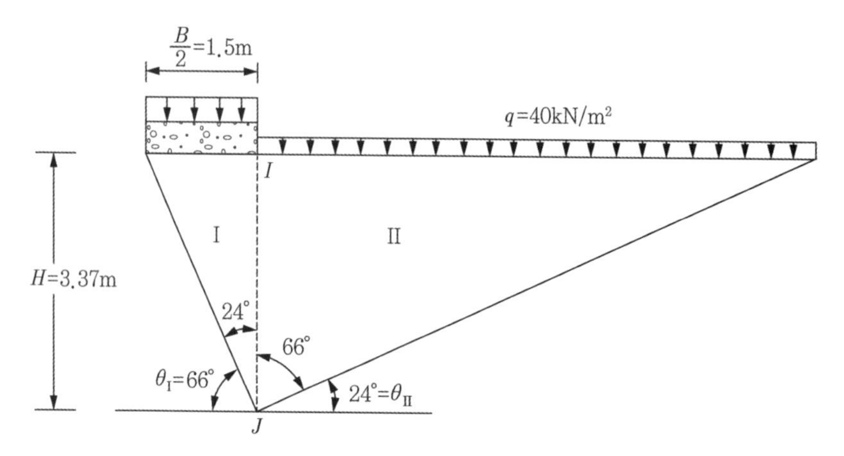

$\frac{B}{2}$=1.5m
q=40kN/m²
I
I
II
H=3.37m
24°
66°
$\theta_{\rm I}$=66°
24°=$\theta_{\rm II}$
J

풀이 그림 12.3.1

문제 4 다음의 세 경우에 대하여 기초의 극한 지지력을 구하라.

1 그림과 같이 폭이 4m인 줄기초가 있을 때, 지반이 받을 수 있는 극한 지지력을 구하라. 단, 흙의 $\phi'=35°$, $c'=20\text{kN/m}^2$이고, $\gamma=19\text{kN/m}^3$이다(Bell의 해 이용).

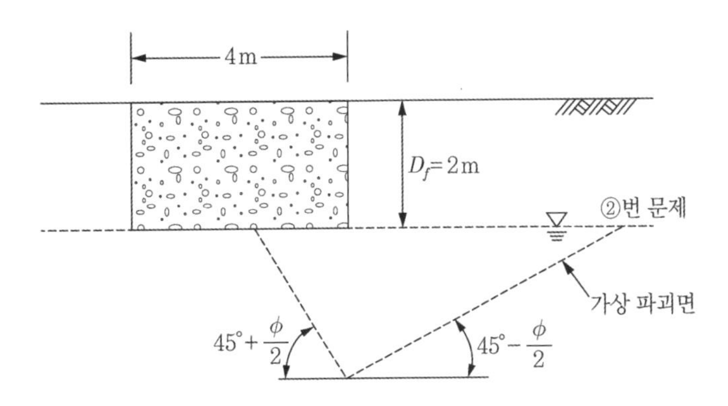

2 기초 바닥까지 지하수가 차올랐을 때의 극한 지지력을 구하라($\gamma_{sat}=20\text{kN/m}^3$).

3 N_c, N_q, N_γ를 다음 식을 이용하여 **1**, **2**번을 다시 풀어라.

$$N_q=e^{\pi\tan\phi}\tan^2\left(45°+\frac{\phi}{2}\right) \tag{12.14}$$

$$N_c=(N_q-1)\cot\phi \tag{12.15}$$

$$N_\gamma=2(N_q+\tan\phi)\text{(Vesic 식)} \tag{12.17}$$

풀이

$$\theta_{\text{I}}=45°+\frac{35°}{2}=62.5°,\ \theta_{\text{II}}=45°-\frac{35°}{2}=27.5°$$

$$K_a=\tan^2\left(45°-\frac{35°}{2}\right)=0.271,\ K_p=\frac{1}{K_a}=3.69$$

1 IJ면에서 (풀이 그림 12.4.1 참조)

$$P_{\text{I}}=P_a=\frac{1}{2}K_a\gamma H^2-2c\sqrt{K_a}\cdot H+K_a\cdot q_{ult}\cdot H$$

$$= \frac{1}{2} \times 0.271 \times 19 \times 3.84^2 - 2 \times 20\sqrt{0.271} \times 3.84 + 0.271 \times 3.84 \times q_{ult}$$

$$= 1.041 q_{ult} - 42.0$$

$$P_{\text{II}} = P_p = \frac{1}{2} K_p \gamma H^2 + 2c\sqrt{K_p} \cdot H + K_p \cdot q \cdot H$$

$$= \frac{1}{2} \times 3.69 \times 19 \times 3.84^2 + 2 \times 20 \times \sqrt{3.69} \times 3.84 + 3.69 \times 38 \times 3.84$$

$$= 1{,}350.4\text{kN/m}$$

$P_{\text{I}} = P_{\text{II}}$로부터

$q_{ult} = 1{,}337.6\text{kN/m}^2$

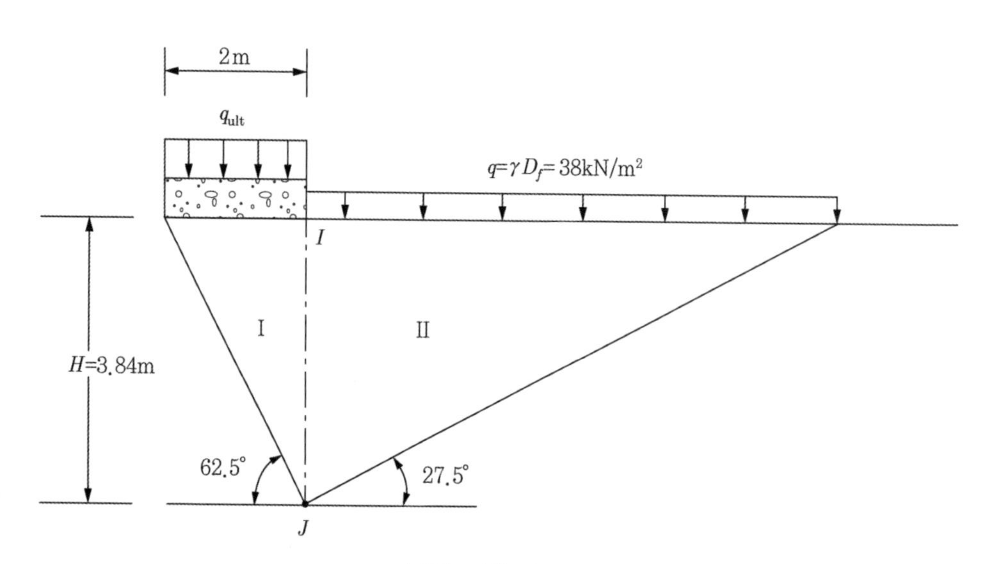

풀이 그림 12.4.1

2 지하수위가 기초 바닥까지 찼다면, γ 대신 γ'을 사용해야 한다.

$$P_{\text{I}} = P_a = \frac{1}{2} K_a \gamma' H^2 - 2c\sqrt{K_a} H + K_a q_{ult} \cdot H$$

$$= \frac{1}{2} \times 0.271 \times (20 - 9.81) \times 3.84^2 - 2 \times 20 \times \sqrt{0.271} \times 3.84 + 0.271 \times q_{ult} \times 3.84$$

$$= 1.041 q_{ult} - 59.6$$

$$P_{\mathrm{II}} = P_p = \frac{1}{2}K_p\gamma' H^2 + 2c\sqrt{K_p}H + K_p \cdot q \cdot H$$

$$= \frac{1}{2} \times 3.69 \times (20-9.81) \times 3.84^2 + 2 \times 20 \times \sqrt{3.69} \times 3.84 + 3.69 \times 38 \times 3.84$$

$$= 1,110.7\text{kN/m}$$

$P_{\mathrm{I}} = P_{\mathrm{II}}$로부터 $q_{ult} = 1,124.2\text{kN/m}^2$

3 Bell의 해에서 가정한 기초의 흙쐐기 파괴형태보다는 좀 더 실제에 가까운 파괴유형을 가정했을 때의 지지력 계수를 이용하는 문제이다.

$$N_q = e^{\pi \tan\phi} \cdot \tan^2\left(45 + \frac{\phi}{2}\right) = e^{\pi \tan 35°} \cdot \tan^2\left(45° + \frac{35°}{2}\right) = 33.3$$

$$N_c = (N_q - 1)\cot\phi = (33.3-1) \cdot \cot 35° = 46.12$$

$$N_r = 2(N_q + 1)\tan\phi = 2(33.3+1) \cdot \tan 35° = 48.03(\text{Vesic식})$$

(지하수 없을 때)

$$q_{ult} = c \cdot N_c + q \cdot N_q + \frac{1}{2}\gamma B N_r$$

$$= 20 \times 46.12 + 38 \times 33.3 + \frac{1}{2} \times 19 \times 4 \times 48.03$$

$$= 4,012.9\text{kN/m}^2 \gg 1,337.6\text{kN/m}^2$$

Bell의 해보다 3배 정도 큼을 알 수 있다.

(지하수 있을 때)

$$q_{ult} = c \cdot N_c + qN_q + \frac{1}{2}\gamma' B N_r$$

$$= 20 \times 46.12 + 38 \times 33.3 + \frac{1}{2} \times (20-9.81) \times 4 \times 48.03$$

$$= 3,166.7\text{kN/m}^2 \gg 1,124.2\text{kN/m}^2$$

Bell의 해보다 2.8배 이상 크다.

문제 5 다음 그림과 같이 B=4m 줄기초의 파괴유형이 Bell의 해에 가깝다. 단, 지하 1.5m 아래에 지하수위가 존재한다. 극한 지지력을 유도하라.

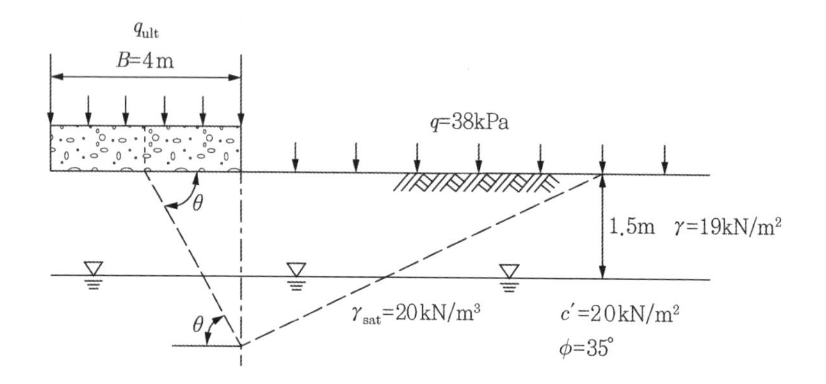

풀이

이 문제는 4번 문제와 제반조건이 같으나, 지하수위만이 건조조건과 기초바닥 사이에 위치하는 대신에 중간에 걸쳐 있는 것이 다르다.

$$\theta_{\mathrm{I}} = 45° + \frac{35°}{2} = 62.5°,\ \theta_{\mathrm{II}} = 45° - \frac{35°}{2} = 27.5°$$

$$K_a = \tan^2\left(45° - \frac{35°}{2}\right) = 0.271,\ K_p = \frac{1}{K_a} = 3.69$$

(풀이 그림 12.5.1)을 참조하여서, I 구역의 주동토압과 II 구역의 수동토압을 구한다.

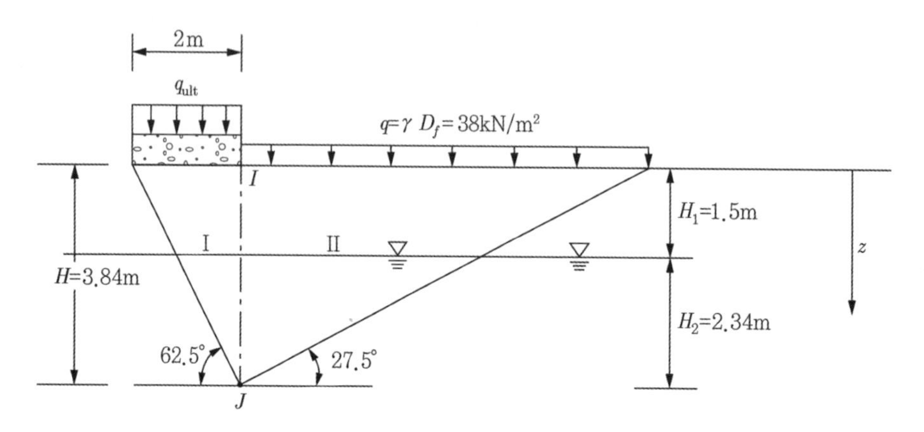

풀이 그림 12.5.1

(I 구역)

$z=0$m에서

$$\sigma_a = K_a q_{ult} - 2c\sqrt{K_a} = 0.271 q_{ult} - 2\times 20\times \sqrt{0.271}$$

$$=0.271 q_{ult} - 20.82$$

$z=1.5$m에서

$$\sigma_a = K_a \gamma H_1 + (K_a q_{ult} - 2c\sqrt{K_a})$$

$$=0.271\times 19\times 1.5 + (0.271 q_{ult} - 20.82)$$

$$=7.72 + (0.271 q_{ult} - 20.82)$$

$z=3.84$m에서

$$\sigma_a = K_a(\gamma H_1 + \gamma' H_2) + (K_a q_{ult} - 2c\sqrt{K_a})$$

$$=0.271[19\times 1.5 + (20-9.81)\times 2.34] + (0.271 q_{ult} - 20.82)$$

$$=14.19 + (0.271 q_{ult} - 20.82)$$

토압분포를 그려 보면 (풀이 그림 12.5.2)와 같다. 그림으로부터

$$P_{\mathrm{I}} = P_a = \frac{1}{2}\times 7.72\times 1.5 + \frac{(7.72+14.19)}{2}\times 2.34 + (0.271 q_{ult} - 20.82)\times 3.84$$

$$=1.041 q_{ult} - 48.53$$

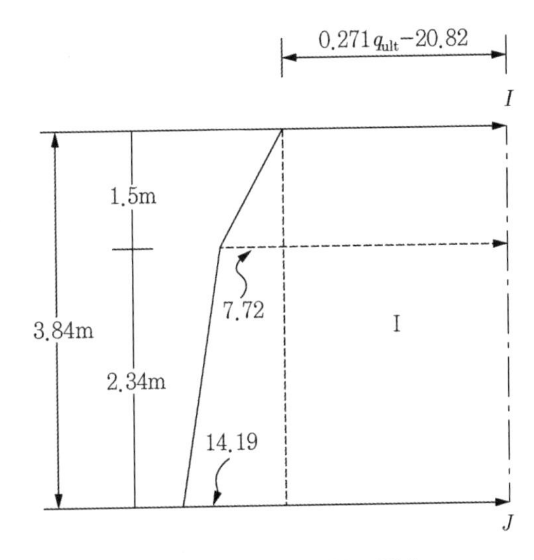

풀이 그림 12.5.2 주동토압분포

(II 구역)

$z = 0$m에서

$\sigma_p = 2c\sqrt{K_p} + K_p q = 2 \times 20 \times \sqrt{3.69} + 3.69 \times 38$

$= 217.06$

$z = 1.5$m에서

$\sigma_p = K_p \gamma H_1 + (2c\sqrt{K_p} + K_p q)$

$= 3.69 \times 19 \times 1.5 + (217.06)$

$= 105.17 + 217.06 = 322.23\text{kN/m}^2$

$z = 3.84$m에서

$\sigma_p = K_p(\gamma H_1 + \gamma' H_2) + (2c\sqrt{K_p} + K_p q)$

$= 3.69[19 \times 1.5 + (20 - 9.81) \times 2.34] + (217.06)$

$= 193.15 + (217.06) = 410.21\text{kN/m}^2$

토압분포를 그리면 (풀이 그림 12.5.3)과 같다.

$P_{\text{II}} = P_p = \dfrac{1}{2} \times 105.17 \times 1.5 + \dfrac{(105.17 + 193.15)}{2} \times 2.34 + (217.06) \times 3.84$

$= 1,261.41$

$P_{\text{I}} = P_{\text{II}}$로부터 $q_{ult} = 1,258.3\text{kN/m}^2$

∴	1,110.7kN/m²	<	1,258.3kN/m²	<	1,350.4kN/m²
	↑		↑		↑
	지하수위 기초바닥 (문제 4의 2)		지하수위 중간 (문제 5)		건조 (문제 4의 1)

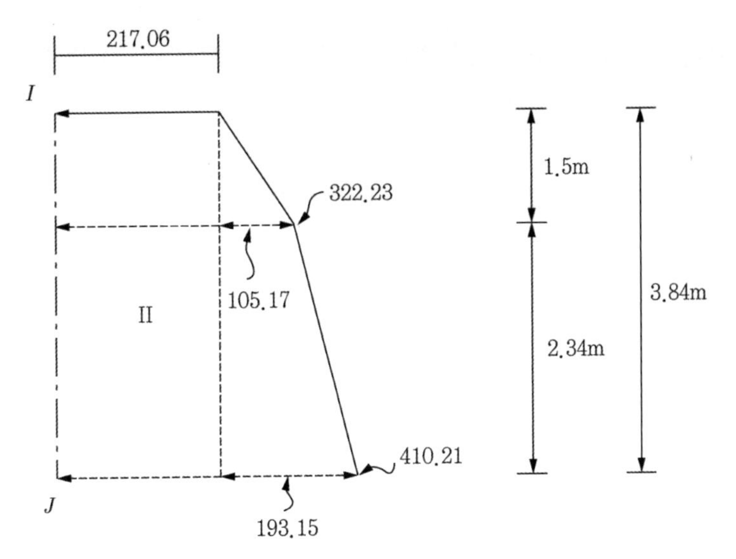

풀이 그림 12.5.3 수동토압분포

문제 6 다음 그림과 같이 이중층으로 되어 있는 사질토에서 Bell의 흙쐐기를 가정하고 극한 지지력을 구하라(줄기초).

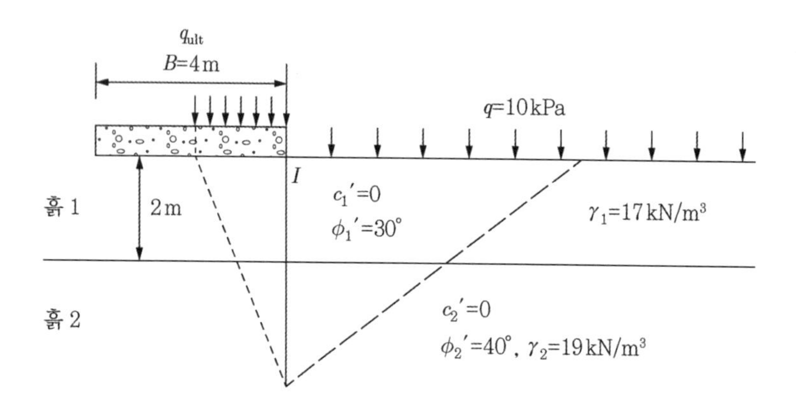

풀이

파괴면은 $\theta = 45° + \dfrac{\phi}{2}$의 각도를 이룬다는 이론으로부터 주동구역에서

$\theta_{\text{I}} = 45° + \dfrac{30°}{2}$ =60°, $\theta_{\text{II}} = 45° + \dfrac{40°}{2}$ =65°를 가정한다.

수동구역에서는 $\theta'_{\text{I}} = 45° - \dfrac{30°}{2}$ =30°, $\theta'_{\text{II}} = 45° - \dfrac{40°}{2}$ =25°

(토압계수)

흙 1

$$K_{a1} = \tan^2\left(45° - \frac{30°}{2}\right) = \frac{1}{3}$$

$$K_{p1} = \frac{1}{K_{a1}} = 3$$

흙 2

$$K_{a2} = \tan^2\left(45° - \frac{40°}{2}\right) = 0.217$$

$$K_{p2} = \frac{1}{K_{a2}} = 4.60$$

(풀이 그림 12.6.1)을 이용하여 I 구역에서 주동토압을, II 구역에서 수동토압을 구한다.

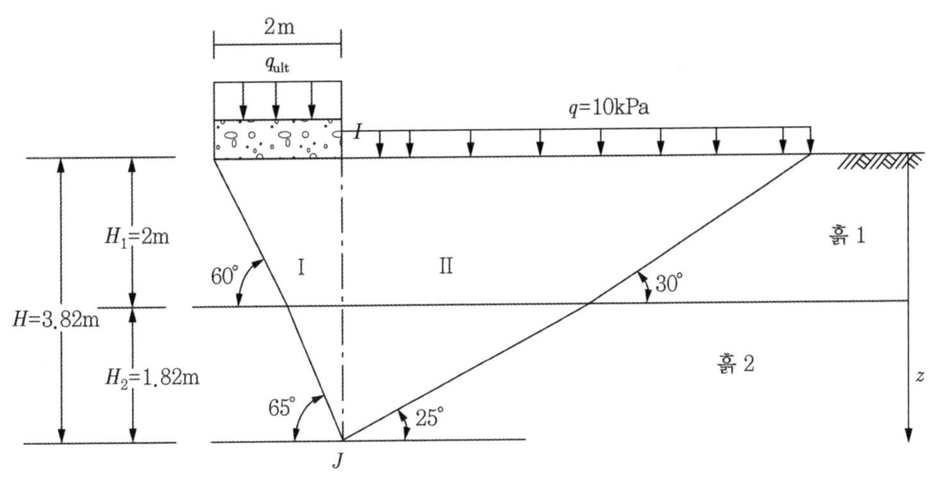

풀이 그림 12.6.1

(구역 I) (풀이 그림 12.6.2 참조)

$z=0$m에서

$$\sigma_a = K_{a1}q_{ult} = \frac{1}{3}q_{ult}$$

$z=2^-$m에서

$$\sigma_a = K_{a1}\gamma_1 H_1 + K_{a1}q_{ult}$$

$$= \frac{1}{3}\times 17\times 2 + \frac{1}{3}q_{ult} = 11.33 + \frac{1}{3}q_{ult}$$

$z=2^+$m에서

$$\sigma_a = K_{a2}\gamma_1 H_1 + K_{a2}q_{ult}$$

$$= 0.217\times 17\times 2 + 0.217q_{ult}$$

$$= 7.38 + 0.217q_{ult}$$

$z=3.82$m에서

$$\sigma_a = K_{a2}(\gamma_1 H_1 + \gamma_2 H_2) + K_{a2}q_{ult}$$

$$= 0.217(17\times 2 + 19\times 1.82) + 0.217q_{ult}$$

$$= 14.88 + 0.217q_{ult}$$

$$P_{\mathrm{I}} = P_a = \frac{1}{2}\times 11.33\times 2 + \frac{1}{3}q_{ult}\times 2 + \frac{(7.38+14.88)}{2}\times 1.82 + 0.217q_{ult}\times 1.82$$

$$=31.6+1.062q_{ult}$$

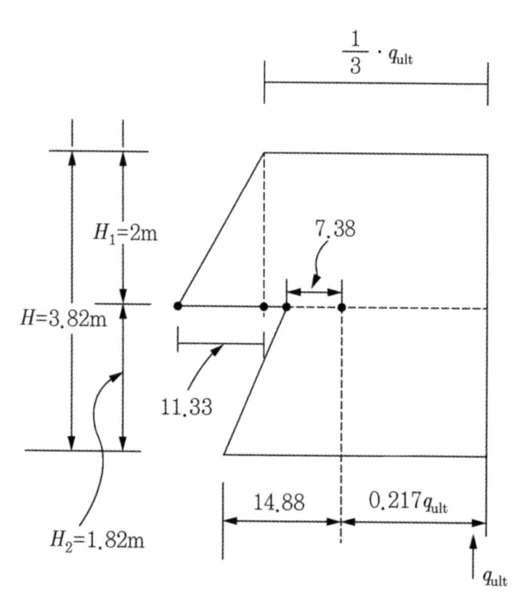

풀이 그림 12.6.2 주동토압

(구역 II) (풀이 그림 12.6.3 참조)

$z=0$m에서

$$\sigma_p = K_{p1}\cdot q = 3\times 10 = 30\text{kN/m}^2$$

$z=2^-$m에서

$$\sigma_p = K_{p1}\gamma_1 H_1 + K_{p1}\cdot q$$

$$=3\times 17\times 2+3\times 10$$

$$=102+30=132\text{kN/m}^2$$

$z=2^+$m에서

$$\sigma_p = K_{p2}\gamma_1 H_1 + K_{p2}\cdot q$$

$$=4.6\times 17\times 2+4.6\times 10$$

$$=156.4+46=202.4\text{kN/m}^2$$

$z = 3.82$m에서

$$\sigma_p = K_{p2}(\gamma_1 H_1 + \gamma_2 H_2) + K_{p2} \cdot q$$
$$= 4.6(17 \times 2 + 19 \times 1.82) + 46$$
$$= 315.47 + 46 = 361.47 \text{kN/m}^2$$

$$P_{\text{II}} = P_p = \frac{1}{2} \times 102 \times 2 + 30 \times 2 + \frac{(156.4 + 315.47)}{2} \times 1.82 + 46 \times 1.82$$
$$= 675.1$$

$P_{\text{I}} = P_{\text{II}}$로부터 $q_{ult} = 605.9 \text{kN/m}^2$

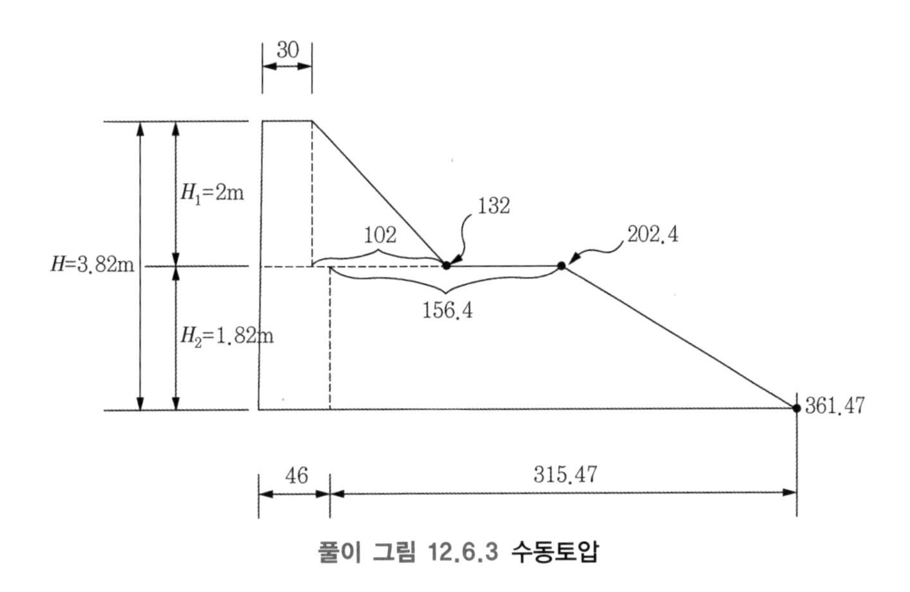

풀이 그림 12.6.3 수동토압

제13장

사면안정론

제13장 사면안정론

문제 1 다음 무한사면의 사면파괴에 대한 안전율을 구하라. 단, 공식을 사용하지 말고 원리에 입각하여 풀라.

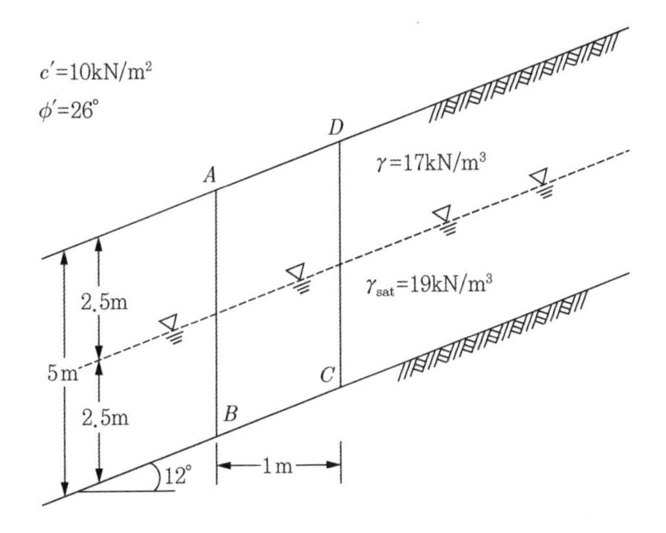

풀이

(풀이 그림 13.1.1)을 참조한다.

수압 $u = \gamma_w H_2 \cos^2\beta = 9.81\times2.5\times\cos^2 12°$

$= 23.46\text{kN/m}^2$

$ABCD$ 무게

$W = 17\times2.5\times1 + 19\times2.5\times1 = 90\text{kN/m}$

$W' = 17\times2.5\times1 + (19-9.81)\times2.5\times1 = 65.48\text{kN/m}$

$N' = W'\cos\beta = 65.48\times\cos 12° = 64.05\text{kN/m}$

또는

$$N' = N - U$$

$$= W\cos\beta - u \cdot \ell$$

$$= 90 \times \cos12° - \frac{23.46}{\cos12°} = 64.05\text{kN/m}$$

$$T = W \cdot \sin\beta = 90 \times \sin12° = 18.71\text{kN/m}$$

$$T_f = c'\ell + N'\tan\phi' = \frac{10 \times 1}{\cos12°} + 64.05 \times \tan26°$$

$$= 41.46\text{kN/m}$$

$$F_s = \frac{T_f}{T} = \frac{41.46}{18.71} = 2.2$$

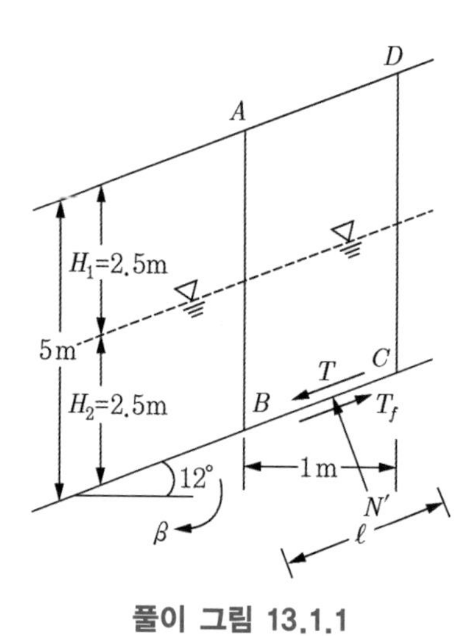

풀이 그림 13.1.1

문제 2 이중층으로 이루어진 무한 사면에 대하여 다음 물음에 답하라.

1 다음 그림과 같이 이중층으로 이루어진 무한사면에 지하수위가 지표면까지 차오르고 평행침투가 발생한다.

① 동수경사를 구하고, $ABCD$ 토체의 침투수력을 구하라.

② 사면파괴에 대한 안전율을 구하라.

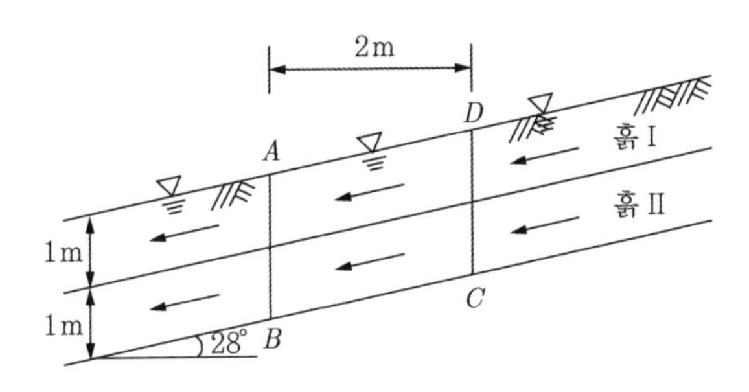

흙 I: $\gamma_{sat}=19\text{kN/m}^3$, $c'=5\text{kPa}$, $\phi'=32°$

흙 II: $\gamma_{sat}=20\text{kN/m}^3$, $c'=8\text{kPa}$, $\phi'=35°$

2 무한사면이 물속에 완전히 잠겼을 때의 사면파괴에 대한 안전율을 구하라.

풀이

1 ① 동수경사

A점과 D점 사이의 비교를 하면(풀이 그림 13.2.1 참조)

$$i=\frac{\Delta h}{\Delta s}=\frac{2\times\tan 28°}{\dfrac{2}{\cos 28°}}=\sin 28°$$

$=0.4695(\swarrow)$

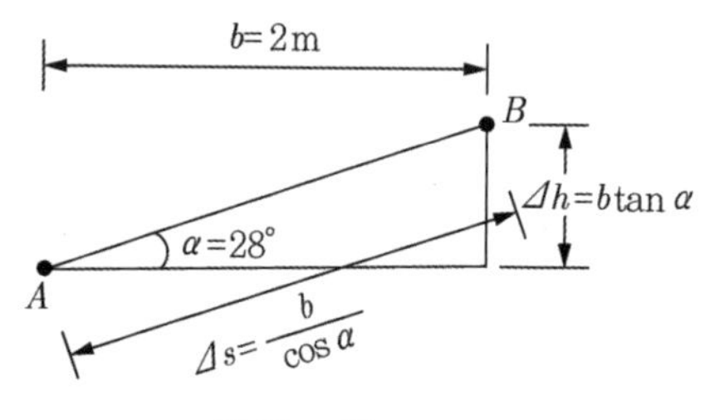

풀이 그림 13.2.1

침투수력

$F_{sp} = i\gamma_w(ABCD$의 부피)

$= 0.4695 \times 9.81 \times (2 \times 2) = 18.42\text{kN/m}(\swarrow)$

② 사면파괴에 대한 안전율

$ABCD$ 토체(풀이 그림 13.2.2 참조)

$W = 19 \times (1 \times 2) + 20 \times (1 \times 2) = 78\text{kN/m}$

$W' = (19 - 9.81) \times (1 \times 2) + (20 - 9.81) \times (1 \times 2) = 38.76\text{kN/m}$

$T = W\sin\alpha = 78 \times \sin 28° = 36.62\text{kN/m}$

또는

$T = T' + F_{sp} = W'\sin\alpha + i\gamma_w(ABCD)$

$= 38.76 \times \sin 28° + 18.42 = 36.62\text{kN/m}$

$N' = W'\cos\alpha = 38.76 \times \cos 28° = 34.22\text{kN/m}$

$T_f = c' \cdot \Delta s + N'\tan\phi' = 8 \times \dfrac{2}{\cos 28°} + 34.22 \times \tan 35°$

$= 42.08\text{kN/m}$

$F_s = \dfrac{T_f}{T} = \dfrac{42.08}{36.62} = 1.15$

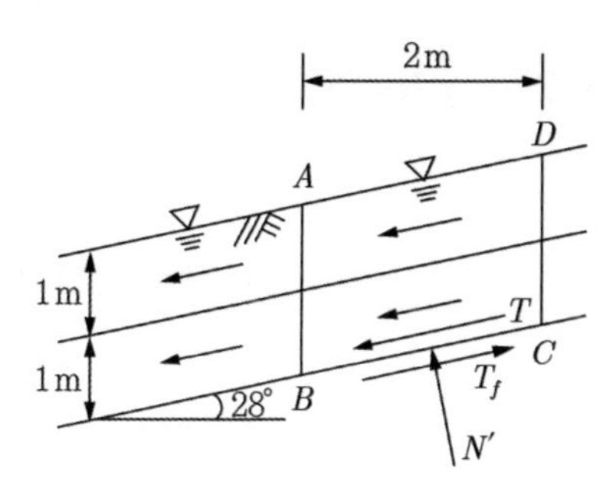

풀이 그림 13.2.2

2 수중사면의 안전율

유효중량 개념으로 풀면 쉽다.

($ABCD$ **토체**)

$W' = 38.76\text{kN/m}$

$T' = W'\sin\alpha = 38.76 \times \sin 28° = 18.20\text{kN/m}$

$N' = W'\cos\alpha = 38.76 \times \cos 28° = 34.22\text{kN/m}$

$T_f = c'\Delta s + N'\tan\phi'$

$= 8 \times \dfrac{2}{\cos 28°} + 34.22 \times \tan 35° = 42.08\text{kN/m}$

$F_s = \dfrac{T_f}{T'} = \dfrac{42.08}{18.20} = 2.31$

전단력이 유효전단력으로 바뀌면서(즉, $T \rightarrow T'$) 평행침투에 비해 안전율이 증가한다(약 2배).

문제 3 파괴 가능면이 평면인 유한사면의 다음 두 경우에 대한 안전율을 구하라.

1 다음과 같은 지반의 수중사면에 대한 안전율을 구하라.

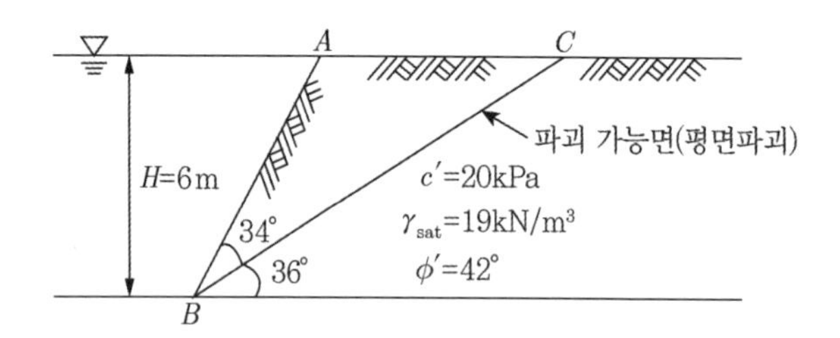

2 수위 급강하로 다음 그림과 같이 수위는 낮아졌으나 사면지반에는 지하수위가 사면을 따라 존재한다. 이때 BC면(즉, 파괴 가능면)에서의 수압분포가 그림과 같이 삼각형 분포를 이룬다고 할 때, 안전율을 구하라.

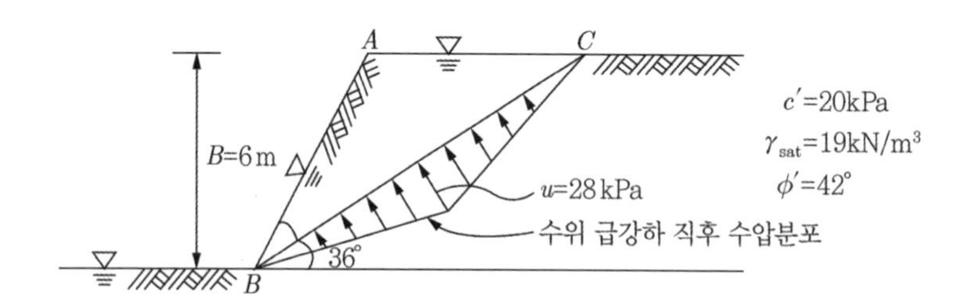

풀이

1 ABC의 치수는 (풀이 그림 13.3.1)과 같다.

수중 사면 안정은 유효중량개념으로 접근하는 것이 편하다.

$$W' = \gamma'(ABC \text{ 면적}) = (19-9.81)\times\frac{1}{2}\times 10.21\times 3.57$$

$$= 167.49\text{kN/m}$$

$$N' = W'\cos 36° = 167.49\times\cos 36° = 135.50\text{kN/m}$$

$$T' = W'\sin 36° = 167.49\times\sin 36° = 98.45\text{kN/m}$$

$$T_f = c'(\overline{BC}) + N'\tan\phi'$$

$$= 20\times 10.21 + 135.50\times\tan 42° = 326.20\text{kN/m}$$

$$F_s = \frac{T_f}{T'} = \frac{326.20}{98.45} = 3.31$$

2 수위 급강하되면, 전 중량이 작용된다.

$$W = \gamma_{sat}(ABC\ 면적) = 19 \times \frac{1}{2} \times 10.21 \times 3.57 = 346.27\text{kN/m}$$

수압의 합력

$$U = \frac{1}{2} \times 28 \times 10.21 = 142.94\text{kN/m}$$

$$N' = N - U = W\cos\alpha - U$$

$$= 326.27 \times \cos 36° - 142.94$$

$$= 137.20\text{kN/m} (N'\ 증가는\ 크지\ 않다.)$$

$$T = W\sin\alpha = 346.27 \times \sin 36° = 203.53\text{kN/m}$$

$$T_f = 20 \times 10.21 + 137.20 \times \tan 42° = 327.74\text{kN/m}$$

$$F_s = \frac{T_f}{T} = \frac{327.74}{203.53} = 1.61$$

안전율이 수중사면에 비해 반으로 감소한다.

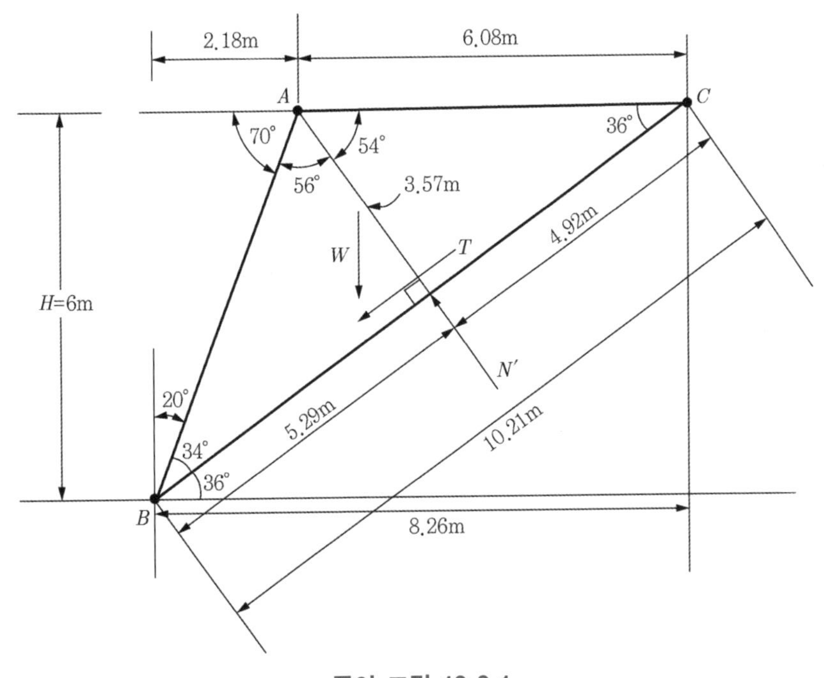

풀이 그림 13.3.1

문제 4　다음과 같이 수중사면에 평면파괴 가능성이 있다.

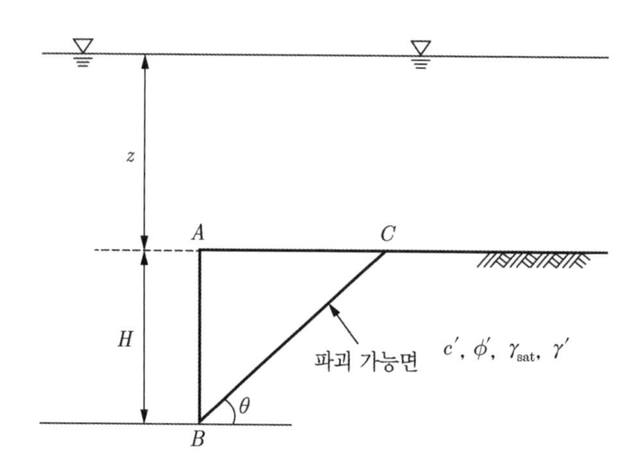

다음을 구하라.

1. ΔABC의 전 중량 및 유효중량
2. 경계면에 작용하는 수압(boundary water force)의 종류와 크기, 그리고 그 합력 및 작용점
3. 사면파괴에 대한 안전율
4. $z=0$, 즉 수위가 지반선과 같을 때의 안전율
5. 수위가 완전히 낮아졌으나 다음 그림과 같이 지반에는 지하수위가 남아 있을 때의 안전율(BC에 작용되는 수압은 4의 경우와 같다고 가정).

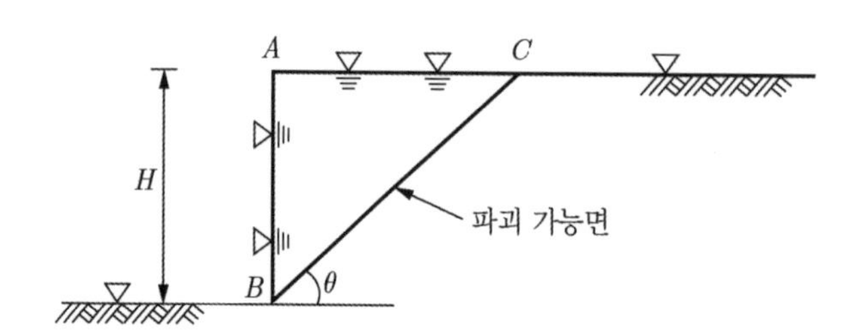

풀이

1 전 중량, 유효중량

(풀이 그림 13.4.1)의 (a)로부터

$$W = \gamma_{sat} \cdot (ABC \text{ 부피}) = \gamma_{sat} \cdot \left(\frac{1}{2}HB\right)$$

$$= \gamma_{sat} \cdot \left(\frac{1}{2}H^2\tan\theta\right) \cdots ①$$

$$W' = \gamma'\left(\frac{1}{2}H^2\tan\theta\right) \cdots ②$$

2 경계면 수압

수압분포는 그림의 (b)와 같다.

합력의 크기는

$$U_v = \gamma_w(ABC \text{ 부피})$$

$$= \gamma_w\left(\frac{1}{2}H^2\tan\theta\right) \cdots ③$$

작용방향은 상방향(↑), 작용점은 ABC의 무게중심이다.

3 수중사면 안전율

'유효중량+경계면 유효응력' 개념을 이용하면 좋다. 여기에서는 기본 공식만 제시하고자 하며, 계수를 직접 대입하는 것은 독자에게 맡긴다.

$$N' = W'\cos\theta (W' \text{은 ② 식})$$

$$T' = W'\sin\theta (W' \text{은 ② 식})$$

$$T_f = c'\overline{BC} + N'\tan\phi'$$

$$= c' \cdot \frac{H}{\sin\theta} + N'\tan\phi' \cdots ④$$

$$F_s = \frac{T_f}{T'} \cdots ⑤$$

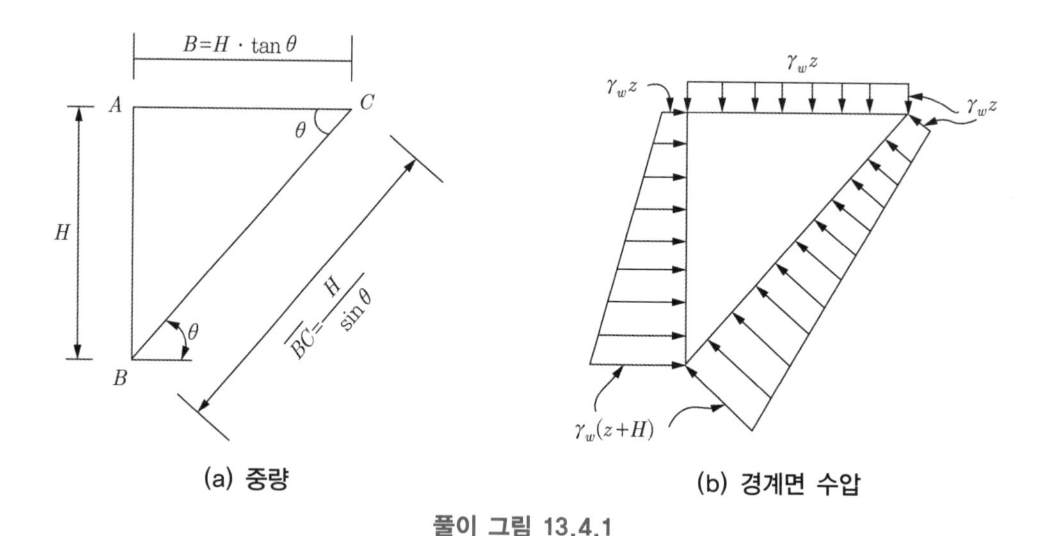

(a) 중량

(b) 경계면 수압

풀이 그림 13.4.1

4 $z=0$, 즉 수위가 지반선과 같을 때의 안전율

수위가 지반선상에 있으므로, 유효중량 W'은 변하지 않는다. 즉, **1**번 답의 ② 식과 같다. 따라서 안전율은 **1**번 답과 동일하다.

5 수위 급강하 시

중량은 전 중량을 사용해야 한다. $\overline{BC}$면에서의 수압분포는 **4**의 경우와 같다고 가정했으므로 (풀이 그림 13.4.2)와 같다.

$$U_{BC}=\frac{1}{2}(\gamma_w\cdot H)\cdot(\overline{BC})=\frac{1}{2}\gamma_w H\left(\frac{H}{\sin\theta}\right)$$

$$=\frac{1}{2}\gamma_w\frac{H^2}{\sin\theta}\ \cdots ⑥$$

$T=W\cdot\sin\theta$(W는 ① 식)

$N'=N-U_{BC}$

$=W\cdot\cos\theta-U_{BC}\cdots ⑦$

(W는 ① 식, U_{BC} =⑥ 식)

$T_f=c'\cdot\overline{BC}+N'\tan\phi'$

$=c'\cdot\frac{H}{\sin\theta}+N'\tan\phi'$(여기서, N'은 ⑦ 식)

$$F_s = \frac{T_f}{T}$$

T' 대신 T가 적용되므로 수중 사면 안전율보다 작다(거의 절반 수준이다).

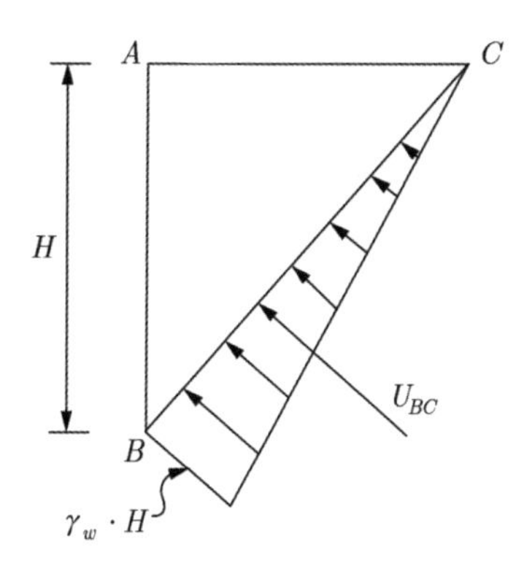

풀이 그림 13.4.2

문제 5 다음 그림과 같은 유선망을 갖고 정상침투가 일어나는 사면파괴에 대한 안전율을 구하라. 다음의 방법을 각각 이용하라.

1 Fellenius의 방법

2 Bishop의 간편법

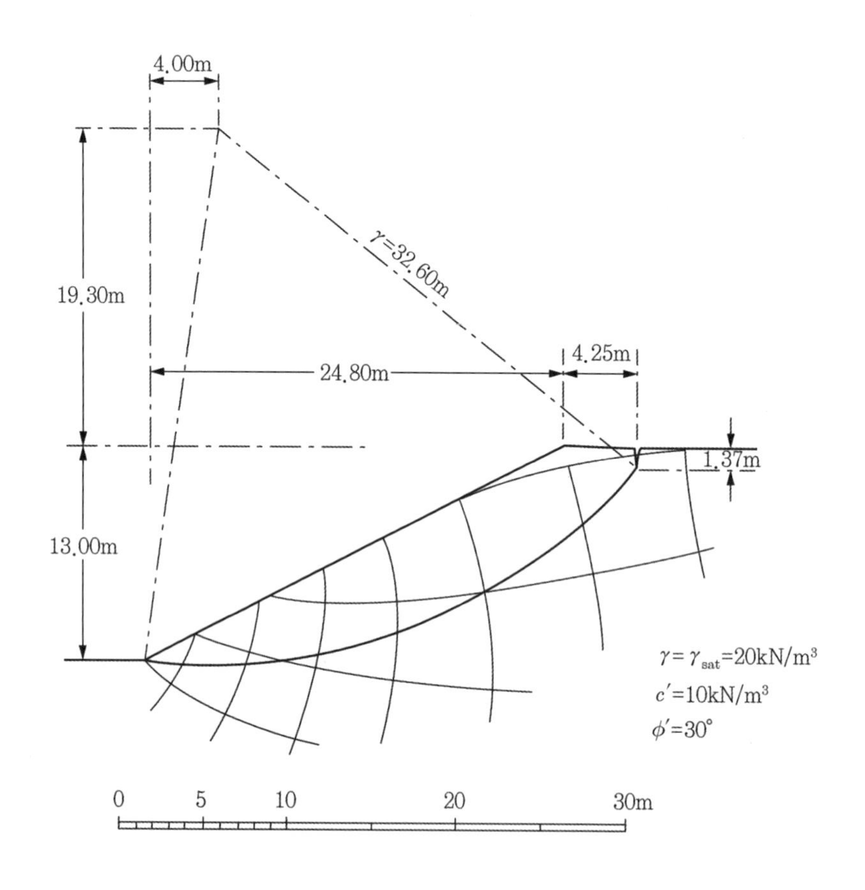

풀이

사면에 대하여 5개의 절편으로 나눈다(풀이 그림 13.5.1 참조). 계산과정을 표로 나타내면 다음 (풀이 표 13.5.1)과 (풀이 표 13.5.2)와 같다. 표에서, H는 각 절편에서의 평균 높이이다. 즉, 각 절편에서의 중량은 $W=\gamma_{sat}H \cdot b$이다(b는 각 절편의 폭).

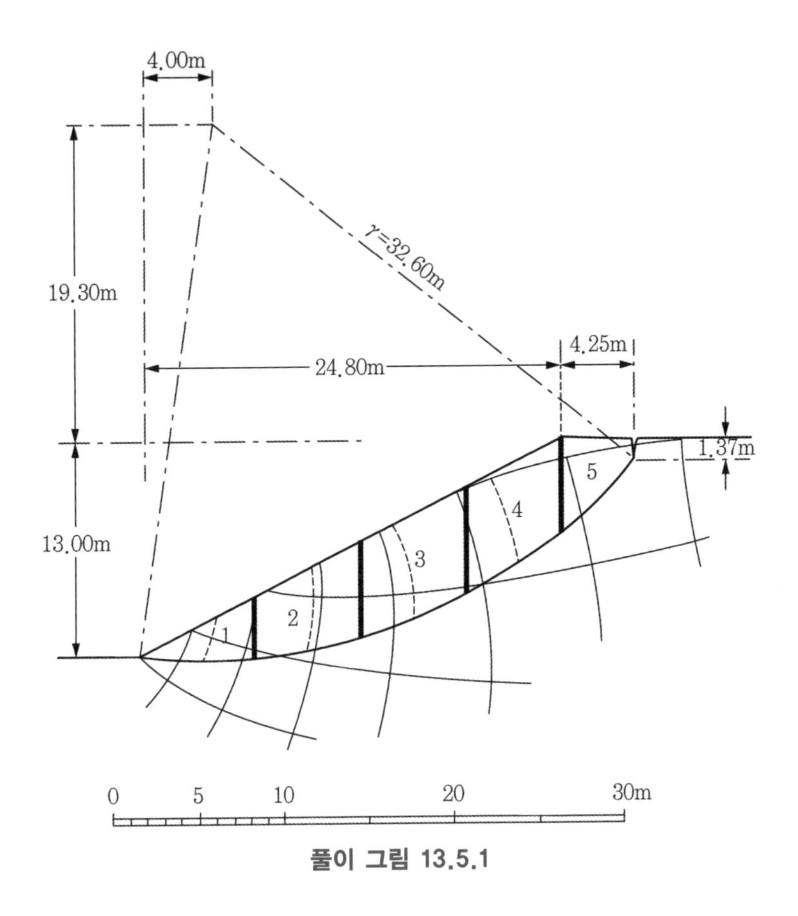

풀이 그림 13.5.1

1 Fellenius 방법

이 방법으로는 다음 식으로 안전율을 구한다.

$$F_{s(m)} = \frac{\Sigma c'\ell + (W\cos\alpha - U)\tan\phi'}{\Sigma W\sin\alpha}$$

계산도표는 다음과 같다.

풀이 표 13.5.1 Fellenius 계산도표

slice	α	H (m)	압력수두 (m)	b (m)	W (kN)	$W\sin\alpha$	$W\cos\alpha$	u (kN/m^2)	$\ell(b/\cos\alpha)$ (m)	$u\ell=U$	N'
1	−1.6°	1.72	2.19	6.2	213.3	−6.0	213.2	21.5	6.2	133.3	79.9
2	9.5°	4.38	4.38	6.2	543.1	89.6	535.7	43.0	6.29	270.5	265.2
3	20.9°	5.94	5.63	6.2	736.6	262.8	688.1	55.2	6.64	366.5	321.6
4	33.3°	5.94	5.31	6.2	736.6	404.4	615.4	52.1	7.42	386.6	228.8
5	45°	3.44	2.66	4.25	292.4	206.8	206.8	26.1	6.01	156.9	49.9
합계						957.6	2,259.2		32.56		945.4

* $N' = W\cos\alpha - U$

표로부터

$$F_s = \frac{10\times 32.56 + 945.4\times \tan 30°}{957.6}$$

$$=0.91$$

2 Bishop의 간편법

다음 식으로 안전율을 계산한다.

$$F_{s(m)} = \frac{\Sigma\{c'b + (W-ub)\cdot\tan\phi'\}/m_\alpha}{\Sigma W\sin\alpha}$$

여기서, $m_\alpha = \cos\alpha\left(1+\tan\alpha\cdot\frac{\tan\phi'}{F_s}\right)$

계산도표는 다음과 같다(단, 우선 $F_s=0.9$와 0.93으로 가정).

풀이 표 13.5.2 Bishop의 계산도표

(1)	(2)	(3)	(4)	(5)	(6)	(7)	(8) m_α		(9) (7)/(8)	
slice	b	$c'b$	ub	$W-ub$	(5)×$\tan\phi'$	(3)+(6)	$F_s=0.9$	$F_s=0.93$	$F_s=0.9$	$F_s=0.93$
1	6.2	62	133.3	80.0	46.2	108.2	0.982	0.982	110.2	110.2
2	6.2	62	266.6	276.5	159.5	221.5	1.092	1.089	202.8	203.4
3	6.2	62	342.2	394.4	227.6	289.6	1.163	1.156	249.0	250.5
4	6.2	62	323.0	413.6	238.6	300.6	1.188	1.177	253.0	255.4
5	4.25	42.5	110.9	181.5	104.7	147.2	1.161	1.146	126.8	128.4
계									941.8	947.9

* W 및 u는 Fellenius 계산도표와 동일

Fellenius 도표 (풀이 표 13.5.1)로부터 $\Sigma W\sin\alpha = 957.6$kN/m이다.

① $F_s = 0.9$로 가정한 경우

$$F_{s(m)} = \frac{941.8}{957.6} = 0.98$$

② $F_s = 0.93$으로 가정한 경우

$$F_{s(m)} = \frac{947.9}{957.6} = 0.99$$

③ $F_s = 0.98$로 가정하여 안전율을 구하면 다음과 같다.

slice	$m_\alpha(F_s = 0.98)$	$(7)/m_\alpha$
1	0.982	110.2
2	1.083	204.5
3	1.144	253.1
4	1.159	259.4
5	1.123	130.2
계		957.4

$$F_s = \frac{957.4}{957.6} = 1.0$$

$F_s = 1.0$으로 가정하여, 안전율을 또 구하며, 가정한 안전율과 구해진 안전율이 같을 때까지 반복한다.

문제 6 위의 5번 문제의 사면이 13m의 높이까지 물이 차 있을 때, 사면파괴에 대한 안전율을 다음 방법 각각에 대하여 구하라(Bishop의 간편법 사용).

1 전 중량 개념의 방법 1, 2, 3 각각 이용

2 유효중량의 개념 이용

풀이

1 ① 전 중량 개념-방법 1

이 방법은 (풀이 그림 13.6.1)과 같이 물이 있는 부분도 절편으로 가정한다. 절편 1~4는 완전히 물기둥이며, 절편 5~8은 물기둥과 흙기둥의 조합이며, 마지막 절편 9는 흙기둥이다.

중량을 계산할 때, 물만 있는 경우는 물의 중량을($W=\gamma_w H_w b$), 흙이 있는 부분은 $W=\gamma_{sat} Hb$로서 흙의 중량을 구한다. 절편 1~4에서는 전단저항력은 없다.

(절편의 폭) 절편 1 : $b=2.8$m

절편 9 : $b=4.25$m

절편 2~8 : $b=6.2$m씩

각 절편에서의 물기둥 높이(H_w), 흙기둥 높이(H), 폭을 나타내면 (풀이 표 13.6.1)과 같다. Bishop의 간편법에 의한 계산도표는 (풀이 표 13.6.2)와 같다.

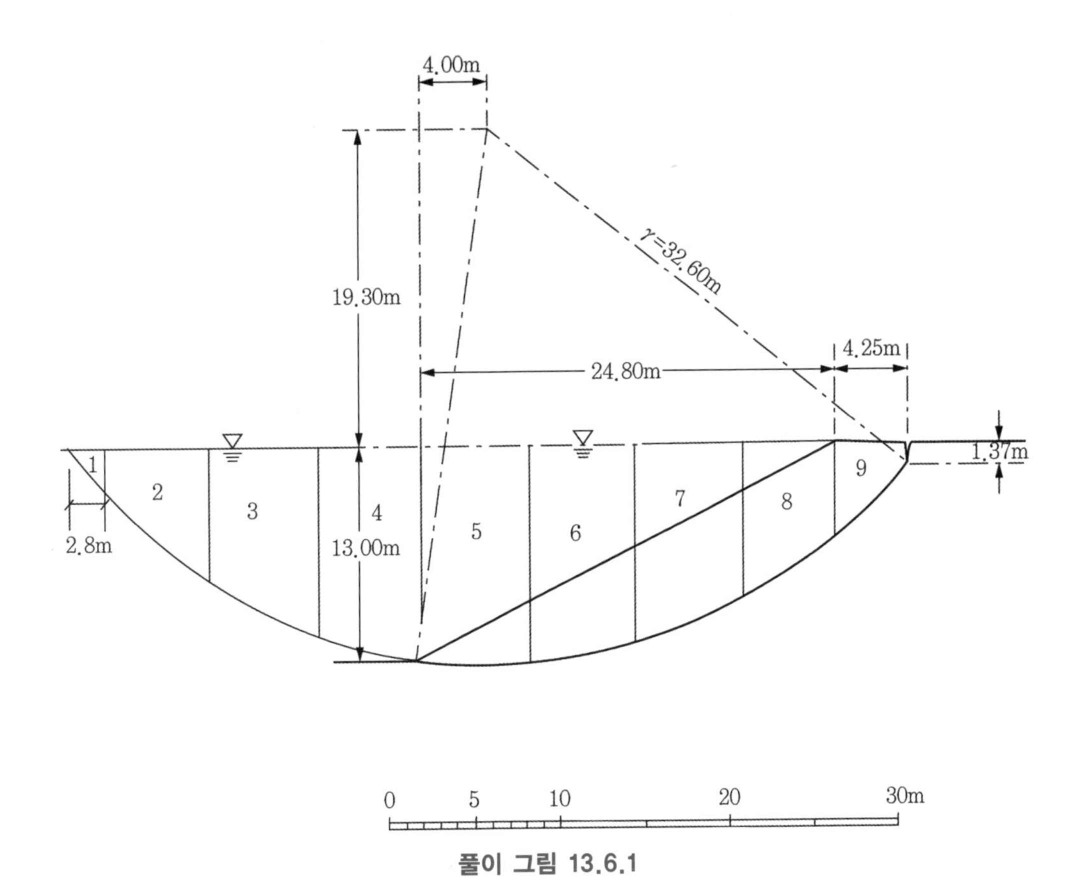

풀이 그림 13.6.1

풀이 표 13.6.1 각 절편의 제원

절편	b(m)	흙기둥 높이, H	물기둥 높이, H_w(m)
1	2.8	0	1.25
2	6.2	0	5.0
3	6.2	0	9.06
4	6.2	0	11.56
5	6.2	1.72	10.94
6	6.2	4.38	7.81
7	6.2	5.94	4.69
8	6.2	5.94	1.56
9	4.25	3.44	0

풀이 표 13.6.2

(1)	(2)	(3)	(4)	(5)	(6)	(7)	(8)	(9)	(10)	(11)	(12)
slice	W	α	$W\sin\alpha$	$c'b$	u	ub	$W-ub$	(8)× $\tan\phi'$	(5) +(9)	F_s=2일 때 m_α	(10) /(11)
1	34.3	−50.2°	−26.4	0	−	−	0	0	0	−	0
2	304.1	−39°	−191.4	0	−	−	0	0	0	−	0
3	551.0	−27°	−250.1	0	−	−	0	0	0	−	0
4	703.1	−16°	−193.8	0	−	−	0	0	0	−	0
5	878.7	−1.6°	−24.5	62	124.2	770.0	108.7	62.7	124.7	0.991	125.8
6	1,018.1	9.5°	168.0	62	119.6	741.5	276.6	159.6	221.6	1.034	214.3
7	1,021.8	20.9°	364.5	62	104.3	646.7	375.1	216.4	278.4	1.037	268.5
8	831.4	33.3°	456.5	62	73.6	456.3	375.1	216.4	278.4	0.994	280.1
9	292.4	45°	206.8	42.5	33.7	143.2	149.2	86.1	128.6	0.911	141.2
합계			509.6								1,029.9

표로부터 $\Sigma W\sin\alpha = 509.6\text{kN/m}$

$\Sigma\{c'b + (W-ub)\tan\phi'\}/m_\alpha$

$= 1,029.9\text{kN/m}$

$F_s = 2$로 가정한 경우

$$F_s = \frac{1,029.9}{509.6} = 2.02$$

$F_s = 2.02$로 가정하여서, 안전율을 구하는 등 가정한 안전율과 구해진 안전율이 같아질 때까지 반복하여서 안전율을 구한다.

② 전 중량 개념-방법 2

사면 왼쪽의 물을 수압으로 고려하는 방법이다(풀이 그림 13.6.2 참조).

$$F_{s(m)} = \frac{\Sigma\{c'b + (W-ub)\tan\phi'\}/m_\alpha}{\Sigma W sin\alpha - \frac{M_w}{R}}$$

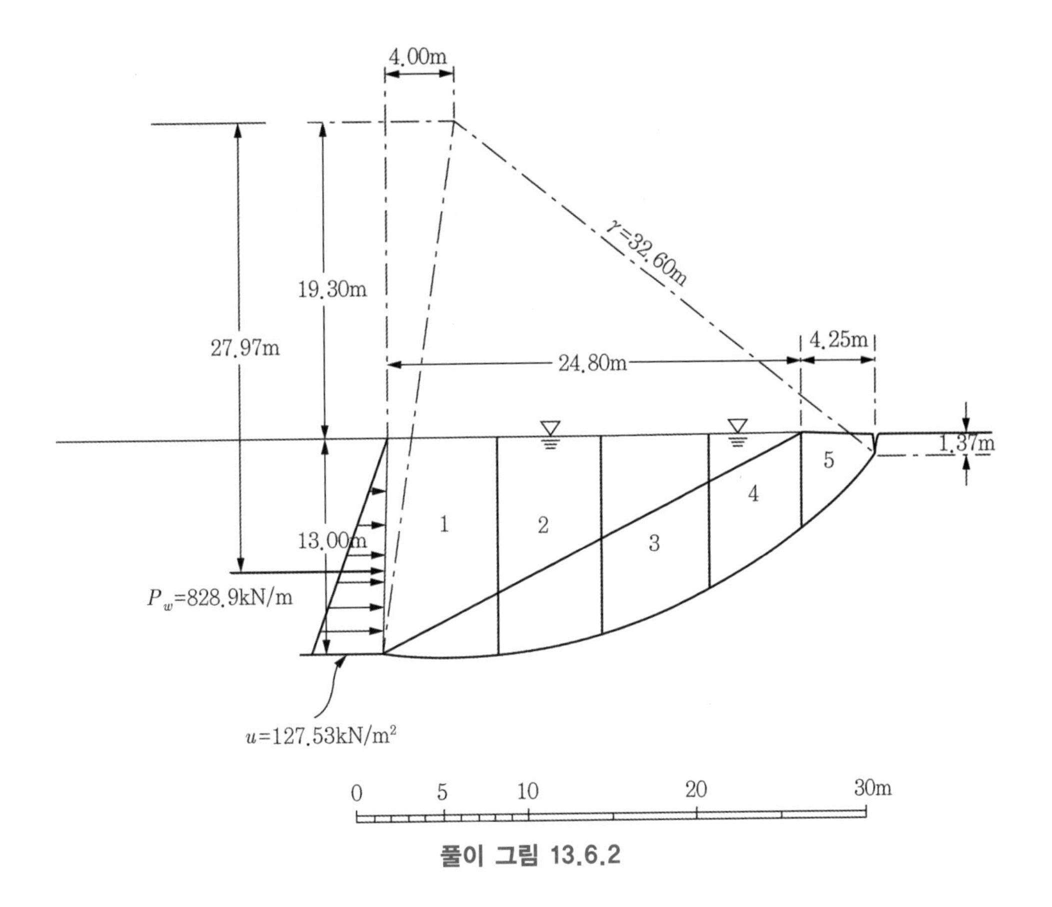

풀이 그림 13.6.2

$$P_w = \frac{1}{2}\times(127.53\times13)=828.9$$

$$\frac{M_w}{R}= \frac{828.9\times27.97}{32.6}=711.2\text{kN/m}$$이다.

각 절편에 대한 계산도표는 (풀이 표 13.6.3)과 같다. 각 절편에 대한 b, H, H_w는 방법 1 때와 동일하다(풀이 표 13.6.1 참조).

풀이 표 13.6.3

(a)

(1)	(2)	(3)	(4)	(5)	(6)	(7)	(8)	(9)	(10)	(11)	(12)
slice	b	H_w	H	W	α	$W\sin\alpha$	$c'b$	ub	$W-ub$	(10) $\times\tan\phi'$	(8)+(11)
1	6.2	10.94	1.72	878.7	−1.6°	−24.5	62	770.0	108.7	62.7	124.7
2	6.2	7.81	4.38	1,018.1	9.5°	168.0	62	741.5	276.6	159.6	221.6
3	6.2	4.69	5.94	1,021.8	20.9°	364.5	62	646.7	375.1	216.4	278.4
4	6.2	1.56	5.94	831.4	33.3°	456.5	62	456.3	375.1	216.4	278.4
5	4.25	0	3.44	292.4	45°	206.8	42.5	143.2	149.2	86.1	128.6
합계						1,171.3					

* 수압 u 및 ub값은 '방법 1'의 경우와 동일

(b) F_s=2로 가정하면

slice	m_α	(12)/m_α
1	0.991	125.8
2	1.034	214.3
3	1.037	268.5
4	0.994	280.1
5	0.911	141.2
합계		1,029.9

계산결과는 $\Sigma W\sin\alpha = 1{,}171.3$kN/m [(a) 참조]

$\Sigma\{c'b+(W-ub)\tan\phi'\}/m_\alpha$ [(b) 참조]

$=1{,}029.9$kN/m(단, $F_s=2$로 가정한 경우)

$$F_s = \frac{1{,}029.9}{1{,}171.3-711.2} = 2.24$$

$F_s=2.24$로 가정하고 안전율을 구하고, 가정한 안전율과 구한 안전율이 같아질 때까지 반복한다.

③ 전 중량 개념–방법 3

사면 위쪽의 물을 수압으로 고려하는 방법이다(풀이 그림 13.6.3 참조).

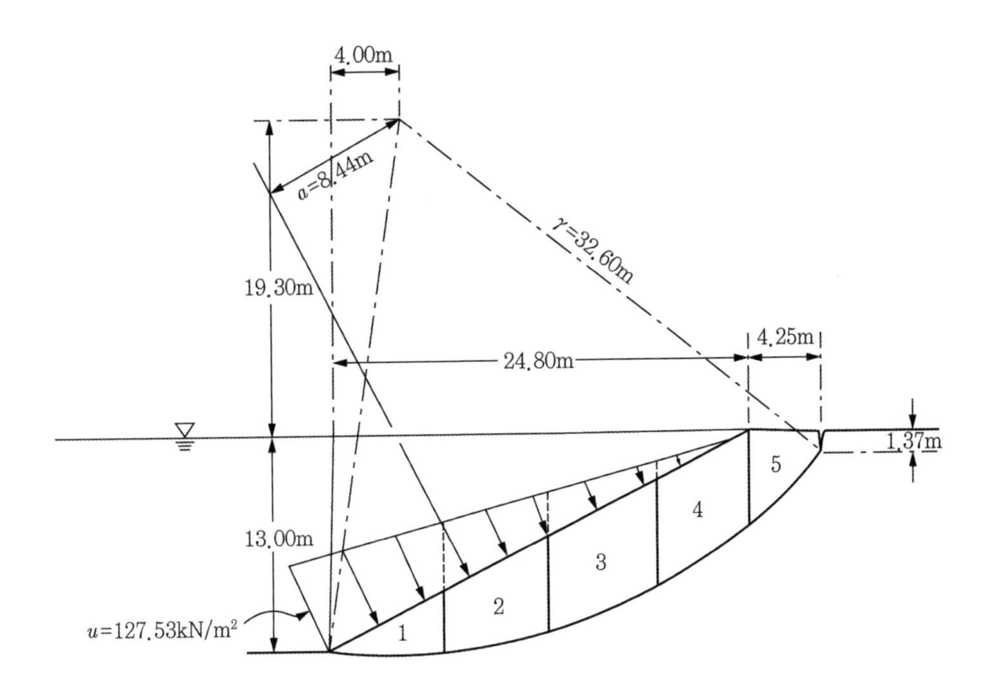

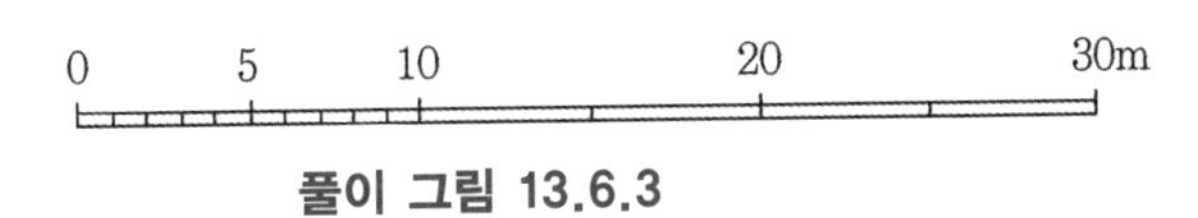

풀이 그림 13.6.3

안전율 공식은 다음과 같다.

$$F_{s(m)} = \frac{\Sigma\{c'b + (W - ub)\tan\phi'\}/m_\alpha}{\Sigma W\sin\alpha - \dfrac{M_w}{R}}$$

여기서, $(W - ub)$는 W', 즉 유효중량이다.

그림으로부터

$$M_w = P_w \cdot a = \frac{1}{2} \times 127.53 \times 28 \times 8.44$$

$$= 15{,}069.3\text{kN-m/m}$$

$\dfrac{M_w}{R} = \dfrac{15{,}069.3}{32.6} = 462.2\text{kN/m}$이다.

각 절편에 대한 계산도표는 다음과 같다. 각 절편에 대한 b, H, W는 방법 1 때와 동일하다.

풀이 표 13.6.4

(1)	(2)	(3)	(4)	(5)	(6)	(7)	(8)	(9)
slice	W	$W\sin\alpha$	$c'b$	W'	(5)×$\tan\phi'$	(4)+(6)	F_s=2일 때 m_α	(7)/(8)
1	213.3	−6.0	62	108.7	62.7	124.7	0.991	125.8
2	543.1	89.6	62	276.6	159.6	221.6	1.034	214.3
3	736.6	262.8	62	375.1	216.4	278.4	1.037	268.5
4	736.6	404.4	62	375.1	216.4	278.4	0.994	280.1
5	292.4	206.8	42.5	149.2	86.1	128.6	0.911	141.2
계		957.6						1,029.9

* W'은 유효중량($=\gamma' Hb$)

계산결과는 $\sum W\sin\alpha = 957.6$kN/m

$F_s = 2$로 가정한 경우

$\sum\{c'b + (W - ub)\tan\phi'\}/m_\alpha = 1,029.9$kN/m

$$F_s = \frac{1,029.9}{957.6 - 462.2} = 2.08$$

$F_s = 2.08$로 가정하고 안전율을 구하고, 가정한 안전율과 구한 안전율이 같아질 때까지 반복한다.

2 유효 중량 개념

수중 사면은 유효 중량으로 푸는 것이 편할 때가 많다.

다음의 공식을 이용한다.

$$F_{s(m)} = \frac{\sum\{c'b + W'\tan\phi'\}/m_\alpha}{\sum W'\sin\alpha}$$

각 절편에서의 폭 b, 높이 H는 방법 1과 동일하며, 유효중량 $W' = \gamma' Hb$를 이용한다. 개요는 (풀이 그림 13.6.4)와 같다.

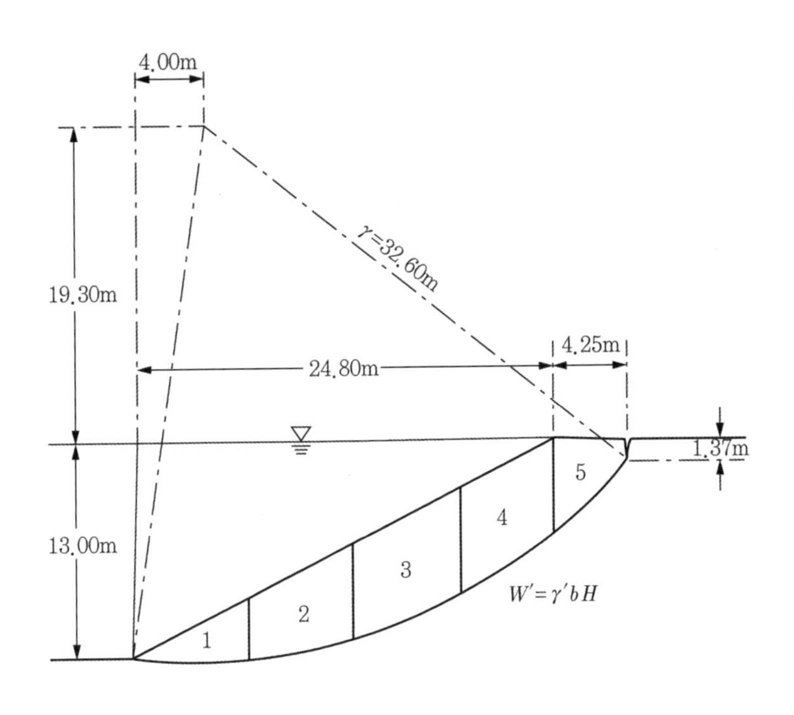

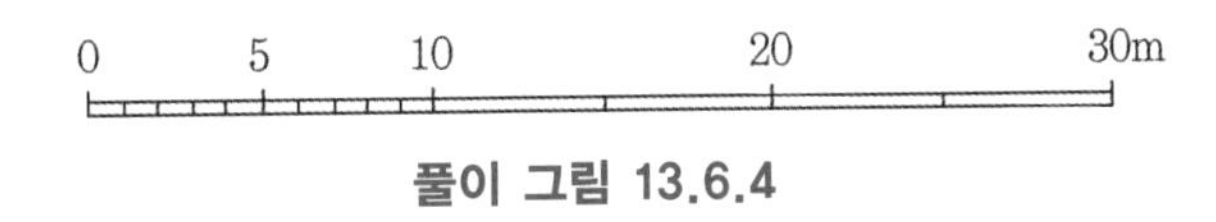

풀이 그림 13.6.4

계산 도표는 다음과 같다.

풀이 표 13.6.5

(1)	(2)	(3)	(4)	(5)	(6)	(7)	(8)	(9)
slice	H	W'	$c'b$	$W'\tan\phi'$	$W'\sin\alpha$	(4)+(5)	F_s=2일 때 m_α	(7)/(8)
1	1.72	108.7	62	62.7	−3.0	124.7	0.991	125.8
2	4.38	276.6	62	159.6	45.7	221.6	1.034	214.3
3	5.94	375.1	62	216.4	134.0	278.4	1.037	268.5
4	5.94	375.1	62	216.4	206.3	278.4	0.994	280.1
5	3.44	149.2	42.5	86.1	105.0	128.6	0.911	141.2
합계					488			1,029.9

계산결과 $\sum W'\sin\alpha = 488.0\text{kN/m}$

$F_s=2$로 가정한 경우

$\{c'b+W'\tan\phi'\}/m_\alpha=1{,}029.9\text{kN/m}$

$$F_s=\frac{1{,}031.0}{488.0}=2.11$$

$F_s=2.11$로 가정하고 반복하여서, 가정한 안전율과 구한 안전율이 같아질 때의 안전율이 답이다.

Note

1) 침투가 발생될 때의 안전율 $F_{s(m)}\approx1.0$정도인 데 반하여, 수중사면의 경우 $F_{s(m)}\approx$ 2.0~2.2로서, 두 배가 됨을 알 수 있다.
2) 범용 프로그램에서는 '전 중량+경계면 수압+경계면 유효응력'의 개념을 주로 사용하며, 수중 사면의 경우 앞의 세 경우 중 '방법 1'을 주로 사용한다.

문제 7 다음 그림과 같은 비 원형사면에 대하여 Janbu의 간편법을 이용하여 사면파괴에 대한 안전율을 구하라. (단, 사면에서 shell로 이루어진 지반은 $c'=0$, $\phi'=40°$, $\gamma=17.6\text{kN/m}^3$이고, core 지반은 $c=c_u=97.86\text{kN/m}^2$이다. 지하수는 없다고 가정하라. 보정계수는 적용하지 말 것)

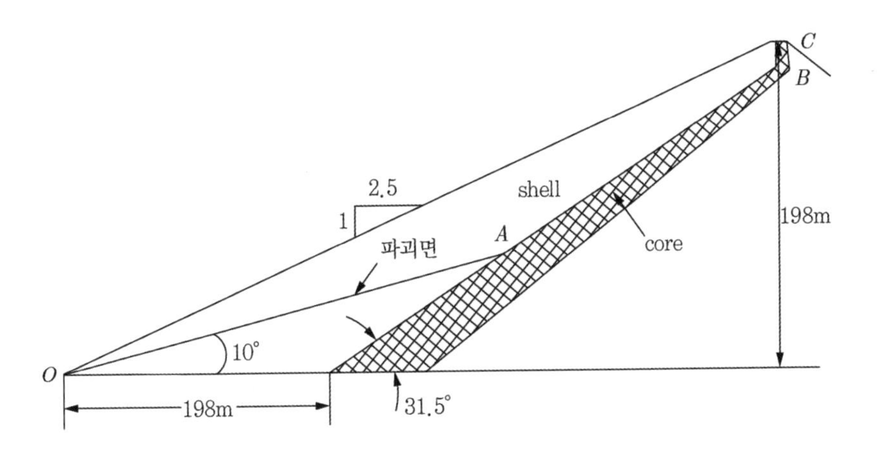

풀이

Janbu의 힘의 평형공식

$$F_O = \frac{\sum\{c'b + (W - ub)\tan\phi'\}/n_\alpha}{\sum W\tan\alpha}$$ 을 사용한다(수압은 0, $n_\alpha = \cos\alpha \cdot m_\alpha$).

(풀이 그림 13.7.1)과 같이 7개의 절편으로 나눈다.

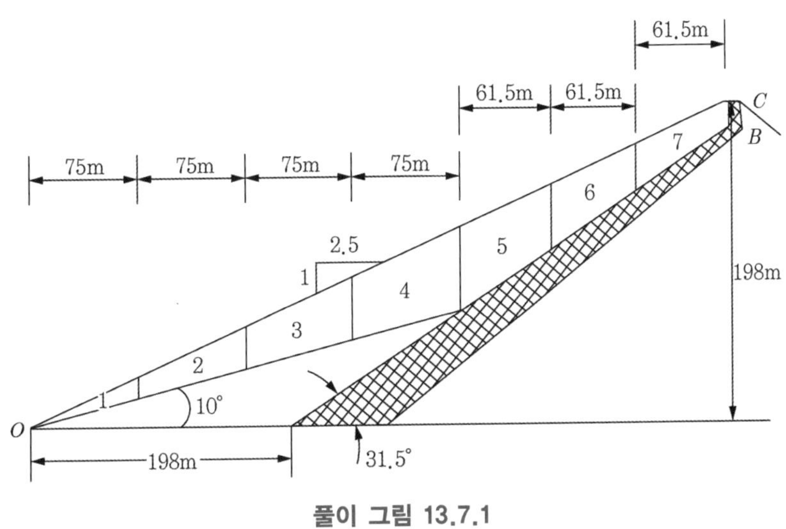

풀이 그림 13.7.1

계산도표는 (풀이 표 13.7.1)과 같다.

풀이 표 13.7.1

slice	α	b(m)	H(m)	W(kN)	$W\tan\alpha$(kN)	$c_u \cdot b$	$W\tan\phi$	$n_\alpha(F_s=2)$	$c_u \cdot b/n_\alpha$ 또는 $W\tan\phi/n_\alpha$
1	10°	75	7.69	10,151	1,790	–	8,517	1.042	8,174
2	10°	75	19.225	25,377	4,475	–	21,291	1.042	20,433
3	10°	75	34.605	45,679	8,054	–	38,325	1.042	36,780
4	10°	75	49.985	65,980	11,634	–	55,357	1.042	53,126
5	31.5°	61.5	49.985	54,104	33,155	6,018	–	0.727	8,277
6	31.5°	61.5	36.53	39,540	24,230	6,018	–	0.727	8,277
7	31.5°	61.5	25.0	27,060	16,582	6,018		0.727	8,277
합계					99,920				143,344

계산결과 $\Sigma W\tan\alpha = 99{,}920\text{kN/m}$

$F_s = 2$로 가정할 경우

$\Sigma\{c_u \cdot b + W\tan\phi\}/n_\alpha = 143{,}344\text{kN/m}$

$$F_O = \frac{143{,}344}{99{,}920} = 1.43$$

$F_s = 1.43$으로 가정

slice	$n_\alpha(F_s=1.43)$	$c_u \cdot b/n_\alpha$ 또는 $W\tan\phi/n_\alpha$
1	1.07	7,960
2	1.07	19,898
3	1.07	35,818
4	1.07	51,735
5	0.727	8,277
6	0.727	8,277
7	0.727	8,277
합계		140,242

$$F_O = \frac{140{,}242}{99{,}920} = 1.40$$

$F_O = 1.40$으로 가정하고 반복하여서, 가정한 안전율과 구한 안전율이 같아질 때의 안전율이 답이다.

■ 저자 소개

이인모(李寅模)
서울대학교 토목공학과(공학사)
미국 오하이오 주립대학교 대학원 토목공학과(공학석사, 공학박사)
한국과학기술원 토목공학과 조교수 역임
한국터널지하공간학회 회장 역임
국제터널학회(ITA) 회장 역임
현 고려대학교 건축사회환경공학부 명예교수

토질역학의 원리
연습문제 풀이와 해설

초판발행 2022년 9월 2일

저 자 이인모
펴 낸 이 김성배
펴 낸 곳 도서출판 씨아이알

책임편집 이민주
디 자 인 박진아, 엄혜림
제작책임 김문갑

등록번호 제2-3285호
등 록 일 2001년 3월 19일
주 소 (04626) 서울특별시 중구 필동로 8길 43(예장동 1-151)
전화번호 02-2275-8603(대표)
팩스번호 02-2265-9394
홈페이지 www.circom.co.kr

I S B N **979-11-6856-088-8 (93530)**